高等学校土木工程本科指导性专业规范配套系列教材

总主编 何若全

土木工程结构试验

TUMU GONGCHENG
JIEGOU SHIYAN

主 编 王社良 赵 祥

主 审 苏三庆

重庆大学出版社

内 容 提 要

本书为高等院校土木工程的专业课程教材，内容包括：结构试验概论、结构试验设计、结构试验的荷载和加载设备、结构试验的量测技术、结构静力试验、结构动力试验、结构抗震试验、现场测试、试验的数据处理等。附录为土木工程结构常见试验的技术说明书。

全书按照《高等学校土木工程专业本科生教育培养目标和培养方案及教学大纲》及最新颁布的国家标准和规范编写，每章附有小结、思考题等，便于学生自学和进一步提高。

本书可作为高等学校土木工程本科指导性专业规范配套系列教材，也可供结构工程、防灾减灾工程专业研究生、从事结构试验的专业人员和有关工程技术人员作为参考用书。

图书在版编目(CIP)数据

土木工程结构试验/王社良，赵祥主编.—重庆：重庆大学出版社，2014.10
高等学校土木工程本科指导性专业规范配套系列教材
ISBN 978-7-5624-7343-5

Ⅰ.①土… Ⅱ.①王…②赵… Ⅲ.①土木工程—工程结构—结构试验—高等学校—教材 Ⅳ.①TU317

中国版本图书馆 CIP 数据核字(2013)第 082482 号

高等学校土木工程本科指导性专业规范配套系列教材
土木工程结构试验
主 编 王社良 赵 祥
主 审 苏三庆
策划编辑：林青山 王 婷
责任编辑：王 婷 版式设计：莫 西
责任校对：刘 真 责任印制：赵 晟
*
重庆大学出版社出版发行
出版人：邓晓益
社址：重庆市沙坪坝区大学城西路 21 号
邮编：401331
电话：(023) 88617190 88617185(中小学)
传真：(023) 88617186 88617166
网址：http://www.cqup.com.cn
邮箱：fxk@cqup.com.cn (营销中心)
全国新华书店经销
重庆现代彩色书报印务有限公司印刷
*
开本：787×1092 1/16 印张：15.5 字数：387 千
2014 年 10 月第 1 版 2014 年 10 月第 1 次印刷
印数：1—3 000
ISBN 978-7-5624-7343-5 定价：29.00 元

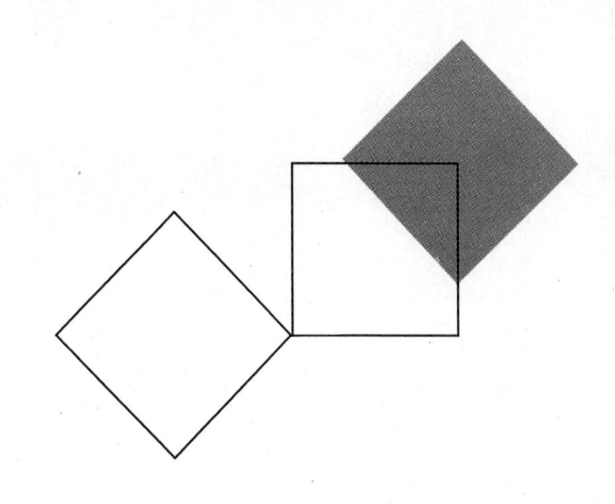

编委会名单

总　序

进入21世纪的第二个十年，土木工程专业教育的背景发生了很大的变化。“国家中长期教育改革和发展规划纲要”正式启动，中国工程院和国家教育部倡导的“卓越工程师教育培养计划”开始实施，这些都为高等工程教育的改革指明了方向。截至2010年底，我国已有300多所大学开设土木工程专业，在校生达30多万人，这无疑是世界上该专业在校大学生最多的国家。如何培养面向产业、面向世界、面向未来的合格工程师，是土木工程界一直在思考的问题。

由住房和城乡建设部土建学科教学指导委员会下达的重点课题“高等学校土木工程本科指导性专业规范”的研制，是落实国家工程教育改革战略的一次尝试。“专业规范”为土木工程本科教育提供了一个重要的指导性文件。

由“高等学校土木工程本科指导性专业规范”研制项目负责人何若全教授担任总主编，重庆大学出版社出版的《高等学校土木工程本科指导性专业规范配套系列教材》力求体现“专业规范”的原则和主要精神，按照土木工程专业本科期间有关知识、能力、素质的要求设计了各教材的内容，同时对大学生增强工程意识、提高实践能力和培养创新精神做了许多有意义的尝试。这套教材的主要特色体现在以下方面：

(1)系列教材的内容覆盖了“专业规范”要求的所有核心知识点，并且教材之间尽量避免了知识的重复；

(2)系列教材更加贴近工程实际，满足培养应用型人才对知识和动手能力的要求，符合工程教育改革的方向；

(3)教材主编们大多具有较为丰富的工程实践能力，他们力图通过教材这个重要手段实现“基于问题、基于项目、基于案例”的研究型学习方式。

据悉，本系列教材编委会的部分成员参加了“专业规范”的研究工作，而大部分成员曾为“专业规范”的研制提供了丰富的背景资料。我相信，这套教材的出版将为“专业规范”的推广实施，为土木工程教育事业的健康发展起到积极的作用！

中国工程院院士　哈尔滨工业大学教授

沈世钊

前　言

土木工程结构试验是研究和发展土木工程结构新材料、新结构、新施工工艺及检验结构计算分析和设计理论的重要手段，在土木工程结构科学研究和技术创新等方面起着重要作用。通过本课程关于结构试验理论和试验技能的学习，可切实培养学生的科研能力。本书结合结构专业（钢结构、钢筋混凝土结构、砌体结构）知识，独立制订出结构试验加荷方案、测试方案。经试验获得数据后，对试验数据进行处理、分析，最后得出结论。要求学生掌握基本构件检测性试验，包括制订试验方案、分析试验现象、处理试验数据的全过程。

在内容上，本教材完全按照《高等学校土木工程专业本科生教育培养目标和培养方案及教学大纲》的要求编写，结构体系完整，循序渐进，理论与实践结合紧密。

本教材完全按照最新教学大纲，考虑了以往类似教材的不足，把新的试验设备、新的试验方法及最新的设计规范规定引入到各章节中，并克服了以往教材的章后无小结、无习题的缺陷，在每章后均有小结并配有一定数量的思考题，以便于学生对所学知识的巩固和掌握。

本书的特点是内容全面、系统性强，以结构试验的基本理论和基础知识为重点，在主要章节还附有详细的应用实例或试验示例，便于读者理解和掌握结构试验的基本技能，注意理论与实践相结合。本书作为高等院校土木工程本科指导性专业规范配套系列教材，可供高等院校土木工程本科生使用，也可供结构工程、防灾减灾工程专业研究生、从事结构试验的专业人员和有关工程技术人员作为参考用书。

本书第 1 章由王社良教授（西安建筑科技大学）编写，第 2 章由赵祥副教授（西安建筑科技大学）编写，第 3 章由喻磊副教授（西安建筑科技大学）编写，第 4 章由李彬彬工程师（西安建筑科技大学）编写，第 5 章由李彬彬工程师（西安建筑科技大学）、侯俊峰讲师（西安科技大学）编写，第 6 章由喻磊副教授、李彬彬工程师编写，第 7 章由赵祥副教授编写，第 8 章由熊二刚副教授（长安大学）、赵祥副教授编写，第 9 章由侯俊峰讲师编写，全书由王社良教授最终修改定稿。资深教授苏三庆校长（西安建筑科技大学）对全书进行了审阅，并提出了许多宝贵的意见。

本书免费提供了配套的电子课件，包含各章的授课 PPT 课件、课后思考题参考答案及两套试卷（含答案），放在重庆大学出版社教学资源网上供教师下载（网址：http://www.cqup.net/edustrc）。

本书在编写过程中参考了大量国内外文献，引用了一些学者的资料，这在本书末的参考文献中已予列出。

由于编者水平有限以及时间仓促，书中不妥之处，敬请读者批评指正。

编　者

2014 年 6 月

目　录

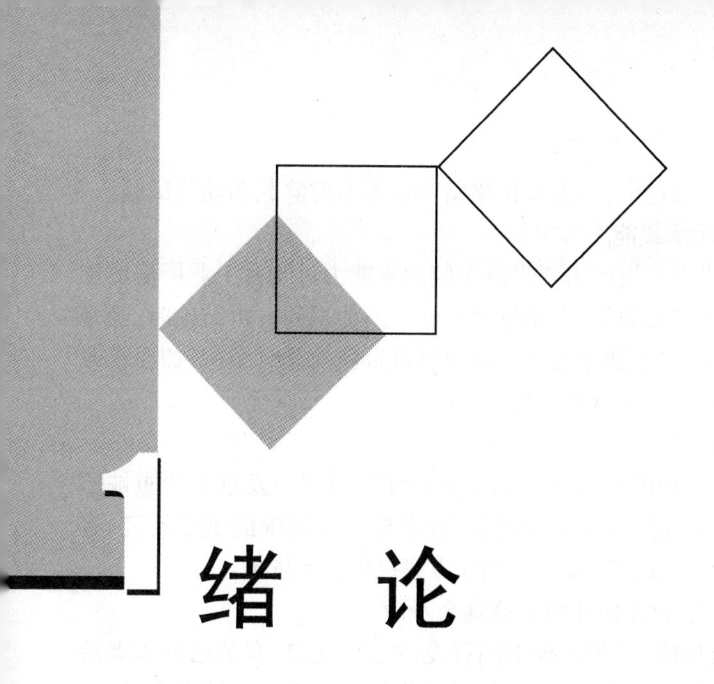

1 绪 论

工程结构是由工程材料构成的、不同类型的承重构件(如梁、柱、板等)相互连接的各种组合体。在一定的经济条件制约下,要求工程结构在规定的使用期限内和规定的使用条件下安全有效地承受外部及内部形成的各种作用,以满足功能及使用上的要求。为了达到这个目的,设计者必须综合考虑工程结构在整个设计使用年限内如何适应各种可能的风险,如在建造阶段可能产生的各种施工荷载,以及在正常使用阶段可能遭遇的各种外界作用(特别是自然和人为灾害的作用以及在老化阶段可能经历的各种损伤的累积和正常抗力的丧失等)。另外,为了对工程结构进行合理的设计,工程技术人员必须掌握工程结构在上述各种作用下的实际应力和变形状态,了解工程结构各构件实际所具有的强度和安全储备以及刚度和抗裂性能等。

工程结构试验是研究和发展工程结构新材料、新体系、新工艺以及探索工程结构计算分析、设计理论的重要手段;在工程结构科学研究和技术创新等方面起着重要的作用。工程结构试验是工程类各学科专业的技术基础,主要内容应包括工程结构试验的设计、工程结构静力试验和动力试验的加载模拟技术、工程结构试验的量测技术、工程结构试验数据的采集与处理技术以及工程结构的现场检测与评价技术等。

1.1 工程结构试验的目的、任务

1.1.1 工程结构试验的目的

在实际工作中,根据不同类型的试验,工程结构试验的目的有所不同。

1)**生产鉴定性试验**

生产鉴定性试验经常具有直接的生产目的,它以实际建筑物或结构构件为试验鉴定的对象,经过试验对具体结构做出正确的技术结论。生产鉴定性试验一般用来解决以下问题:

(1)对结构设计和施工进行鉴定

对于一些比较重要的工程结构,除在设计阶段进行必要的试验研究外,在实际结构建成以后，要求通过试验综合性地鉴定质量的可靠程度，如大型桥梁结构通车前的静载和动载试验。

(2)判断改建和加固工程结构的实际承载能力

对于既有建筑的扩建或加层改造，或为了生产需要提高车间起重能力对既有工业厂房的加固，或由于建筑抗震需要对既有建筑的抗震加固等，在单凭理论计算不能得到分析结论时，经常通过试验确定这些结构的潜在能力。尤其对于缺乏设计计算与图纸资料的既有结构，如要求改变结构工作条件，更有必要通过试验判断其实际承载能力。

(3)为工程事故鉴定提供技术根据

对于遭受地震、火灾、爆炸等原因而受损的结构或是在建造和使用过程中发现有严重缺陷(如施工质量事故、结构过度变形和严重开裂等)的危险建筑，有必要通过详细的试验研究，鉴定结构受损或存在缺陷的程度，为确定是否加固以及制订加固方案提供技术依据。

(4)对既有建筑物进行可靠性检验，推断和估计结构的剩余寿命

随着建造年份和使用时间的延长，建筑物逐渐出现不同程度的老化现象，有的已到了老龄期、退化期，甚至到了危险期。为了保证原结构的安全使用，尽可能地延长它的使用寿命，防止结构破坏、倒塌等重大事故的发生，应对原结构进行观察、检测和分析，按可靠性鉴定标准评定结构的安全等级，由此推断可靠性并估计剩余寿命。可靠性鉴定大多采用非破损检测的试验方法。

(5)鉴定预制构件产品的质量

在构件厂或现场成批生产的钢筋混凝土预制构件出厂或现场安装之前，必须根据科学抽样试验的原则，按照预制构件质量检验评定标准和试验规程的要求，通过少量的试件试验，来推断成批产品的质量。

2)科学研究性试验

科学研究性试验的目的有以下 3 个方面：

(1)验证结构计算理论的假定

在工程结构设计中，为了计算方便，经常需要对结构构件的计算图式和本构关系作某些简化的假定。

(2)为制定或修订设计规范提供依据

在我国现行的各种工程结构设计规范的制定或修订过程中，除了总结已有大量科学试验的成果和设计以外，为了发展结构理论和改进设计方法，有目的地开展了大量钢筋混凝土结构、砖石结构和钢结构的梁、柱、框架、节点、墙板、砌体等实物和缩尺模型的试验以及实体结构物的试验研究，从而为编制或修订各类结构设计规范提供了基本资料与试验数据。事实上，我国现行规范中所采用的钢筋混凝土结构构件的计算理论几乎全部是以试验研究的直接成果为基础的，这也进一步体现了结构试验学科在发展结构设计理论和改进结构设计方法上的作用。

(3)为发展和推广新结构、新材料与新工艺提供实践经验

随着建筑科学和基本建设发展的需要，许多新结构、新材料和新工艺不断涌现。但是，一种新材料的应用、一个新结构的设计和一种新工艺的施工，往往需要经过多次的工程实践与科学试验，即由实践到认识、由认识到实践的多次反复，从而积累资料、丰富认识，使设计计算理论不断改进和不断完善。

1.1.2 工程结构试验的任务

工程结构在外荷载作用下可能产生各种反应,通过试验可以测得结构的各种反应,以此判断结构的工作性能。钢筋混凝土简支梁在静力集中荷载作用下,通过测得梁在不同受力阶段的挠度、角变位、截面上纤维应变和裂缝宽度等参数,分析梁的整个受力过程以及结构的强度、刚度和抗裂性能。当一个框架承受水平动力荷载作用时,同样可以通过测得的结构自振频率、阻尼系数、振幅和动应变等参数来研究结构的动力特性和结构承受动力荷载作用下的动力反应。在结构抗震研究中,经常是通过结构在承受低周反复荷载作用下,由试验测得的应力与变形关系的滞回曲线来分析结构的强度、刚度、延性、刚度退化、变形能力等,以判断结构的抗震能力。

由此可见,工程结构试验的任务就是在工程结构的试验对象(局部或整体、实物或模型)上利用仪器设备和工具,以各种实验技术为手段,在荷载(重力、机械扰动力、地震力、风力等)或其他因素(温度、变形)作用下,通过量测与结构工作性能有关的各种参数(变形、挠度、应变、振幅、频率等),从强度(稳定)、刚度和抗裂性以及结构实际破坏形态等方面判明工程结构的实际工作性能,估计工程结构的承载能力,确定工程结构对使用要求的符合程度,并用以检验和发展工程结构的计算理论。

由工程结构试验的任务可知,工程结构试验就是以实验方法测定结构在各种作用下的相关数据,由此反映结构或构件的工作性能、承载能力和相应的安全度,为结构的安全使用和设计理论的建立提供重要的依据。

1.2 工程结构试验的分类

根据工程结构的试验目的,可将工程结构试验分成两大类:生产鉴定性试验和科学研究性试验。然而,工程结构试验也可以根据试验对象的不同、荷载性质的区别、试验持续时间的长短以及试验所在场地等进行分类。各种分类方法概括如下:

1)根据试验目的进行分类

一般根据试验的目的把工程结构试验归纳为两大类,即生产性试验和科学研究性试验。

2)根据试验对象进行分类

(1)真型试验

真型试验的试验对象是实际结构(实物)或者是按实物结构足尺复制的结构或构件。实物试验一般均用于生产鉴定性试验,且一般都是非破坏性的现场试验。例如,对于工业厂房结构的刚度试验、楼盖承载能力试验等均在实际结构上加载量测;在高层建筑上直接进行风振测试和通过环境随机振动(即脉动),测定结构动力特性等。

足尺结构或构件的试验一般对构件做得较多,事实上试验对象就是一根梁、一块板或一榀屋架之类的实物构件,可以在试验室内试验,也可以在现场进行。由于结构抗震研究的发展,国内外开始重视对结构整体性能的试验研究,因为通过对这类足尺结构物进行试验,可以对结构构造、各构件之间的相互作用、结构的整体刚度以及结构破坏阶段的实际工作进行全面观测了解。我国各高等院校及科研单位先后开展的装配整体式框架结构、钢筋混凝土大板、砖石结构、中型砌块、框架轻板、异形柱框架、钢管混凝土框架等结构试验有不少为足尺结构试验。

由于测试要求保证精度，为了防止环境因素对试验的干扰影响，目前国外已经将这类足尺试验结构从现场转移到结构试验室内进行试验，如日本已在室内完成了7层房屋足尺结构的抗震静力试验。近年来国内大型结构试验室的建设也已经考虑到这类试验的要求。

由于真型结构试验的投资大、周期长、测量精度受环境因素影响等，实际试验时在物质上或技术上存在很大困难，因此，在结构方案设计阶段进行初步探索比较或对设计理论计算方法进行探讨研究时，可以采用比真型结构缩小很多的模型进行试验。

(2)模型试验

模型是仿照真型(真实结构)并按照一定比例关系复制而成的试验模型，它具有实际结构的全部或部分特征，是尺寸比真型小得多的缩尺结构。

模型的设计制作与试验是根据相似理论进行的，用适当的比例和相似材料制成与真型几何相似的试验对象，在模型上施加相似力系(或称"比例荷载")，使模型受力后再现真型结构的实际工作状况，最后按照相似理论由模型试验结果推断实际结构的工作。因此，要求模型有比较严格的相似条件，即要求做到几何相似、力学相似和材料相似。

由于严格的相似条件给模型设计和试验带来一定困难，在结构试验中尚有另一类型的模型。这种模型仅是真型结构缩小几何尺寸的试验代表物，将该模型的试验结果与理论计算对比校核，用以研究结构的性能，验证设计假定与计算方法的正确性，并认为这些结果所证实的一般规律与计算理论可以推广到实际结构中去。这类试验就不一定要满足严格的相似条件了，如在教学试验中通过钢筋混凝土结构受弯构件的小梁试验可以同样说明钢筋混凝土结构正截面的设计计算理论。

3)根据试验荷载进行分类

(1)静力试验

静力试验是结构试验中数量最大、最常见的基本试验，因为大部分工程结构在工作时所承受的是静力荷载。一般可以通过重力或各种类型的加载设备实现和满足加载要求。静力试验的加载过程是从零开始逐步递增一直到结构破坏为止，也就是在一个不长的时间段内完成试验加载的全过程。因此，这类试验也称作"结构静力单调加载试验"。

近年来由于探索结构抗震性能的需要，结构抗震试验无疑成为一种重要的手段。结构抗震静力试验是以静力的方式模拟地震作用的试验，它是一种通过施加控制荷载(或控制变形)作用于结构的周期性的反复静力荷载而进行的试验，为区别于一般静力单调加载试验，称之为"低周反复静力加载试验"，也有称之为"拟静力试验"的。目前，国内外结构抗震试验较多集中在这一方面。静力试验的最大优点是加载设备相对简单，可以逐步施加荷载，还可以停下来仔细观测结构变形的发展，能展现最明确和清晰的破坏概念。在实际工作中，即使是承受动力荷载的结构，在试验过程中为了了解静力荷载下的工作特性，在动力试验之前往往也要先进行静力试验，如结构构件的疲劳试验就是这样。静力试验的缺点是不能反映应变速率对结构性能的影响，特别是在结构抗震试验中，静力试验的结果与任意一次确定性的非线性地震反应相差很远。目前，虽然在抗震静力试验中一种计算机与加载器联机试验系统可以弥补这一缺点，但设备耗资大大增加，而且静力试验的每个加载周期还是远远大于实际结构的基本周期。

(2)动力试验

动力试验是指通过动力加载设备直接对结构或构件施加动力荷载的试验。对于在实际工作中主要承受动力作用的荷载或构件,为了了解在动力荷载作用下的工作性能,一般要进行结构动力试验。

4)根据试验持续时间进行分类

(1)短期荷载试验

实际上,主要承受静力荷载的结构构件上的荷载大部分是长期作用的。但是在进行结构试验时,限于试验条件、时间和基于解决问题的步骤,不得不大量采用短期荷载试验,即荷载从零开始施加到最后结构破坏或到某阶段进行卸荷的时间总共只有几十分钟、几小时或者几天。对于承受动荷载的结构,即使是结构的疲劳试验,整个加载过程也仅在几天内完成,这与结构的实际工作有一定差别。对于爆炸、地震等特殊荷载作用时,整个试验加荷过程只有几秒甚至是微秒或毫秒级的时间,这种试验实际上是一种瞬态的冲击试验。所以严格地讲,这种短期荷载试验不能代替长年累月进行的长期荷载试验。这种由于具体客观因素或技术限制所产生的影响,在分析试验结果时就必须考虑。

(2)长期荷载试验

对于研究结构在长期荷载作用下的性能(如混凝土结构的徐变、预应力结构中钢筋的松弛等)就必须进行静力荷载的长期试验。这种长期荷载试验也可称为“持久试验”。它将连续进行几个月或几年时间,通过试验以获得结构的变形随时间变化的规律。为了保证试验的精度,经常需要对试验环境进行严格控制,如保持恒温恒湿、防止振动等,当然这就必须在试验室内进行。如果能在现场对实际工作中的结构物进行系统、长期的观测,这样积累和获得的数据资料对于研究结构的实际工作性能、进一步完善和发展结构理论都具有极为重要的意义。

5)根据试验场地分类

(1)试验室试验

试验室具有良好的工作条件,可以应用精密和灵敏的仪器设备进行试验,试验结果具有较高的准确度。甚至可以人为地创造一个适宜的工作环境,以减少或消除各种不利因素对试验的影响,因而适于进行科学研究性试验以突出研究的主要方面,而消除一些对试验结构实际工作有影响的次要因素。试验室试验的对象可以是真型,也可以采用小尺寸的模型,并可以将结构一直试验到破坏。尤其是近年来大型试验室的建设,为开展足尺结构的整体试验提供了比较理想的条件。

(2)现场试验

与试验室试验相比,由于客观环境条件的影响,现场试验不宜使用高精度的仪器设备进行观测,进行试验的方法也可能比较简单,所以试验精度和准确度较差。现场试验多数用于解决具体实际问题,所以试验是在生产和施工现场进行的,有时研究或检验的对象就是已经使用或将要使用的结构物。这种试验可以获得结构在实际工作状态下的数据资料。

1.3 土木工程结构试验的最新进展

土木工程结构试验一直是推动结构理论发展的主要手段。现代科学技术的不断进步,为结构试验技术水平的提高创造了良好的加载、数据采集及分析手段,使得现代结构试验技术、相关的理论和方法在以下几个方面得以迅速发展:

1) 先进的大型和超大型试验装备

在现代制造技术的支持下,大型结构试验设备不断投入使用,使加载设备模拟结构实际受力条件的能力越来越强。例如。电液伺服压力试验机的最大加载能力达到 50 000 kN,可以完成实际结构尺寸的高强度混凝土柱或钢柱的破坏性试验。模拟地震振动台由多个独立振动台组成,当振动台排成一列时,可用来模拟桥梁结构遭遇地震作用;若排列成一个方阵,可用来模拟建筑结构遭遇地震作用。复杂多向加载系统可以使结构同时受到轴向压力、两个方向的水平推力和不同方向的扭矩,而且这类系统可以在动力条件下对试验结构反复加载。特别是大型风洞、大型离心机、大型火灾模拟结构试验系统及试验装备的相继投入运行,使科研人员和工程技术人员能够通过结构试验更准确地掌握结构性能,改善结构防灾抗灾能力,发展结构设计理论。

2) 现代测试技术

现代测试技术的发展以新型高性能传感器和数据采集技术为主要方向。传感器是信号检测的工具,理想的传感器具有精度高、灵敏度高、抗干扰能力强、测量范围大、体积小、性能可靠等特点,利用微电子技术,可使传感器具有一定的信号处理能力,形成所谓的"智能传感器";新型光纤传感器可以在上千米范围内以毫米级的精确度确定混凝土结构裂缝的位置;大量程高精度位移传感器可以在 1 000 mm 测量范围内,达到 0.001%的精度;基于无线通信的智能传感器网络已开始应用于大型工程结构的健康监测。同时,测试仪器的性能也得到了极大的改进,特别是与计算机技术相结合后,数据采集技术发展更为迅速,高速数据采集器的采样频率达到 500 Hz,可以清楚地记录结构经受爆炸或高速冲击时响应信号前沿的瞬态特征,利用计算机存储技术,长时间、大容量数据采集已不存在困难。

3) 计算机技术的应用

计算机已经成为结构试验必不可少的一部分,试验数据的采集、分析和处理都与计算机密切相关。多功能、高精度的大型实验设备(以电液伺服系统为代表)的控制系统于 20 世纪末告别了传统的模拟控制技术,普遍采用计算机控制技术,使试验设备能够完成复杂、高速的试验任务,计算机仿真技术和结构试验的结合也越来越紧密。

4) 基于网络的结构试验技术

互联网的迅速发展,为我们展现了一个崭新的领域,它的应用为结构试验技术的发展提供了新的手段,基于网络的远程结构试验体系也逐步开始形成。20 世纪末,美国国家科学基金会投入巨资建设"远程模拟地震网络",希望通过远程网络将各个结构实验室联系起来,利用网路传输试验数据和信息资源,实现所谓"无墙实验室",我国在这一领域也已经开展了许多研究工作,并已经开始进行网路联机结构抗震试验。基于网路的远程协同结构试验技术集结构工程、地震工程、计算机科学信息技术和网路技术于一体,充分体现了现代科学相互渗透、交叉、融合的特点。

总之,土木工程试验技术正在向智能化、模拟化方向深入发展,不断引入现代科学技术发展的新成果来解决应力、位移、裂缝、内部缺陷及振动的量测问题,此外,也随之广泛地开展结构模拟试验理论与方法研究、计算机模拟试验及结构非破损试验技术的研究等。随着计算机、智能测试仪器和终端设备的广泛应用,以及各种试验设备自动化水平的不断提高,加载设备能力的提升,土木工程试验将具有广阔的发展前景。

本章小结

(1)工程结构试验的任务就是在结构物或试验对象上,使用仪器设备和工具,采用各种实验技术手段,在荷载或其他因素作用下,通过量测与结构工作性能有关的各种参数,从强度、刚度和抗裂性以及结构实际破坏形态来判明结构的实际工作性能,估计结构的承载力,确定结构对使用要求的符合程度,并用以检验和发展结构的计算理论。

(2)根据不同的试验目的,结构试验可归纳为生产性试验和科研性试验两大类。生产性试验经常具有直接的生产目的,它以实际建筑物或结构构件为试验鉴定对象,经过试验对具体结构构件作出正确的技术结论。科学研究性试验的目的是验证结构设计计算的各种假定,为制定各种设计规范、发展新的设计理论、改进设计计算方法、发展和推广新结构、新材料及新工艺提供理论依据与试验依据。

(3)结构试验按实验对象的尺寸分为原型试验、模型试验;按试验荷载的性质分为结构静力试验、结构动力试验;按试验时间长短分为短期荷载试验、长期荷载试验;按试验场所分为试验室结构试验、现场结构试验。

思考题

1.1　结构试验的任务是什么?

1.2　建筑结构试验分为几类?有何作用?

1.3　目前建筑结构测量技术有何发展?

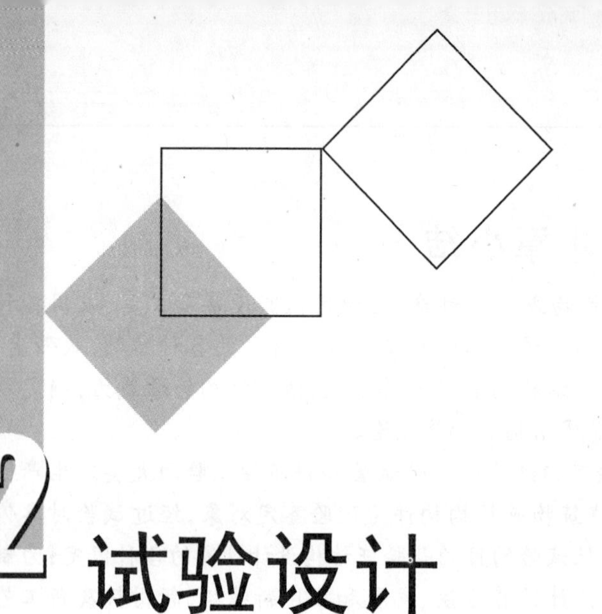

2 试验设计

2.1 工程结构试验的一般程序

工程结构试验大致可划分结构试验设计、结构试验准备、结构试验实施和结构试验分析等主要环节,各环节的主要内容和相互关系如图 2.1 所示。

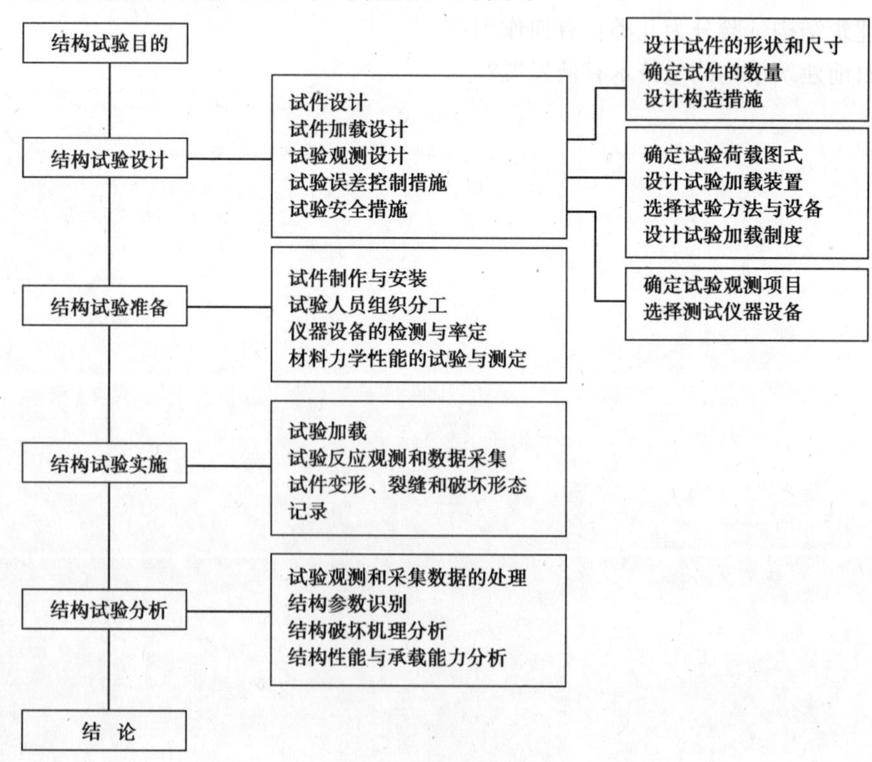

图 2.1 结构试验程序图

2.1.1 结构试验设计

土木工程结构试验设计是指导整个试验工作的纲领性技术文件。因此试验规划的内容应尽可能地细致和全面,规划的任何一点疏忽都可能导致试验的失败。

研究性试验应根据研究课题,了解其在国内外的发展现状和前景,并通过收集和查阅有关的文献资料,确定试验研究的目的和任务;确定试验的规模和性质;在此基础上决定试件设计的主要组合参数,并根据试验设备的能力确定试件的外形和尺寸;进行试件设计及制作;确定加载方法和设计支承系统;选定量测项目及量测方法;进行设备和仪表的率定;做好材料性能试验或其他辅助试件的试验;制订试验安全防护措施;提出试验进度计划和试验技术人员分工;编写材料需用计划、经费开支及预算、试验设备、仪表及附件的清单等。

检验性试验往往都是某一具体结构,一般不存在试件设计和制作问题,但需要收集和研究该试件设计的原始资料、设计计算书和施工文件等,并对构件进行实地考察,检查结构的设计和施工质量状况,最后根据检验的目的要求制订试验计划。制订试验计划应有针对性,比如,先对试件做初步的理论计算及必要分析,这样就可以有目的地设置观测点,选取相匹配的设备和仪表,以及确定加荷程序等。

2.1.2 结构试验准备

结构试验准备工作十分繁琐,不仅牵涉面很广、工作量很大,据估计,准备工作占全部试验工作量的1/2~2/3。试验准备阶段的工作质量直接影响到试验结果的准确程度,有时还关系到试验能否顺利进行到底。试验准备阶段控制和把握好几个主要环节(例如试件的制作和安装就位、设备仪表的安装、调试和率定等)是极为重要的。

准备阶段的工作有些还直接与数据整理和资料分析有关(例如预埋应变片的编号和仪表的率定记录等),为了便于事后查对,试验组织者每天都应做好工作日记。

2.1.3 结构试验实施

对试验对象施加外荷载是整个试验工作的中心环节。参加试验的每一个工作人员都必须集中精力,各就其位,各尽其职,尽心做好本岗位工作。试验期间,一切工作都要按照试验规划规定的程序和方法进行。对试验起控制作用的重要数据(如钢筋的屈服应变、构件的最大挠度和最大侧移、控制截面上的应变等),在试验过程中应随时整理和分析,必要时还应跟踪观察其变化情况,并与事先计算的理论数值进行比较;如有反常现象应立即查明原因,排除故障,否则不得继续加载试验。

试验过程中除认真读数记录外,必须仔细观察结构的变形,例如砌体结构和混凝土结构的裂缝出现、裂缝的走向及其宽度、破坏特征等。试件破坏后要绘制破坏特征图,有条件的可拍照或录像,作为原始资料保存,以便研究分析时使用。

2.1.4 结构试验分析

通过试验准备和加载试验阶段获得了大量数据和有关资料(量测数据、试验曲线、变形观察记录、破坏特征描述等)后,一般不能直接回答试验研究所提出的各类问题,必须将数据进行科学的整理、分析和计算,做到去粗取精、去伪存真,最后根据试验数据和资料编写总结试验报告。

以上各阶段的工作性质虽有差别,但它们都是互相联系又互相制约的,各阶段的工作没有明显的界限,制订计划时不能只孤立地考虑某一阶段的工作,必须兼顾各个阶段工作的特点和要求,做出综合性的决策。

2.2 工程结构试验的试件设计

试件的型式和大小与试验的目的有关,它可以是真实结构,也可以是其中的某一部分。若把真实结构称作真型(原型)或足尺,则不论是真实结构的整体或是它的一部分,都势必导致试验的规模很大,所需加荷设备的容量和费用会很高,制作试件的材料费、加工费也随之增加。所以当进行研究性试验时,一般都应将原型尺寸按一定的比例缩小,缩小后的试件称为缩尺试件或称模型。据调查,全国各大型结构实验室所做结构试验的试件,绝大部分均为缩尺的部件,少量为整体模型试件。设计缩尺试件应根据相似理论找出其模型律,同时应尽可能根据正交设计的原理选择设计参数。

试件设计应包括试件形状的选择、试件尺寸与数量的确定以及构造措施的设置考虑,同时必须满足结构受力的边界条件、试验的破坏特征、试验加载条件的要求,最后以最少的试件数量获得最多的试验数据,满足试验任务的要求。

2.2.1 试件形状设计

在设计试件的形状时,最重要的是要形成和设计目的一致的应力状态。对于静定结构中的单一构件(如梁、柱、桁架等),一般构件的实际形状都能满足要求,问题比较简单。当从整体结构中取出部分构件单独进行试验时(特别是对在比较复杂的超静定体系中的构件),必须要注意对其边界条件的模拟,使其能如实反映该部分构件的实际工作状态。

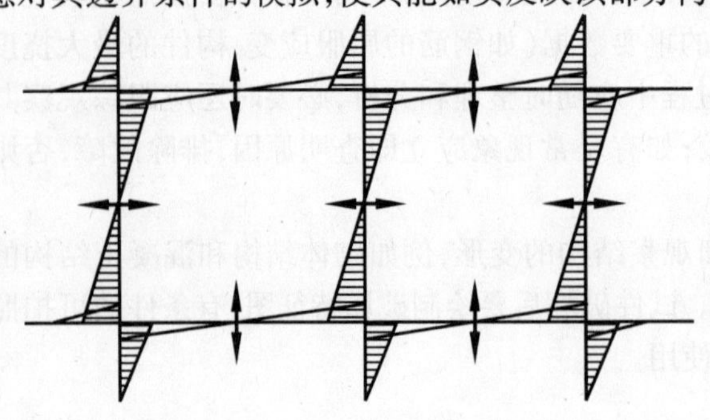

图 2.2 水平力作用下框架内力

例如,钢筋混凝土框架在水平力作用下,梁和柱的应力如图 2.2 所示。框架柱受有轴力 N、剪力 V 和反对称的弯矩 M。如何构成一个柱,使其承受与图 2.2 水平力作用下框架内力相同的一组复合应力,可供选择的有表 2.1 中几种方案。究竟选哪一种方案,要根据试验研究的目的和对 N、V、M 组合的要求,以及现有试验设备的容量和拥有的试验技术水平等条件而选用。

表 2.1 框架柱型与 N、M、V 关系

柱型＼力	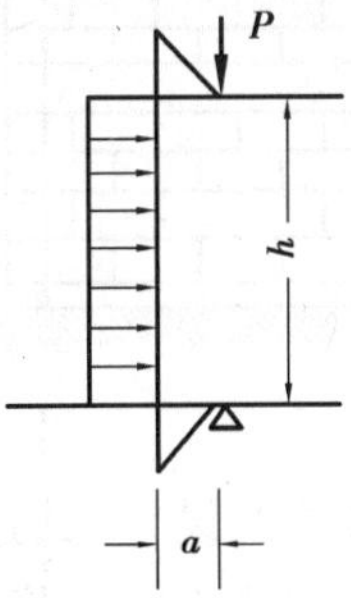 P, h, a	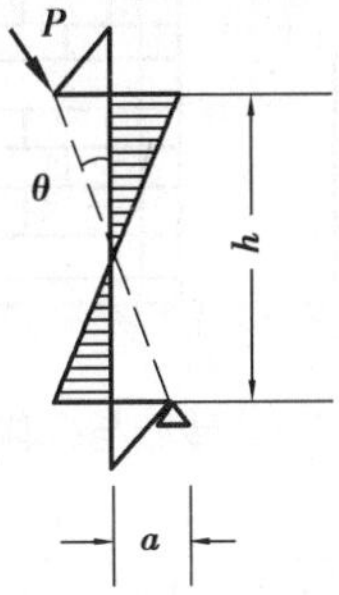 P, θ, h, a	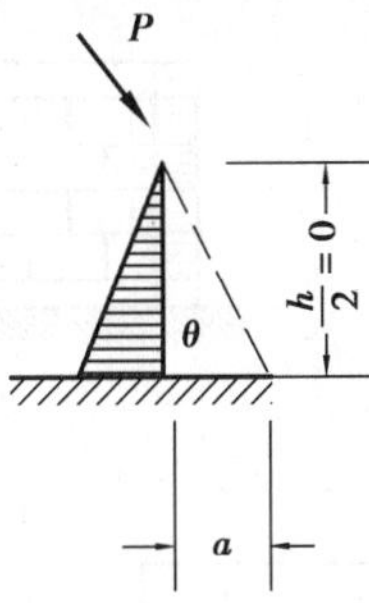 P, $\frac{h}{2}=0$, θ, a
N_{max}	P	$P\cos\theta$	$P\cos\theta$
M_{max}	Pa	$Pa\cos\theta$	$P\dfrac{h}{2}\sin\theta$
V_{max}	—	$P\sin\theta$	$P\sin\theta$
柱型＼力	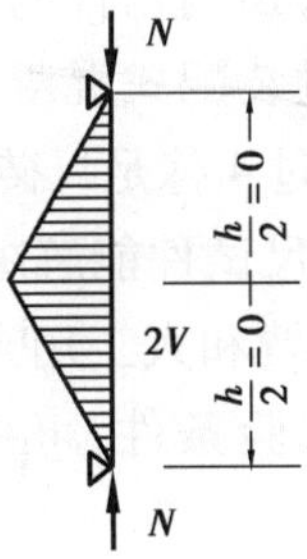 N, $\frac{h}{2}=0$, $2V$, $\frac{h}{2}=0$, N	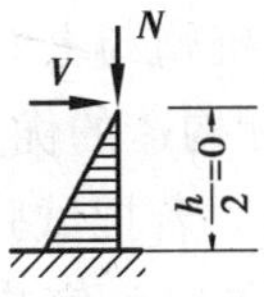 N, V, $\frac{h}{2}=0$	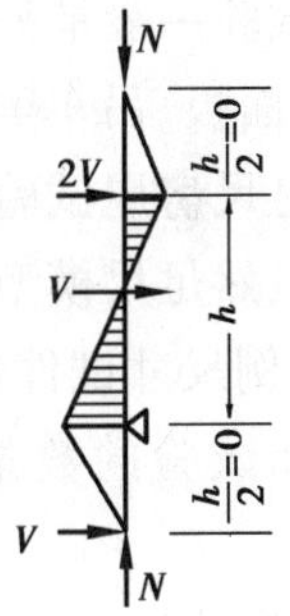 N, $\frac{h}{2}=0$, $2V$, V, h, $\frac{h}{2}=0$, V, N
N_{max}	N	N	N
M_{max}	$\dfrac{h}{2}V$	$\dfrac{h}{2}V$	$\dfrac{h}{2}V$
V_{max}	V	V	V

对于砖石与砌块的墙体试件，可设计成带翼缘或不带翼缘的单层单片墙，也可采用二层单片墙或开洞墙体的形式，如图 2.3 所示。若纵墙墙面开有大量窗洞，可设计成有两个或一个窗间墙的双肢或单肢窗间墙的试件，如图 2.4 所示。

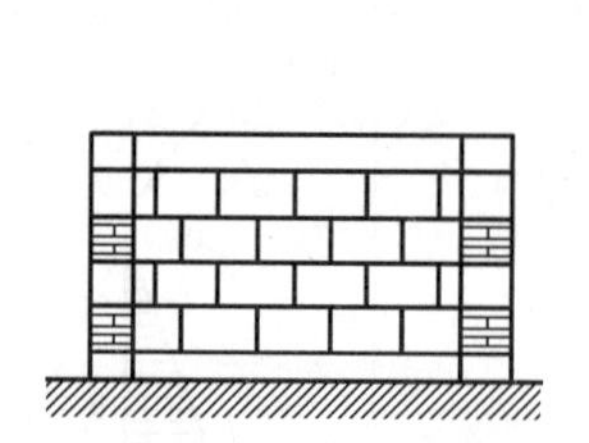
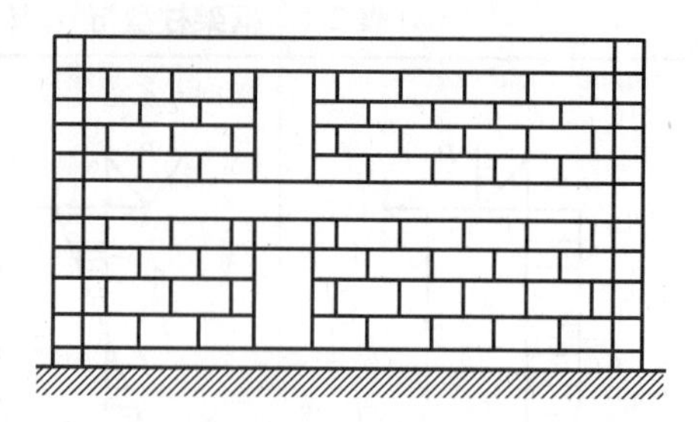

图 2.3　砖墙与砌体的墙体试件

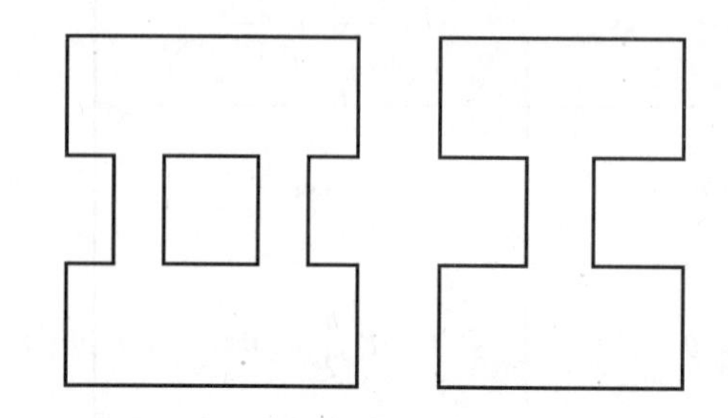

图 2.4　纵墙窗间墙试件

对于任一种试件的设计，其边界条件的实现与试件的安装、加载装置与约束条件等有密切关系，这必须在试验总体设计时进行周密考虑，才能付诸实施。

2.2.2　试件尺寸

建筑试验所用的尺寸和大小，总体上分为原型和模型两类。

(1)原型试验

屋架试验一般是采用原型试件(构件实物)或足尺模型，预制构件的鉴定都是选用原型构件，如屋面板、吊车梁等。我国昆明、南宁等地先后进行过装配式混凝土和空心混凝土大板结构的足尺房屋试验。我国兰州、杭州与上海等地先后做过4幢足尺砖石和砌块多层房屋的试验。虽然足尺模型具有反映实际构造的优点，但有些足尺试件能解决的问题(如破坏机制等)小比例尺寸试件也同样能解决。若把试验所耗费的经费和人工用来做小比例尺试验，可大大增加试验的数量和品种，且在试验室内有较好的试验条件，可提高测试数据的可靠性。

(2)模型试验

基本构件性能研究的试件大部分是采用缩尺模型，即缩小比例的小构件。压弯构件取截面边长16~35 cm，短柱(偏压剪)取截面边长15~50 cm，双向受力构件取截面边长10~30 cm为宜。

框架试件截面尺寸为原型的1/4~1/2，其节点为原型比例的1/3~1。剪力墙尺寸可取为原型的1/10~1/3。

局部性试件尺寸可取为真型的1/4~1，整体性结构试验的试件可取1/10~1/2。砖石及砌块的墙体试件一般取为原型的1/4~1/2。对于薄壳和网架等空间结构，较多采用比例为1/20~1/5的模型试验。

试验时要考虑尺寸效应。尺寸效应反映结构试件和材料强度随试件尺寸的改变而变化的性质。试件尺寸愈小，表现出相对强度提高愈大和强度离散性也愈大的特征，所以试件尺寸不能太小。同时，小尺寸试件难以满足试件构造上的要求，如钢筋混凝土构件的钢筋搭接长度，节点部位箍筋密集影响混凝土的浇捣，以及钢筋和骨料选材困难等。

对于结构动力试验，试件尺寸常受试验加载条件等因素的限制，动力特性试验可以在现场原型结构上进行。试验室内可以进行吊车梁、屋架等足尺构件的疲劳试验。至于地震模拟振动台加载试验，由于受台面尺寸、振动台负荷能力、激振力大小等参数的限制，一般只能做缩尺试验。日本为满足原子能反应堆的足尺试验的需要，研制了负荷为 1 200 t，台面尺寸 20 m×15 m 的大型地震模拟振动台。

2.2.3 试验数目

在进行试件设计时，对于试件数目（即试验数量）的设计是一个重要问题，因为试验数量的大小直接关系到能否满足试验的目的任务以及整个试验的工作量的问题，同时也受到试验研究、试验预算和时间的限制。

对于生产性试验，一般按照试验任务的要求有明确的试验对象。试验数量应执行相应结构构件质量检验评定标准中结构性能检验的规定，来合理确定试件数量。

对于科学研究试验，其试验对象是按照研究要求而专门设计的。这类结构的试验往往是属于某一研究课题工作的一部分，特别是对于结构构件基本性能的研究。由于影响构件性能的参数较多，所以要根据各参数构成的因子数和水平数来决定试件数目，参数多则试件数目自然会增加。

因子是对试验研究内容有影响的、发生着变化的因素，因子数则为可变化的个数，水平即为因子可改变的试验档次，水平数则为档次数。一般来说，试件的数量主要取决于变动参数的多少，变动参数多则试件数量大。表 2.2 为主要因子和水平数对试件数目的影响。从表 2.2 可看出，主要因子和水平数稍有增加，试件的个数就会极大的增加。如当水平数为 4，因子由 2 增加到 3 时，试件数目将由 16 个增加到 64 个，而 5 个因子就将做 1 024 个试件，若因子数再增加，则试件个数将达到不可接受的程度，因而必须严格控制主要参数的数量来设计试件，同时还存在着工作量虽然很大、但试验结果不一定是最理想的情况。

为此，试验工作者在试验设计中经常采用一种解决多因素问题的试验设计方法——正交试验设计法，它主要是使用正交表进行整体设计、综合比较，分析影响试件质量指标的主要因素和次要因素，为选择最佳参数提供依据。因为正交设计把试验结果和试件数量联系在一起分析，所以能够合理安排试验。

表 2.2 试件数目

水平数 因子数	2	3	4	5
1	2	3	4	5
2	4	9	16	25
3	8	27	64	125
4	16	81	256	625
5	32	243	1 024	3 125

正交表如表2.3、表2.4所示。$L_9(3^4)$表示有4个因子,每个因子有3个水平,组成的试件数目为9个;$L_{12}(3^1\times2^4)$表示有1+4=5个因子,第一个因子有3个水平,第2~5个因子各有2个水平,组成的试件数目为12个。

表2.3 试件数目正交设计 $L_9(3^4)$

试件数 \ 水平数 \ 因子数	1	2	3	4
1	1	1	1	1
2	1	2	2	2
3	1	3	3	3
4	2	1	2	3
5	2	2	3	1
6	2	3	1	2
7	3	1	3	2
8	3	2	1	3
9	3	3	2	1

表2.4 试件数目正交设计 $L_{12}(3^1\times2^4)$

试件数 \ 水平数 \ 因子数	1	2	3	4	5
1	2	1	1	1	2
2	2	2	1	2	1
3	2	1	2	2	2
4	2	2	2	1	1
5	1	1	1	2	2
6	1	2	1	2	1
7	1	1	2	1	1
8	1	2	2	1	2
9	3	1	1	1	1
10	3	2	1	1	2
11	3	1	2	2	1
12	3	2	2	2	2

试件数量设计是一个多因素问题，利用正交表进行数量的确定，虽然对所得结果做综合评价可以取得很好的效果，但因为正交设计不能提供某一因子的单值变化，要建立单个因子与试验目标间的函数关系有一定困难。因此，在实践中应该使整个试验的试件数目少而精，使所设计的试件尽可能做到一件多用，同时使通过设计决定的试件数量和经试验得到的结果能反映试验研究的规律性，满足研究的目的和要求。

2.2.4 试件设计要求

在试件设计中，当确定了试件形状、尺寸和数量后，在每个具体试件的设计和制作过程中，还必须同时考虑安装、加载、测量的需要，在构件上采用必要的构造措施。例如，混凝土试件的支承点应预埋钢垫板以及在试件承受集中荷载的位置上应设钢板[图 2.5(a)]，在屋架试验受集中荷载作用位置上应预埋钢板，以防止试件局部承压面破坏。试件加载面倾斜时，应做出凸缘[图 2.5(b)]，以保证加载设备的稳定位置。在钢筋混凝土框架试验时，为了框架端部侧面施加反复荷载的需要，应设置预埋构件，以便与加载的液压加载器或测力传感器连接；为了保证框架柱脚部分与试验台的固接，一般均设置加大截面的基础梁[图 2.5(c)]。在砖石或砌体试件中，为使施加在试件的竖向荷载能均匀传递，一般在砌体试件上下均预先浇捣混凝土的垫块[图 2.5(d)]。对于墙体试件，在墙体上下均应做钢筋混凝土垫梁，其中下面的垫梁可以模拟基础梁，使之与试验台座固定，上面的垫梁模拟过梁传递竖向荷载[图 2.5(e)]。在做钢筋混凝土偏心受压构件试验时，在试件两端要做成牛腿以增大端部承压面和便于施加偏心荷载[图 2.5(f)]，并在上下端加设分布钢筋网进行加强。

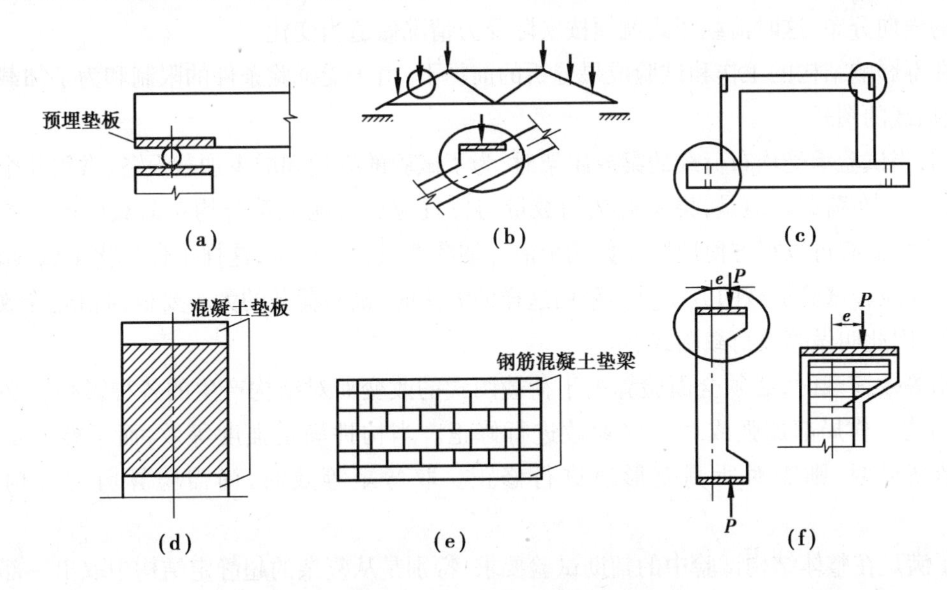

图 2.5 试件设计时考虑加载需要的构造措施

在科研试验中为了保证结构或构件在预定的部位破坏，以期得到必要的测试数据，还需要对结构或构件的其他部位事先进行局部加强。为了保证试验量测的可靠性和仪表安装的方便，在试件内要预设埋件或预留孔洞。对于为测定混凝土内部应力的预埋元件或专门的混凝土应变计、钢筋应变计等。应在浇注混凝土前，按相应的技术要求，用专门的方法就位、固定埋设在混凝土内部。

2.3 工程结构试验的加载方案设计

2.3.1 结构试验加载图式的选择与设计

试验荷载图式要根据试验目的来决定。试验时的荷载应该使结构处于某一种实际可能的最不利的工作情况。

试验时的荷载图式要与结构设计计算的荷载图式一致。这样，结构试件的工作状态才能与其实际情况最为接近。例如钢筋混凝土楼盖，支承楼板的次梁的试验荷载应该是均布的，支承次梁的主梁应该是按次梁间距作用的几个集中荷载；而工业厂房的屋面大梁则承受间距为屋面板宽度或檩条间距的等距集中荷载，在天窗脚下另加较大的集中荷载；对于吊车梁则按其抗弯或抗剪最不利时的实际轮压位置布置相应的集中荷载。

但是，在试验时也常常采用不同于设计计算的荷载图式，一般是由于下列的原因：

①对设计计算时采用的荷载图式的合理性有所怀疑，因而，在试验时采用某种更接近于结构实际受力情况的荷载布置方式。

例如，装配式钢筋混凝土的交叉梁楼盖，设计时楼板和次梁均按简支进行计算，施工后由于浇捣混凝土叠合层使楼面的整体性加强，试验时必须考虑邻近构件对受载部分的影响，即要考虑荷载的横向分布，这时荷载图式就须按实际受力情况做适当变化。

②在不影响结构的工作和试验成果分析的前提下，由于受试验条件的限制和为了加载的方便，改变加载的图式。

例如，当试验承受均布荷载的梁或屋架时，为了试验的方便和减少加载设备，常用几个集中荷载来代替均布荷载。但是，集中荷载的数量与位置应尽可能地符合均布荷载所产生的内力值，由于集中荷载可以很方便地用少数几个液压加载器或杠杆产生，这样不仅简化了试验装置，还可以大大减轻试验加载的劳动量。采用这样的方法时，试验荷载的大小要根据相应等效条件换算得到，因此叫做等效荷载图式。

采用等效荷载时，必须全面验算由于荷载图式的改变而对结构产生的各种影响。必要时应对结构构件作局部加强或对某些参数进行修正。当构件满足强度等效，而不能满足整体变形条件等效时，则需对所测变形值进行修正。取弯矩等效时，尚需验算剪力对构件的影响。

为了满足在整体结构试验中的辅助试验要求，特别是从复杂的超静定结构中取出一部分构件进行试验时，为了形成与实际受力相一致的应力状态，除了上述的在试件形状设计时要加以考虑外，还要考虑荷载图式、受力特征和边界条件。图 2.6 框架结构受水平荷载作用时，为实现图 2.6(d)、(e)梁在截面 $C—C$、$D—D$ 处的受力情况，荷载图式应使梁的截面产生弯矩和剪力，并出现反弯点的受力状态，见图 2.7。

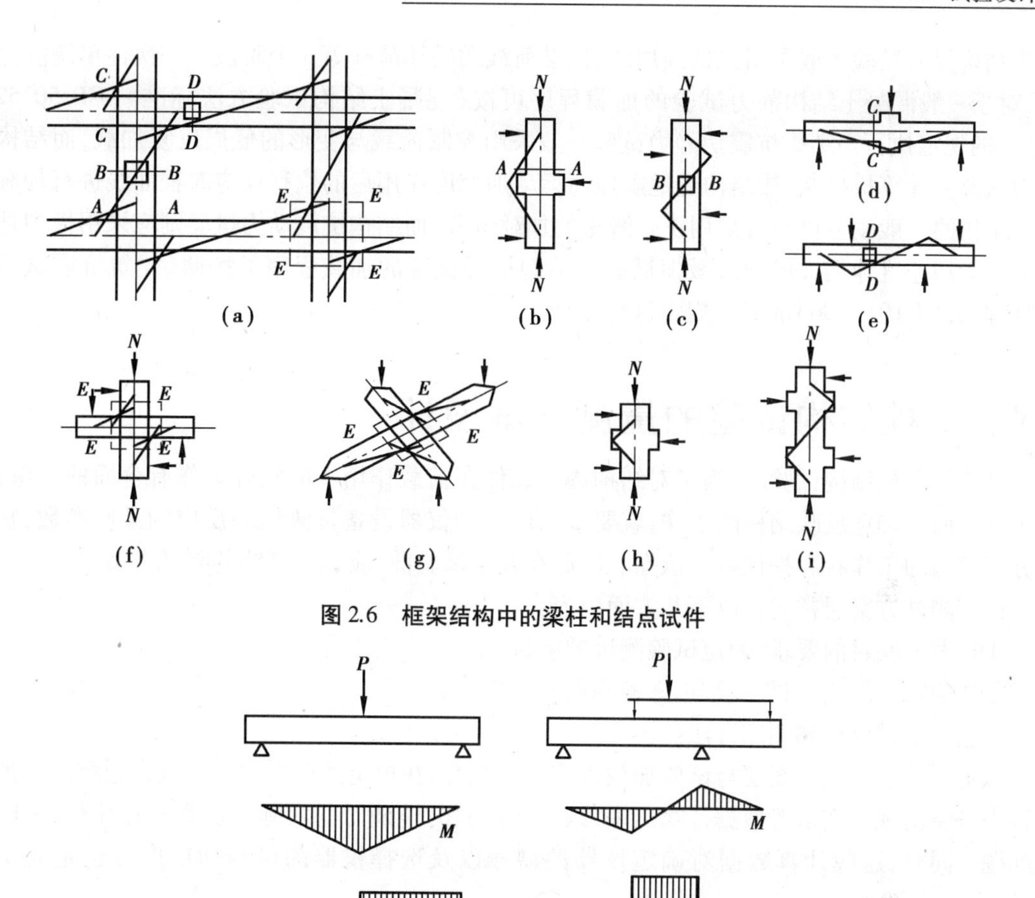

图 2.6 框架结构中的梁柱和结点试件

图 2.7 框架梁荷载图式

2.3.2 试验加载装置的设计

为了保证试验工作的正常进行,对于试验加载用的设备装置,也必须进行专门的设计。在使用试验室内现有的设备装置时,也要按每项试验的要求对装置的强度、刚度进行复核计算,同时要满足试件的设计计算简图,荷载图式、边界条件和受力状态,既不能分担试件承受的试验荷载,产生卸载作用,也不能阻碍试件变形的自由发展,产生约束作用,还要满足试件就位支承、荷载设备安装、试验荷载传递和试验过程的正常工作要求。

2.3.3 结构试验的加载制度

试验加载制度是指结构试验中控制荷载大小与加载时间的关系,它包括加载速度的快慢、加载时间间歇的长短、分级荷载的大小和加载卸载循环的次数等。结构构件的承载能力和变形性质与其所受荷载作用的时间特征有关,不同性质的试验必须根据试验的要求制订不同的加载制度。

结构静力试验一般采用包括预加载、标准荷载和破坏荷载等3个阶段的一次性单调静力加载，对于一般混凝土结构静力试验的加载程序可按《混凝土结构试验方法标准》(GB 50152—2012)的规定执行。结构抗震伪静力试验一般采用控制荷载与变形的低周反复加载，而结构拟动力试验由计算机控制，按结构受地震地面运动加速度作用后的位移反应时程曲线进行加载试验。结构的一般动力试验可采用正弦激振的加载试验，而结构抗震动力试验则应采用模拟地震地面运动加速度地震波的随机激振试验。结构抗震试验的加载程序可按照《建筑抗震试验方法规程》(JGJ 101—96)的有关规定进行设计。

2.4 工程结构试验的量测方案设计

在进行工程结构试验时，为了对结构物或试件在荷载作用下的实际工作有全面的了解，即为了真实而正确地反映结构的工作，就要求利用各种仪器设备量测结构反应的某些参数，从而为分析结构的工作状态提供科学依据。因此在开始试验前，应拟定试验的测试方案。

试验测试方案通常包括以下几方面内容：

①根据试验目的要求，确定试验测试的项目。

②按确定的量测项目要求，选择各测点的位置。

③选择测试仪器和测定方法。

拟定的试验测试方案要与试验加载程序密切配合，在拟定测试方案时应该先把结构在加载过程中可能出现的变形等数据计算出来，以便在试验时能随时与实际观测数据相比较，及时发现问题。同时，这些计算数据对确定仪器的型号以及选择仪器的量程和精度等也是完全必要的。

2.4.1 量测项目的确定

在荷载作用下工程结构的各种变形可以分成两类：一类是反映结构的整体工作状况，如梁的挠度、转角、支座偏移等，叫做“整体变形”；另一类是反映结构的局部工作状况，如混凝土的应变、裂缝、钢筋滑移等，叫做“局部变形”。

在确定试验的观测项目时，试验人员首先应该考虑结构的整体变形，因为整体变形能够概括结构工作的全貌，可以基本上反映出结构的工作状况。因此，在所有测试项目中，结构的各种整体变形往往是最基本的。对梁来说，首先就是挠度。通过挠度的测定，不仅能知道结构的刚度，而且可以知道结构的弹性和非弹性工作性质，挠度的不正常发展还能反映出结构中某些特殊的局部现象。因此，在缺乏必要的量测仪器情况下，一般梁的试验就仅仅测定挠度一项。转角的测定往往用来分析超静定连续结构。

对于某些构件，局部变形也是很重要的。例如，钢筋混凝土结构出现裂缝，能直接说明其抗裂性能；再如，在做非破坏性试验的应力分析时，控制截面上的最大应变往往是推断结构极限强度的最重要指标。因此只要条件许可，根据试验目的也需要测定一些局部变形的项目。

总的说来，破坏性试验本身就能充分地说明结构或构件的工作状态，因此，观测项目和测点可以少些；而非破坏性试验的观测项目和测点布置必须满足分析和推断结构工作状况的最低需要。

2.4.2 测点的选择与布置

在工程结构试验中,利用试验仪器测量结构物或试件的变形或应变时,一个仪表一般只能测量一个反应参数,因此,在测量强度、刚度和抗裂性等多个参数时,往往需要利用多个仪表。一般来说,测点愈多愈能了解结构物的应力和变形情况,但是所需的测量仪表数量也就愈多。一般地,在满足试验目的前提下,测点宜少不宜多,这样不仅可以节省仪器设备,避免人力浪费,而且使试验工作能够重点突出,提高效率和保证质量。在试验中,任何一个测点的布置都应服从于结构分析的需要,不应为了追求数量而不切实际地盲目设置测点。因此,在测量工作之前,应该利用已知的力学和结构理论对结构进行初步估算,然后合理地布置测点,力求减少试验工作量而尽可能获得必要的数据。这样,测点的数量和布置必然会是充分合理的,同时也是足够的。

对于一个新型结构或科研的新课题,由于对试件的工作性能缺乏认识,可以采用逐步逼近且由粗到细的办法,先测定较少点位的性能数据,经过初步分析后再补充适量的测点,再分析再补充,直到能足够了解结构物的性能为止。有时也可以先做一些简单的定性试验后再决定测量点位。

测点的位置必须要有代表性,以便于分析和计算。结构的最大挠度和最大应力及应变的数据,通常是设计人员和试验人员最感兴趣的数据,因为通过它可以比较直接地了解结构的工作性能和强度储备。因此在这些最大值出现的部位上必须布置测量点位。例如,挠度的测点位置可以从比较直观的弹性曲线(或曲面)来估计,经常是布置在跨度中点的结构最大挠度处;应变的测点就应该布置在最不利截面的最大受力纤维上,最大应力的位置一般出现在最大弯矩截面上、最大剪力截面上,或者弯矩剪力都不是最大而是二者同时出现较大数值的截面上,以及产生应力集中的孔穴边缘上或者截面剧烈改变的区域内。如果不是为了说明局部缺陷的影响,那么就不应该在有显著缺陷的截面上布置测点,这样才能便于计算分析。

在测量工作中,为了保证测量数据的可靠性,还应该布置一定数量的校核性测点。由于在试验量测过程中部分测量仪器会工作不正常或发生故障,甚至由于很多偶然因素影响量测数据的可靠性,因此不仅应在需要知道应力和变形的位置上布置测点,也要求在已知应力和变形的位置上布置测点,这样就可以同时获得两组测量数据。前者称为“测量数据”,后者称为“控制数据”或“校核数据”。如果控制数据在量测过程中是正常的,则可以相信测量数据是比较可靠的;反之,测量数据的可靠性就差了。这些控制数据的校核测点可以布置在结构物的边缘凸角上,由于没有外力作用,它的应变应该为零;有时结构物上没有凸角可找时,校核测点也可以放在理论计算比较有把握的区域内,或者利用结构本身和荷载作用的对称性,在控制测点相对称的位置上布置一定数量的校核测点。在正常情况下,相互对应的测点数据应该相等。这样,校核性测点一方面能验证观测结果的可靠程度;另一方面,在必要时也可以将对称测点的数据作为正式数据,供分析时采用。

测点的布置应有利于试验时的操作和测读,不便于观测读数的测点往往不能提供可靠的测量结果。为了测读方便和减少观测人员,测点的布置宜适当集中,便于一人管理若干个仪器。不便于测读和不便于安装仪器的部位,最好不设或少设测点,否则也要妥善考虑安全措施或者选择特殊的仪器或测定方法满足测量要求。

2.4.3 仪器的选择

①在选择测量仪器时,必须从试验实际需要出发,使所用仪器能很好地符合量测所需的精度与量程要求。一般工程结构试验要求测量结果的相对误差不超过5%,即仪表的最小刻度值不大于每级加载时被测值的±5%。必须注意到,精密量测仪器要求有比较良好的环境和条件。如果条件不够理想,那么不是仪器遭受损伤,就是观测结果不可靠。因此,应避免盲目选用高准确度和高灵敏度的精密仪器。总之,在选择测量仪器时,既要保证精度,也要避免盲目追求高精度。

②测量仪器的量程应该满足最大应变或挠度的需要,否则,在试验过程中进行调整,必然会增大测量误差。为此,最大被测值宜在仪器满量程的1/5~2/3范围内,不宜大于仪器最大量程的80%。

③如果测点的数量很多而测点又位于很高很远的部位,这时采用电阻应变仪进行多点测量或远距测量就很方便,对埋于结构内部的测点只能用电测仪表。此外,机械式仪表一般是附着于结构上的,这就要求仪表的自重要轻,体积要小,且不影响结构的工作。

④选择测量仪表时必须考虑测读的方便省时,必要时须采用自动记录装置。

⑤一次试验中,测量仪器的型号规格应尽可能一致,不能做到一致时也应种类愈少愈好。有时为了控制观测结果的正确性,也可在校核测点上使用另一种类型的仪器,以便比较。

⑥在工程结构动力试验中选择仪表时,尤其应注意仪表的线性范围频响特性和相位特性要满足试验量测的要求。

2.4.4 仪器的测读原则

试验过程中,测读仪器、仪表应按一定程序进行,具体的测读方法与试验方案、加载程序有密切的关系。在拟定加载试验方案时,要充分考虑观测工作的方便与可能;在确定测点布置和考虑测读程序时,也要根据试验方案提供的客观条件,密切结合加载程序进行。

测读时,原则上必须同时测读全部仪器的读数,至少也要基本上同时。因为结构的变形与时间有关,只有同时测到的读数才能说明结构在当时的实际工作状况。因此,如果仪器数量较多,应分区同时由几人测读,每个观测人员测读的仪器数量不能太多。当用静态电阻应变仪进行多点应变测量时,如果测点数量较多,就应该考虑将测号分组,用几台应变仪控制测读。

目前,大多使用多点自动记录应变仪自动巡回检测,因此对进入弹塑性阶段的试件可跟踪记录。试验中的观测时间一般是选在加载过程中的加载间歇时间内,最好在每次加载完毕后的一定时间(例如5 min)开始按程序测读一次,到加下一级荷载前,再观测一次读数。根据试验的需要也可以在加载后立即记取个别重要测点仪器的数据。

有时荷载分级很细,某些仪器的读数变化非常小,或对于一些次要的测点,可以每隔二级或更多级的荷载才测读一次。例如,每级荷载作用下结构徐变变形不大时,或者为了缩短试验时间,往往只在每一级荷载下测读一次数据。

当荷载维持较长时间不变时(如在标准荷载下恒载 12 h 或更多),应该按规定时间,如加载后的 5 min、30 min、1 h,以及其后每隔 3~6 h 测读数据。同样,当结构卸载完毕空载时,也应按规定时间测读数据,以便记录恢复情况。

应该注意的是每次记录仪器读数时,应同时记下周围的温度和湿度。

另外,对于重要的数据,应边记录、边初步整理,同时算出每级荷载下的读数差,与预计的理论值进行比较。

2.5 工程结构试验的结论与基本文件

2.5.1 试验结论

由于试验目的的不同,工程结构试验结论的内容和表达形式也有所不同。生产性试验的技术结论可根据不同结构设计标准中的有关规定编写。例如《建筑结构可靠度设计统一标准》(GB 50068—2001)对建筑结构设计规定了两种极限状态,即承载能力极限状态和正常使用极限状态。所以,在建筑结构性能检验报告中,必须阐明试验结构在承载能力极限状态和正常使用极限状态两种情况下是否满足设计计算所要求的功能(例如构件的强度、刚度、稳定、疲劳或裂缝等)。只有检验结果同时都满足两个极限状态设计所要求的内容时,该构件的结构性能才可评为“合格”,否则评为“不合格”。

判断结构是否已经满足承载能力极限状态设计的要求或正常使用极限状态设计的要求,有关结构的设计标准和质量控制标准已做出规定,给出具体的“极限状态标志”作为判断的依据。

生产性试验的技术报告,主要应包括以下内容:

①检验或鉴定的原因和目的。

②试验前或检验后存在的主要问题,结构所处的工作状态。

③采用的检验方案。

④试验数据的整理和分析结果。

⑤技术结论或建议。

⑥试验计划、原始记录,有关的设计、施工和使用情况调查报告等附件。

研究型试验大多为了探讨或验证某一新的结构理论,因此试验的技术结论无论从深度和广度上都远比生产性试验结论复杂,要求的内容也完全取决于具体试验研究的目的。

2.5.2 基本文件

通过工程结构试验的设计,应拟定一个试验大纲,并汇总所有的文件。

试验大纲是进行整个试验的指导性文件,其内容的详略程度视不同的试验而定,一般应包括以下内容。

①试验目的和要求:即通过试验最后应得出的数据,如破坏荷载值、设计荷载下的内力分布和挠度曲线、荷载-变形曲线等。

②试件设计及制作要求:包括试件设计的依据及理论分析,试件数量及施工图,对试件原材料、制作工艺、制作精度等的要求。

③辅助试验内容:包括辅助试验的目的、试件的种类、数量及尺寸、试件的制作要求、试验方法等。

④试件的安装与就位:包括试件的支座装置、保证侧向稳定装置等。

⑤加载方案:包括荷载数量及种类、加载设备、加载装置、加载图式、加载程序等。

⑥量测方案:包括测定布置、仪表型号选择、仪表标定方法、仪表的布置与编号、仪表安装方法、量测程序等。

⑦试验过程的观察:包括试验过程中除仪表读数外有关其他方面应做的记录。

⑧安全措施:包括安全装置、脚手架、技术安全规定等。

⑨试验进度计划。

⑩附件:包括经费、器材及仪表设备清单等。

每一工程结构试验从规划到最终完成应收集整理以下各种文件资料:

①试件施工图及制作要求说明书。

②试件制作过程及原始数据记录,还应包括各部分实际尺寸及疵病情况等。

③自制试验设备加工图纸及设计资料。

④加载装置及仪表编号布置图。

⑤仪表读数记录表(原始记录)。

⑥量测过程记录(包括照片、录像及测绘图等)。

⑦试件材料及原始材料性能的测定结果。

⑧试验数据的整理分析及试验结果汇总计(包括整理分析所依据的计算公式、整理后的数据图表等)。

⑨试验工作日志。

⑩试验报告。它是试验文件中最主要的一个文件,是全部试验工作的集中反映,它概括了其他文件的主要内容。编写试验报告应力求简明扼要。试验报告可单独编写,也可作为整个研究报告中的一部分。试验报告的内容一般应包括试验目的、试验对象的简介、试验方法及依据、试验情况及问题、试验结果处理与分析、试验技术结论、附录。

工程结构试验必须建立在一定的理论基础上,试验的成果又为理论计算提供宝贵的资料和依据。单凭观察到的表面现象不能对工程结构的工作质量妄下断语;只有经过周详的考察和理论分析,才可能对工程结构的工作作出正确的、符合实际情况的结论。因此,不应该认为工程结构试验只是经验式的试验分析,而应该是根据丰富的试验资料对工程结构的内在规律进行更为深层次的理论研究。

本章小结

(1)工程结构试验大致可以分为试验设计、试验准备、试验实施以及试验分析等主要环节。

(2)工程结构试验的试件设计包括试件形状、试件尺寸与数量及构造措施,同时还必须满足结构与受力的边界条件、试验的破坏特征、试验加载条件的要求,最后以最少的试件数量获得最多的试验数据,反映研究的规律,以满足研究任务的需求。

(3)制订工程结构试验的量测方案:①根据试验的目的和要求,确定观测项目,选择量测区段,布置测点位置;②按照确定的量测项目,选择合适的仪表;③确定试验观测方法。

(4)工程结构试验的基本文件,一般应包括试验项目来源、试验研究目的、试件设计及制作要求、辅助试验内容、试件的安装与就位、量测方法、加载方法、安全措施、试验进度计划、经费使用计划、附件等组成。

思考题

2.1 工程结构试验大致分为哪些主要环节?简述试验各环节的内容。

2.2 什么是正交设计?其目的是什么?

2.3 在设计工程结构试验的加载方案时,应满足什么要求?

2.4 用仪器对结构或构件进行内力和变形等参数的量测时,测点的选择与布置应遵循哪些原则?

2.5 工程结构试验的基本文件包括哪些内容?

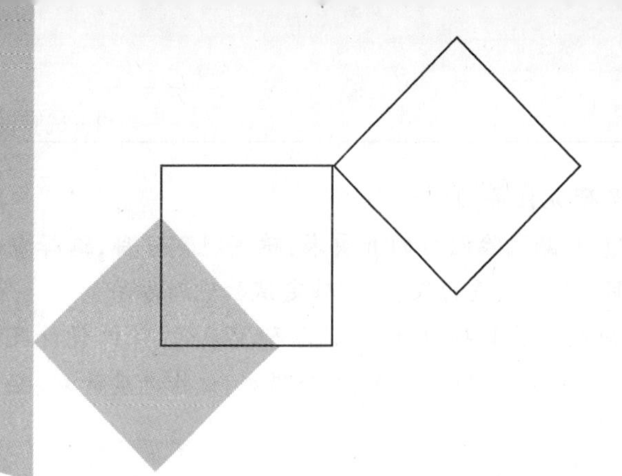

3 结构试验的荷载与加载设备

3.1 概　述

大部分结构试验是在模拟荷载条件下进行的,模拟荷载与实际荷载的吻合程度对试验成功与否非常重要。正确的荷载设计和选择适合于试验目的的加载设备是保证整个工作顺利进行的关键。试验荷载的型式、大小、加载方式等一般根据试验的目的、要求,试验室的设备及现场所具备的条件来选择。

结构试验中荷载的模拟方法、加载设备有很多种。例如静力试验有利用重物直接加载法、通过重物和杠杆作用的间接加载的重力加载法,利用液压加载器(千斤顶)、液压加载系统(液压试验机、大型结构试验机)的液压加载法,利用吊链、卷扬机、绞车、花篮螺丝和弹簧的机械加载法,以及利用气体压力的气压加载法。在动力试验中一般利用惯性力或电磁系统激振,比较先进的设备有:自动控制、液压和计算机系统相结合组成的电液伺服加载系统和由此作为振源的地震模拟振动台加载等设备,以及由人工爆炸和利用环境随机激振(脉动法)的方法加载。

试验加载设备应满足下列基本要求:

①荷载值准确稳定且符合实际荷载作用模式及传递模式,产生的内力或在要分析部位产生的内力与设计计算等效。

②荷载易于控制,能够按照设计要求的精度逐级加载和卸载。

③加载设备本身应具有足够的承载力、刚度,确保加载和卸载安全可靠。

④加载设备不应参与试验结构或构件的工作,不影响结构自由变形,不影响试验结构受力。

⑤试验加载方法力求采用先进技术,减少人为误差,提高工作效率。

3.2 重力加载法

重力加载就是借助于一定的支撑装置,利用物体本身的重力作为荷载施加于试验结构或构件设计荷载作用点，常用的重物有标准铸铁块、混凝土块、水箱等易于施加又便于准确计量的物体。在现场还可就地取材，用砌块、砂、石乃至废钢锭、废构件来施加荷载。

3.2.1 重力直接加载法

重物荷载可直接有规则地堆放于结构或构件表面形成均布荷载（图 3.1），或通过悬吊装置挂于结构构件的某一点形成集中荷载（图 3.2）。前者多用于板等受力面积较大的结构，后者多用于现场做屋架、屋面梁的承载力试验。使用砂、石等松散材料作为均布荷载时应注意重物的堆放方式，不要将材料连续堆放，以免试件加载变形时因荷载材料本身的起拱作用造成结构卸载。此外，小颗粒及粉状材料的摩擦角（安息角）也可引起卸载，某些材料的质量（如砂）会随环境湿度的不同而发生变化。为此，可将材料置于容器中，再将容器叠加于结构之上。对于形体比较规整的块状材料，如砖、钢锭等，则应整齐叠放，每堆重物的宽度小于 $l_a/6$（l_a 为试验结构的跨度），堆与堆之间应有一定间隙（50～150 mm）。为了方便加载和分级的需要，并尽可能减少加载时的冲击力，重物的块（件）不宜太重，一般为 20～25 kg，且不超过加载面积上荷载标准值的 1/10，以保证分级精确及均匀分布。当通过悬吊装置加载时，应将每一悬吊装置分开或通过静定的分配梁体系作用于试验的对象上，使结构受力明确。

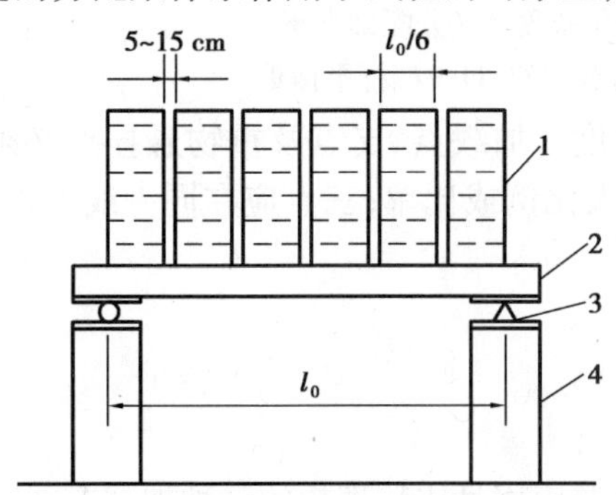

图 3.1 重物堆放作均布荷载试验图

1—重物；2—试验板；3—支座；4—支墩

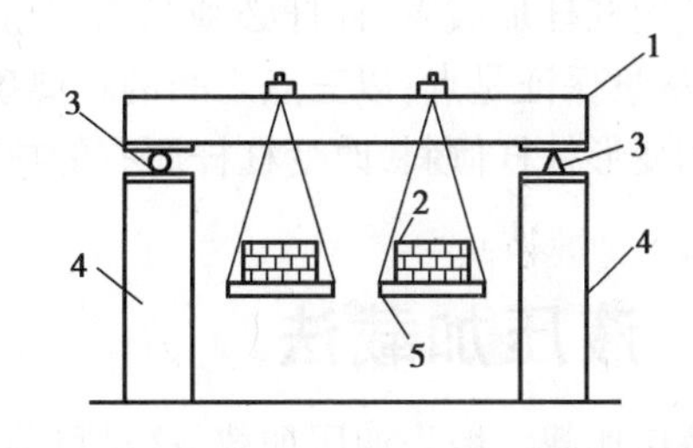

图 3.2 重物堆放作集中荷载试验

1—试件；2—重物；3—支座；4—支墩；5—吊篮

利用水作为重力加载用的荷载简单、方便而又经济。加载可以利用进水管，卸载则可利用虹吸管原理，这样可以减少大量的加载劳动。水直接用作均布荷载时，可用水的高度计算、控制荷载值（图 3.3）。但当结构产生较大变形时，应注意水荷载的不均匀性对结构受力所产生的影响。利用水作均布荷载的缺点是全部承载面被掩盖，不利于布置测量仪表及裂缝观测。此外，也可以盛水在水桶中，悬挂作用在结构上，作为集中荷载。

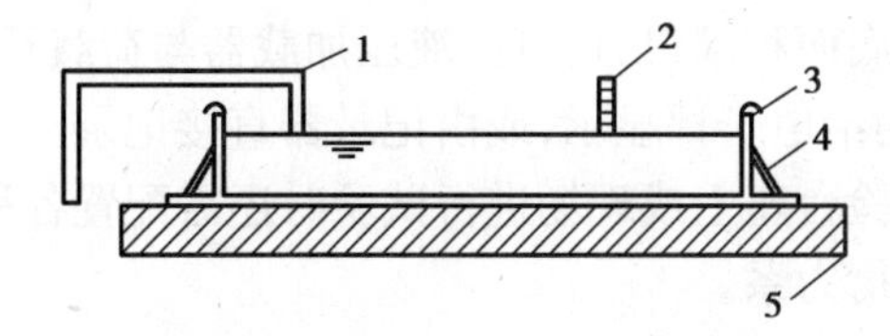

图 3.3 用水作均布荷载的试验

1—水管；2—标尺；3—防水胶布；4—侧向挡板；5—试件

3.2.2 重物杠杆加载法

利用重物加载往往会受到荷载量的限制,此时可利用杠杆原理将荷重放大作用于结构上。杠杆加载法制作方便,只包括有杠杆、支点、荷载盘即可。它的特点是当结构发生变形时,荷载值可以保持恒定,对于作持久荷载试验尤为适合。杠杆加载的装置根据试验室或现场试验条件的不同,可以有如图3.4所示的方案。根据试验需要,当荷载不大时可以用单梁式或组合式杠杆;荷载较大时则可采用桁架式杠杆。

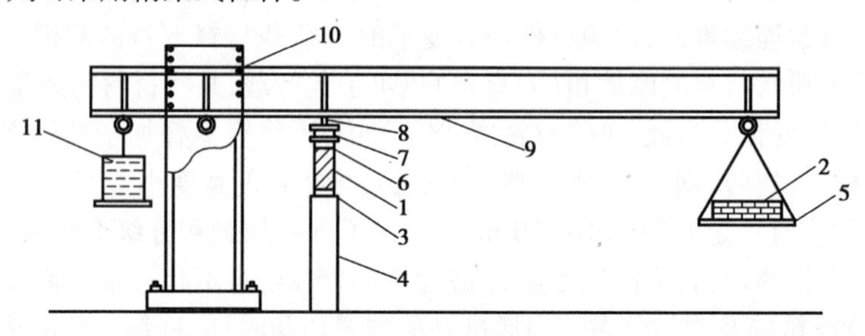

图3.4 杠杆加载方法

1—试件;2—重物;3—支座;4—支墩;5—荷载盘;6—分配梁支座;
7—分配梁;8—加载支点;9—杠杆;10—荷载支架;11—杠杆平衡重

利用杠杆加载时,杠杆必须具有足够的刚度、平直度。加载点、支点及重物悬挂点必须明确,且尽量保证是点;以三点之间的距离确定荷载的放大比例或比率;三点应在同一线上,以免因结构变形杠杆倾斜,改变杠杆原有的放大率。

3.3 液压加载法

液压加载一般为油压加载,这是目前结构试验中普遍应用且比较理想的一种加载方式。它的最大优点是利用油压使液压加载器(千斤顶)产生较大的荷载,试验操作安全方便,无需大量的搬运工作,特别是对于要求荷载点数多、吨位大的大型结构试验更为合适。由此发展而成的电液伺服液压加载系统为结构动力试验模拟地震荷载等不同的动力荷载创造了有利条件,应用到结构的伪静力、拟动力和结构动力加载中,使动力加载技术发展到一个新的水平。

液压加载系统是将油箱、油泵、阀门、液压加载器等用油管连接起来,配以测力计和支承机构组成的。油压加载器是液压加载设备中的一个重要部件,其主要工作原理是高压油泵将具有一定应力的液压油压入液压加载器的工作缸,使之推动活塞,对结构施加荷载。荷载值由油压表指示值和加载器活塞受压底面积求得,也可由液压加载器与荷载承力架之间所置的测力计直接测得,或用传感器将信号输给电子秤显示,或由记录器直接记录。

使用液压加载系统在试验台座上或现场进行试验时还需配置各种支承系统,来承受液压加载器对结构加载时产生的平衡力系。

3.3.1 手动液压加载器加载

手动液压加载器(或称液压千斤顶)主要包括手动油泵和液压加载器两部分,其构造原理见图 3.5。当手柄 6 上提带动油泵活塞 5 向上运动时,液压油从储油箱 3 经单向阀 11 被抽到油泵油缸 4 中,当手柄 6 下压带动油泵活塞 5 向下运动时,油泵油缸 4 中的油经单向阀 11 被压出到工作油缸 2 内。手柄不断地上下运动,油被不断地压入工作油缸,从而使工作活塞不断上升。如果工作活塞运动受阻,则油压作用力将反作用于底座 10。试验时千斤顶底座放在加载点上,从而使结构受载。卸载时只需打开阀门 9,使油从工作油箱 2 流回储油箱 3 即可。

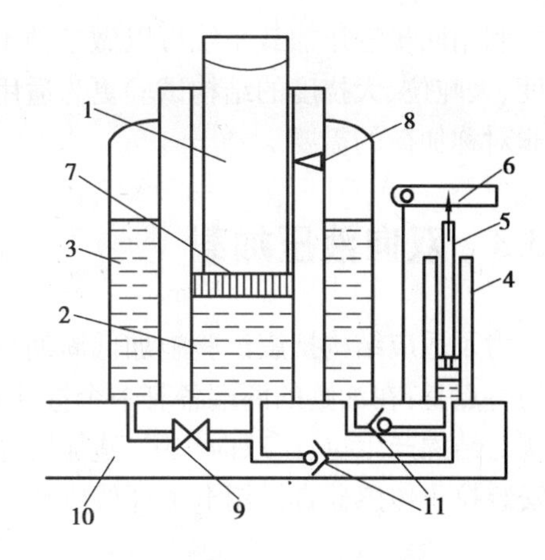

图 3.5 手动液压千斤顶

1—工作活塞;2—工作油缸;3—储油箱;4—油泵油缸;5—油泵活塞;6—手柄;7—油封;8—安全阀;9—泄油阀;10—底座;11—单向阀

手动油泵一般能产生 40 N/mm^2 或更大的液体压力,为了确定实际的荷载值,可在千斤顶工作活塞顶端安装一个荷重传感器,或在工作油缸中引出紫铜管,安装油压表,根据油压表测得的液体压力和活塞面积即可算出荷载值。千斤顶活塞行程在 200 mm左右,可满足结构试验的要求。其缺点是:一台千斤顶需一人操作,多点加载时难以同步,油压压力大,操作时禁止人员在附近逗留以防高压油喷出伤人。

3.3.2 同步液压加载

若在油泵出口接上分油器,可以组成一个油源供多个加载器同步工作的系统,适应多点同步加载要求。分油器出口再接上减压阀,则可组成同步异荷加载系统,满足多点同步异荷加载需要。图 3.6 为同步液压加载的组成原理图。

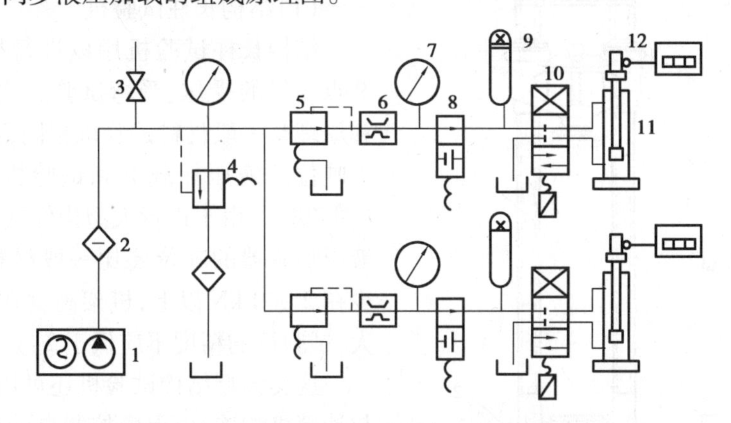

图 3.6 同步液压加载系统组成原理图

1—高压油泵;2—滤油器;3—截止阀;4—溢流阀;5—减压阀;6—节流阀;7—压力表;8—电磁阀;9—蓄能器;10—电磁阀;11—加载器;12—测力器

同步液压加载系统采用的单向加载千斤顶与普通手动千斤顶的主要区别是:储油缸、油泵和阀门等不附在千斤顶上,千斤顶部分只由活塞和工作油缸构成,其活塞行程大,顶端装有球铰,能灵活倾角 15°。

利用同步液压加载系统可以做各种土木结构如屋架、柱、桥梁及板等的静载试验，尤其对大跨度、大吨位、大挠度的结构试验更为适用，它不受加荷点的数量和距离的限制，并能适应对称和非对称加荷的需要。

3.3.3 双向液压加载

为了适应结构抗震试验施加低周期反复加载的需要，可用双向作用液压加载器(图 3.7)。它的特点是：在油缸的两端各有一个进油孔，设置油管接头，可通过油泵与换向阀交替供油，由活塞对结构产生拉、压双向作用，施加反复荷载。为了测定拉力或压力值，可以在千斤顶活塞杆端安装拉压传感器直接用电子秤或应变仪测量，或将信号送入记录仪。

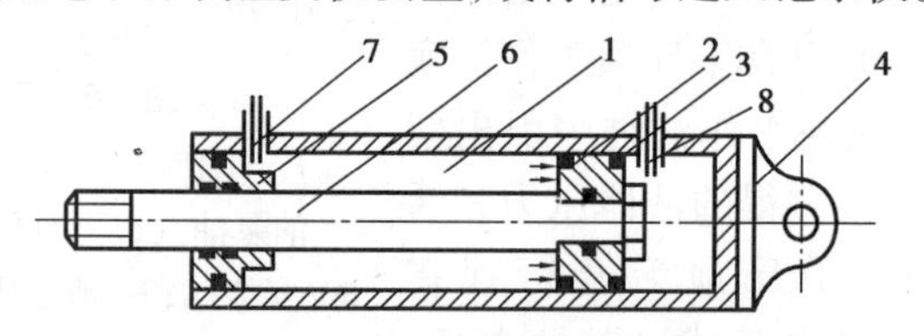

图 3.7 双向作用液压加载器

1—工作油缸；2—活塞；3—油封装置；4—固定环；
5—端盖；6—活塞杆；7、8—进油孔

3.3.4 大型结构试验机加载

大型结构试验机本身就是一个比较完善的液压加载系统，是结构试验室内进行大型结构试验的专门设备，比较典型的是结构长柱试验机、万能材料试验机和结构疲劳试验机等。

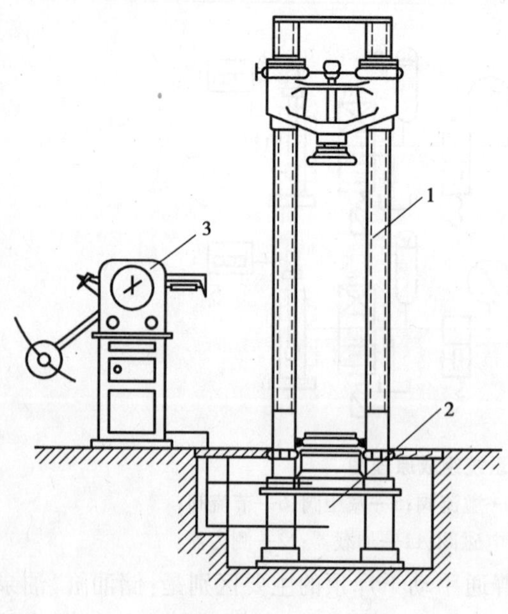

图 3.8 结构长柱试验机

1—试验机架；2—液压加载器；3—操纵台

(1)结构长柱试验机

结构长柱试验机用以进行柱、墙板、砌体、节点与梁的受压、受弯试验。这种设备的构造和原理与一般材料试验机相同，由液压操纵台、大吨位的液压加载器和试验机架三部分组成(图 3.8)。由于进行大型构件试验的需要，它的液压加载器的吨位要比一般材料试验机大，至少在 2 000 kN 以上，机架高度在 3 m 左右或更大，试验机的精度不应低于 2 级。

这类大型结构试验机还可以通过中间接口与计算机相连，由程序控制自动操作。此外，试验机还配有专门的数据处理设备，使试验机的操纵和数据处理能同时进行，极大地提高了试验效率。

(2)结构疲劳试验机

结构疲劳试验机主要由脉动发生系统、控

制系统和千斤顶工作系统三部分组成,它可做正弦波形荷载的疲劳试验,也可做静载试验和长期荷载试验等。工作时,从高压油泵打出的高压油经脉动器再与工作千斤顶和装于控制系统中的油压表连通,使脉动器、千斤顶、油压表都充满压力油。当飞轮带动曲柄运动时,使脉动器活塞上下移动而产生脉动油压。脉动频率通过电磁无极调速电机控制飞轮转速进行调整。国产的 PME—50A 疲劳试验机,实验频率为 100~500 次/min。疲劳次数由计数器自动记录,计数至预定次数、时间或破坏时,即自动停机。

应注意的是,在进行疲劳试验时,由于千斤顶运动部件的惯性力和试件质量的影响,会产生一个附加作用力作用在构件上,该值在测力仪表中未测出,故实际荷载值需按机器说明加以修正。

3.3.5　电液伺服液压加载

电液伺服液压加载系统由液压源、控制系统和执行系统三大部分组成,它是一种先进的、完善的液压加载系统。如图 3.9 所示,它可将荷载、应变、位移等物理量直接作为控制参数,实行自动控制,能够模拟并产生各种振动荷载,如地震、海浪等荷载。

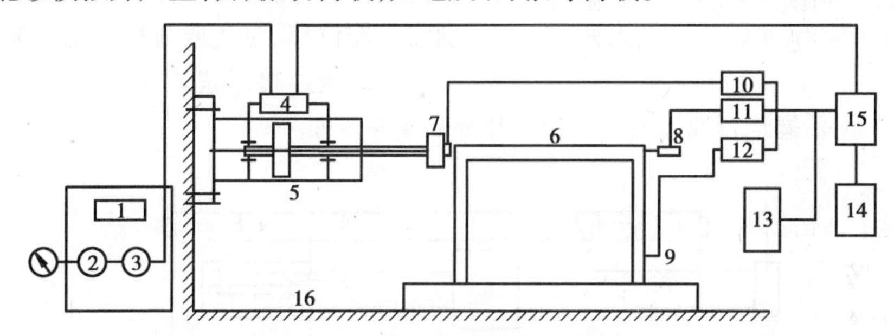

图 3.9　电液伺服液压系统工作原理

1—冷却器;2—电动机;3—高压油泵;4—电液伺服阀;5—液压作动器;6—试验结构;
7—荷载传感器;8—位移传感器;9—应变传感器;10—荷载调节器;11—位移调节器;
12—应变调节器;13—记录及显示装置;14—指令发生器;15—伺服控制器;16—台座

①液压源:又称泵站,是加载的动力源。由油泵输出高压油,通过伺服阀控制进出加载器的两个油腔产生推拉荷载。系统中带有蓄能器,以保证油压的稳定性。

②控制系统:电液伺服程控系统由电液伺服阀和计算机联机组成。电液伺服阀是电液伺服系统的核心部件,电-液信号转换和控制主要靠它实现。控制系统按放大级数可分为单级、二级和三级,多数大、中型振动台使用三级阀。控制系统由电动机、喷嘴、挡板、反馈杆、滑阀等组成,其构造原理如图 3.10 所示。当电信号输入伺服线圈时,衔铁偏转,带动一挡板偏移,使两边喷油嘴的流量失去平衡,两个喷腔产生压力差,推动滑阀滑移,高压油进入加载器的油腔使活塞工作。滑阀的移动,又带动反馈杆偏转,使另一挡板开始上述动作,如此反复运动,使加载器产生动或静荷载。由于高压油流量与方向随输入电信号而改变,再加上闭环回路的控制,便形成了电-液伺服工作系统。三级阀就是在二级阀的滑阀与加载器间再经一次滑阀功率放大。

③电液伺服工作系统:其工作原理是:将一个工作指令(电信号)加给比较器,通过比较器进行伺服放大。输出电流信号推动伺服阀工作,从而使液压执行机械的作动器(双向作用千斤顶)的活塞杆动作,作用在试件上。连在作动器上的荷载传感器或连在试件上的位移传感器都

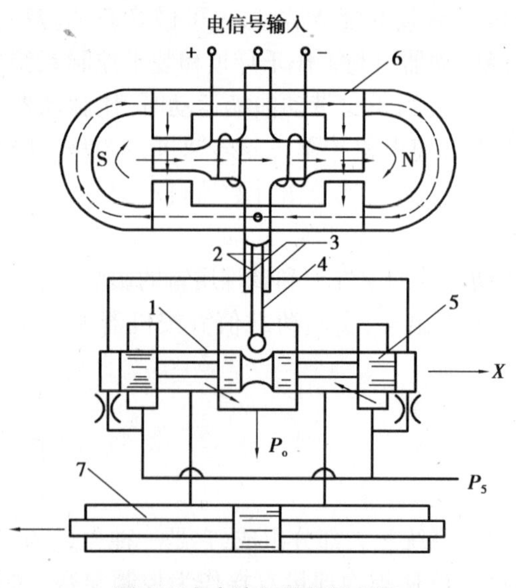

图 3.10 电液伺服阀原理图

1—阀套;2—挡板;3—喷嘴;4—反馈杆;
5—阀芯;6—永久磁铁;7—加载器

由信号输出,经放大器放大后,由反馈选择器选择其中一种,通过比较器与原指令输入信号进行比较。若有差值信号,则进行伺服放大,使执行机构作动器继续工作,直到差值信号为零时,伺服放大的输出信号也为零,从而使伺服阀停止工作。此时位移或荷载达到了所要给定之值,达到了位移或荷载控制的目的。指令信号由函数发生器提供或外部接入,能完成信号提供的正弦波、方波、梯形波、三角波荷载。

④执行机构:执行机构由刚度很大的支承机构和加载器组成。加载器又称液压激振器或作动器,基本构造如图 3.11 所示,为单缸双油腔结构,它的刚度很大、内摩擦很小,可适应快速反应要求,尾座内腔和活塞前端分别装有位移和荷载传感器,能自动计量和发出反馈信号,分别实行按位移、应变或荷载自动控制加载,两端头均做成铰连接形式。规格有 1~3 000 kN,行程(±5~±35) cm,活塞运行速度有 2 mm/s、35 mm/s 等多种。

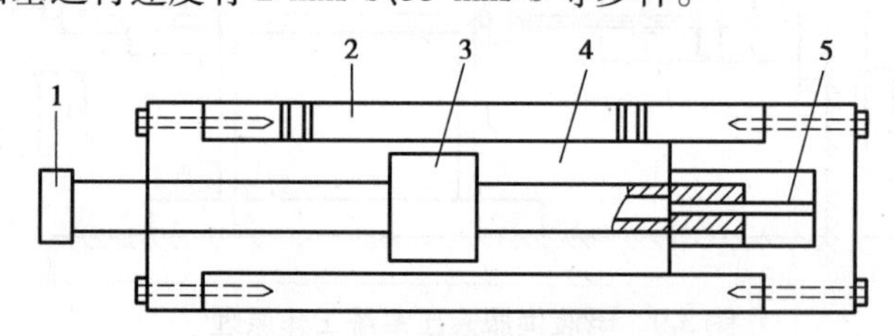

图 3.11 液压激振器构造示意图

1—荷载传感器;2—缸体;3—活塞;4—油腔;5—位移传感器

目前电液伺服液压试验系统大多数与计算机配合联机使用,这样整个系统可以进行程序控制,具有输出各种波形、进行数据采集和数据处理、控制试验的各种参数、进行试验情况的快速判断的功能。能够进行数值计算与荷载试验相组合的试验,实现多个系统大闭环同步控制,进行多点加载,完成模拟控制系统所不能实现的随机波荷载试验。这是目前对真型或接近足尺结构模型进行非线性地震反应试验(又称拟动力试验)的一种有效手段。

电液伺服加载系统具有响应快、灵敏度高、量测与控制精度好、出力大、波形多、频带宽、自动化程度高等优点,可以做静态、动态、低周疲劳和地震模拟振动台试验等,在结构试验中应用越来越广泛。但其投资大,维护费用高,使用受到一定限制。

3.3.6 地震模拟振动台

为了深入研究结构在地震和各种振动作用下的动力性能,特别是在强地震作用下结构进入超弹性阶段的性能。20 世纪 70 年代以来,国内外先后建成了一批大型的地震模拟振动台,在试验室内进行结构物的地震模拟试验,研究地震反应对结构的影响。

地震模拟振动台是再现各种地震波对结构进行动力试验的一种先进试验设备,其特点是具有自动控制和数据采集及处理系统,采用了计算机和闭环伺服液压控制技术,并配合先进的振动测量仪器,使结构动力试验水平提到了一个新的高度。

地震模拟震动台的组成和工作原理如下:

(1)振动台台体结构

振动台台面是有一定尺寸的平板结构,其尺寸的规模确定了结构模型的最大尺寸。台体自重和台身结构与承载的试件质量及使用频率范围有关。一般振动台都采用钢结构,控制方便,经济而又能满足频率范围要求,模型质量和台身质量之比以不大于2为宜。

振动台必须安装在质量很大的基础上,基础的质量一般为可动部分质量或激振力的10~20倍,这样可以改善系统的高频率特性,并可以减小对周围建筑和其他设备的影响。

(2)液压驱动和动力系统

液压驱动系统是向振动台施加巨大的推力。按照振动台是单向(水平或垂直)、双向(水平—水平或水平—垂直)或三向(二向水平—垂直)运动,并在满足产生运动各项参数的要求下,各向加载器的推力取决于可动质量的大小和最大加速度要求。目前世界上已经建成的大中型地震模拟振动台,基本是采用电液伺服系统来驱动的,它在低频时能产生大推力,故被广泛使用。

液压加载器上的电液伺服阀根据输入信号(周期波或地震波)控制进入加载器液压油的流量大小和方向,从而由加载器推动台面能在垂直或水平轴方向上产生相位受控的正弦运动或随机运动。

液压动力部分是一个巨大的液压功率源,能供给所需要的高压油流量,以满足巨大推力和台身运动速度的要求。比较先进的振动台都配有大型蓄能器组,它能根据蓄能器容量的大小使瞬时流量为平均流量的1~8倍,产生具有极大能量的短暂的突发力,以模拟地震产生的扰力。

(3)控制系统

在目前运行的地震模拟振动台中有两种控制方法:纯属于模拟控制和数字计算机控制。

模拟控制方法有位移反馈控制和加速度信号输入控制2种。在单纯的位移反馈控制中,由于系统的阻力小,很容易产生不稳定现象,为此在系统中加入加速度反馈,增大系统阻尼,从而保证系统稳定。与此同时,还可以加入速度反馈,以提高系统的反应性能,减少加速度波形的畸变。为了能使直接得到的强地震加速度记录推动振动台,在输入端可以通过二次积分,同时输入位移、速度和加速度三种信号进行控制,如图3.12的地震模拟振动台控制系统图所示。

为了提高振动台控制精度,采用计算机进行数字迭代的补偿技术可实现台面地震波的再现。试验时,振动台台面输出的波形是期望再现的某个地震记录或是模拟设计的人工地震波。由于包括台面、试件在内的系统的非线性影响,在计算机给台面的输入信号激励下所得到的反应与输出的期望之间必然存在误差。这时,可由计算机将台面输出信号与系统本身的传递函数(频率响应)求得下一次驱动台面所需的补偿量和修正后的输入信号。经过多次迭代,直至台面输出反应信号与原始输入信号之间的误差小于预先给定的量值,便可完成迭代补偿并得到满意的期望地震波形。

(4)测试和分析系统

测试系统除了对台身运动进行控制和测量位移、加速度等外,对作为试件的模型也要进行多点测量,一般是测量位移、加速度和使用频率等,总通道数可达百余点。位移测量多数采用差动变压器式和电位计式的位移计,可测量模型相对于台面的位移或相对于基础的位移;加速度

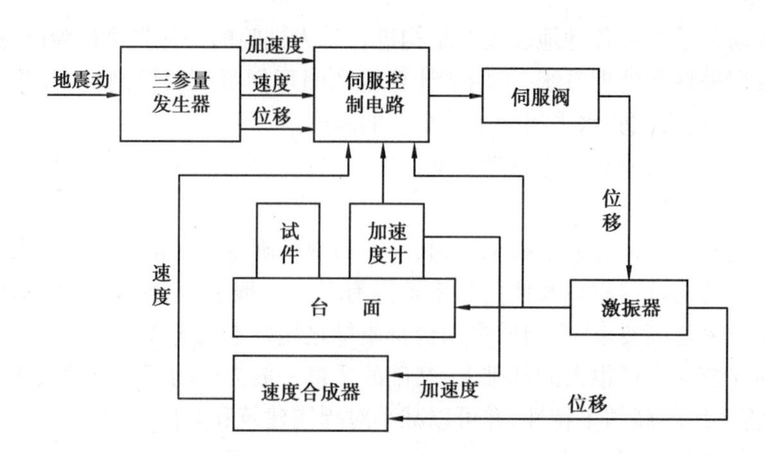

图 3.12　地震模拟振动台控制系统图

测量采用应变式加速度计、压电式加速度计，近年来也有采用容式或伺服式加速度计。

对模型的破坏过程可采用摄像机进行记录，便于在电视屏幕上进行破坏过程的分析。数据的采集可以在直视式示波器或磁带记录器上将反应的时间历程记录下来，或经过模数转换送到数字计算机储存，并进行分析处理。

振动台台面运动参数最基本的是位移、速度和加速度以及使用频率。一般是按模型比例及试验要求来确定台身满负荷时的最大加速度、速度和位移等数值（最大加速度和速度均需按照模型相似原理来选取）。

使用频率范围由所做试验模型的第一频率而定，一般各类结构的第一频率在 1~10 Hz 范围内，故整个系统的频率范围应该大于 10 Hz。为考虑到高阶振型，频率上限当然越大越好，但这又受到驱动系统的限制，即当要求位移振幅大了，加载器的油柱共振频率下降，缩小了使用频率范围，为此这些因素都必须权衡后确定。

3.4　其他加载方法

3.4.1　机械荷载系统

常用的机械加载机具有吊链、绞车、卷扬机、倒链葫芦、花篮螺丝、螺旋千斤顶和弹簧等。

吊链、绞车、卷扬机、倒链葫芦、花篮螺丝等与钢丝绳或绳索配合，可用于远距离对高耸结构施加拉力。连接滑轮组可提高加载能力、改变力的方向。荷载值用串联在绳索中的测力计或荷载传感器量测。这些设备也可用于试验前的准备以及仪器、构件的就位。

弹簧与螺旋千斤顶均较适应于施加长期试验荷载。螺旋千斤顶由蜗杆等组成，手动机械顶升方法类同于普通手动液压千斤顶。弹簧加载法常用于构件的持久荷载试验，弹簧可直接旋紧螺帽，或先用千斤顶加压后旋紧螺帽，靠其弹力加压，用百分表测其压缩变形确定荷载值。值得注意的是，弹簧加载使结构变形后会自动卸载，应及时加以调节。

机械加载的优点是设备简单，容易实现。缺点是人工操作量大，可加的荷载值一般不能太大，且荷载作用点产生变形时，荷载值将随之发生改变。

3.4.2 气压荷载系统

利用气体压力对结构加载称之为气压加载。气压加载有两种:利用压缩空气加载和利用抽真空产生负压对结构加载。气压加载产生的是均布荷载,对于平板、壳体、球体试验尤为适合。

(1)空压机充气加载

空气压缩机对气包充气,给试件施加均匀荷载,如图3.13所示。为提高气包耐压能力,四周可加边框,这样最大压力可达180 kN/m²。压力用不低于1.5级的压力表量测。

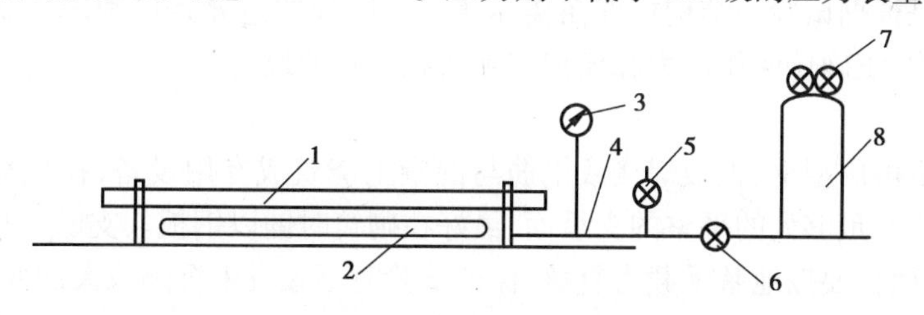

图3.13 空压机充气加载

1—板试件;2—气囊;3—压力表(或用U形管量测);

4—管道;5—泄气针阀;6—进气针阀;7—减压阀;8—气瓶(高压)

此法较适用于板、壳试验,但当试件为脆性破坏时,气包可能发生爆炸,要加强安全防范。有效办法为:一是监视位移计示值不停地急剧增加时,立即打开泄气阀卸载;二是试件上方架设承托架,承力架与承托架间用垫块调节,随时使垫块与承力架横梁保持微小间隙,以备试件破坏时搁住,不致引起因气包卸载而爆炸。

压缩空气加载的优点是加载、卸载方便,压力稳定;缺点是结构的受载面被压住无法布设仪表观测。

(2)真空泵抽真空加载

用真空泵抽出试件与台座围成的封闭空间的空气,形成大气压力差对试件施加均匀荷载,如图3.14所示。

真空泵抽真空加载的最大压力可达80~100 kN/m²。压力值用真空表(计)量测。保持恒载由封闭空间与外界相连通的短管与调节阀控制。试件与围壁间缝隙可用薄钢板、橡胶带粘贴密封。试件表面必要时可刷薄层石蜡,这样既可堵住试体微孔,防止漏气,又能突出裂缝出现后的光线反差,用照相机可明显地拍下照片。此法安全可靠,试件表面又无加载设备,便于观测,特别适用于不能从板顶面加载的板或斜面、曲面的板壳等加垂直均匀荷载。这种方法在模型试验中应用较多。

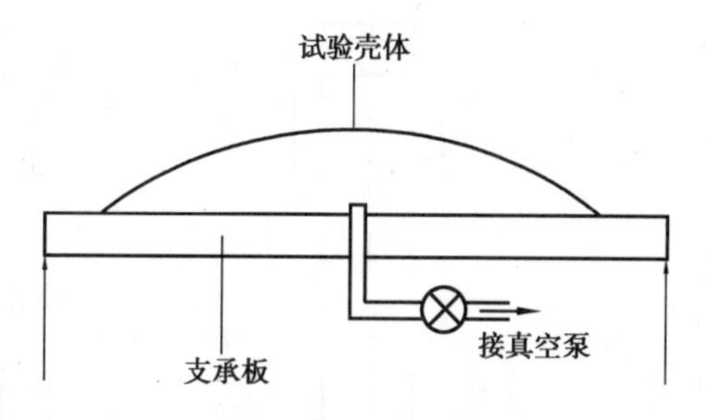

图3.14 真空泵抽真空加载

结构加载的方法还有很多,如利用物体在运动时产生的惯性力对结构施加动力荷载,利用旋转质量产生的离心力对结构施加简谐振动荷载,利用在磁场中通电的导体受到与磁场方向垂直的作用力加载的电磁激振器、电磁振动台加载等。

3.5 荷载支承设备和试验台座

3.5.1 支座与支墩

1)支座与支墩的形式

支座和支墩是根据试验的结构构件在实际状态中所处的边界条件和应力状态而模拟设置的。它是支承结构、正确传递作用力和模拟实际荷载图式的设备。

(1)支墩

支墩在试验室可用型钢、钢板焊接或钢筋与混凝土浇筑成专用设备,在现场多用砖块临时砌成。支墩上部应有足够大的平整的支承面,最好在砌筑时铺以钢板。支墩本身的强度必须要进行验算,支承底面积要按地基承载力复核,保证试验时不致发生沉陷或大的变形。

(2)支座

按作用的形式不同,支座可分为滚动铰支座、固定铰支座、球铰支座和刀口支座等。支座一般都用钢材制作,常见的构造形式,如图 3.15 所示。

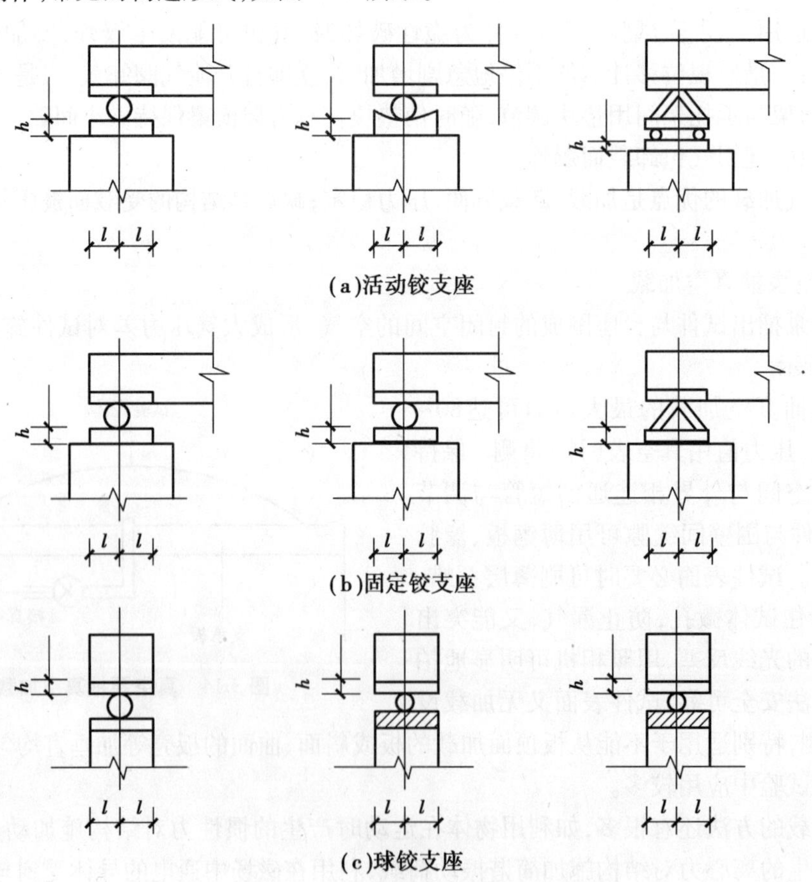

图 3.15 常见铰支座的形式

对铰支座的基本要求如下：

①必须保证结构在支座处能自由转动。

②必须保证结构在支座处力的传递。

为此，如果结构在支承处没有预埋支承钢垫板，则在试验时必须另加垫板。其宽度一般不得小于试件支承处的宽度，支承垫板的长度 l 可按下式计算：

$$l = \frac{R}{bf_c} \tag{3.1}$$

式中 R——支座反力，N；

b——构件支座宽度，mm；

f_c——试件材料的抗压强度设计值，N/mm^2。

③构件支座处铰的上下垫板要有一定刚度，其厚度 d 可按式(3.2)计算：

$$d = \sqrt{\frac{2f_c L^2}{f}} \tag{3.2}$$

式中 f_c——混凝土抗压强度设计值，N/mm^2；

f——垫板钢材的强度设计值，N/mm^2；

L——滚轴中心至垫板边缘的距离，mm。

④滚轴的长度，一般取等于试件支承处截面宽度 b。

⑤滚轴的直径，可参照表 3.1 选用，并按下式进行强度验算：

$$\sigma = 0.418\sqrt{\frac{RE}{rb}} \tag{3.3}$$

式中 E——滚轴材料的弹性模量，N/mm^2；

r——滚轴半径，mm。

表 3.1 滚轴直径选用表

滚轴受力(kN/mm)	<2	2~4	4~6
滚轴直径 d(mm)	40~60	60~80	80~100

2)常见构件的支座

(1)简支构件及连续梁

这类构件一般一端为固定铰支座，其他为滚动支座。安装时各支座轴线应水平、彼此平行并垂直于试验构件的纵轴线。

(2)板壳结构

板壳结构按其实际支承情况，用各种铰支座组合而成。对于四角支承板，在每一边应有固定滚珠，对于四边支承的板，滚珠间距不能太大，宜取板在支承处厚度的 3~5 倍。当四边支承板无边梁时，加载后四角会翘起，因此角部应安置能受拉的支座。为了保证板壳的全部支承在一个平面内，防止支承处脱空，影响试验结果，应将各支承点设计成上下可作微调的支座，以便调整高度保证与试件接触受力。

(3)受扭构件两端的支座

对于梁式受扭构件的试验，为保证试件在受扭平面内自由转动，支座形式可如图 3.16 所示。试件两端架设在两个能自由转动的支座上，支座转动中心应与试件转动中心重合，两支座

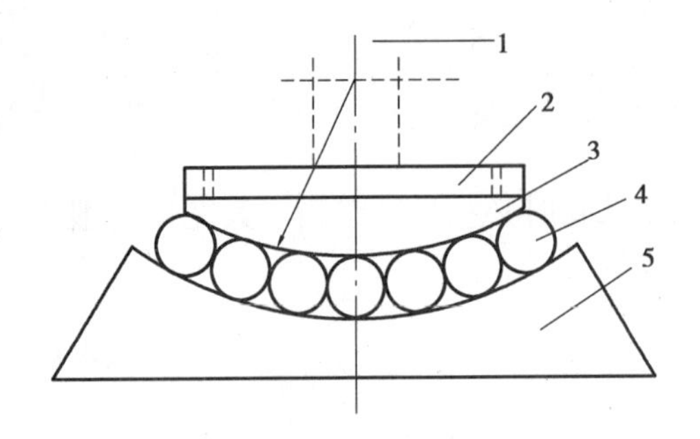

图 3.16　受扭试验转动支座构造
1—受扭试件;2—垫板;
3—转动支座盖板;4—滚轴;5—转动支座

的转动平面应相互平衡,并应与试件的扭轴相垂直。

(4)受压构件两端的支座

进行柱与压杆试验时,构件两端应分别采用球形支座或双层正交刀口支座。球铰中心应与加载点重合,双层刀口的交点应落在加载点上。当柱在进行偏心受压试验时,可以通过调节螺丝来调整刀口与试件几何中线的距离,满足不同偏心距的要求。

结构试验用的支座是结构试验装置中模拟结构受力和边界条件的重要组成部分,对于不同的结构形式、不同的试验要求,就要求有不同形式与构造的支座与之相适应,这也是在结构试验设计中需要着重考虑和研究的一个重要问题。

3.5.2　简单的荷载支承机构

在进行结构试验加载时,液压加载器(即千斤顶)的活塞只有在其行程受到约束时,才会对试件产生推力。利用杠杆加载时,也必须要有一个支承点承受支点的上拔力。故进行试验加载时除了前述各种加载设备外,还必须要有一套荷载支承设备,才能实现试验的加载要求。

荷载支承设备在试验室内一般由型钢制成的横梁、立柱构成的反力架和试验台座组成。在现场试验则通过反力支架用平衡重、锚固桩头或专门为试验浇筑的钢筋混凝土地梁来平衡对试件所加的荷载,也可用箍架将成对构件作卧位或正反位加荷试验。

为了使支承机构随着试验需要在试验台座上移位,可安装一套电力驱动机构使支架接受控制能前后运行,横梁可上下升降,将液压加载器连接在横梁上,这样整个加荷架就相当于一台移动式的结构试验机,机架由电动机驱动使之以试验台的槽轨为导轨前后运行,当试件在台座上安装就位后,按试件位置需要调整加荷架,即可进行试验加载。

3.5.3　结构试验台座及支撑装置

1)抗弯大梁式台座和空间桁架式台座

在预制品构件厂和小型的结构试验室中,由于缺少大型的试验台座,可以采用抗弯大梁式或空间桁架式台座来满足中小型构件的试验或混凝土制品检验的要求。

抗弯大梁台座本身是一刚度极大的钢梁或钢筋混凝土大梁,试验结构的支座反力也由台座大梁承受,使之保持平衡。台座的荷载支承及传力机构可用上述型钢或圆钢制成的加荷架。由于受大梁本身抗弯强度与刚度的限制,抗弯大梁台座一般只能试验尺寸较小的板和梁。

空间桁架台座一般用以试验中等跨度的桁架及屋面大梁。通过液压加载器及分配梁可对试件进行若干点的集中荷载加荷,其液压加载器的反作用力由空间桁架自身进行平衡。

2)大型试验台座

试验台座是永久性的固定设备,一般与结构实验室同时建成,其作用是平衡施加在试验结构物上的荷载所产生的反力。

试验台的台面一般与试验室地坪标高一致，这样可以使室内水平运输搬运物件比较方便，但对试验活动可能造成影响。也可以高出地平面，使之成为独立体系，这样试验区划分比较明确，不受周边活动及水平交通运行的影响。

试验台座的长度可从十几米到几十米，宽度也可到达十余米，台座的承载能力一般为200~1 000 kN/m^2，台座的刚度极大，所以受力后变形极小，这样就允许在台面上同时进行几个结构试验，而不考虑相互的影响，不同的试验可沿台座的纵向或横向布设。

试验台座除作为平衡对结构加载时产生的反力外，同时也能用以固定横向支架，以保证构件侧向稳定。还可以通过水平反力架对试件施加水平荷载。由于它本身的刚度很大，还能消除试件试验时的支座沉降变形。

台座设计时，在其纵向和横向均应按各种试验组合可能产生的最不利受力情况进行验算与配筋，以保证它有足够的强度和整体刚度。用于动力试验的台座还应有足够的质量和耐疲劳强度，防止引起共振和疲劳破坏，尤其要注意局部预埋件和焊缝的疲劳破坏。如果试验室内同时有静力和动力台座，则动力台座必须有隔振措施，以免试验时产生相互干扰现象。

目前国内外常见的大型试验台座按结构构造的不同可分为：槽式试验台座、地脚螺栓式试验台座、箱式试验台座、抗侧力试验台座等。

(1)槽式试验台座

槽式试验台座是目前国内用得较多的一种典型的静力试验台座，其构造特点是沿台座纵向全长布置若干条槽轨，这些槽轨是用型钢制成的纵向框架式结构，埋置在台座的混凝土内，如图3.17 所示。槽轨的作用在于锚固加载支架，用以平衡结构物上的荷载所产生的反力。如果加载架立柱用圆钢制成，可直接用两个螺帽固定于槽内；如果加载架立柱由型钢制成，则在其底部设计成类似钢结构柱脚的构造，用地脚螺丝固定在槽内。在试验加载时立柱受向上拉力，故要求

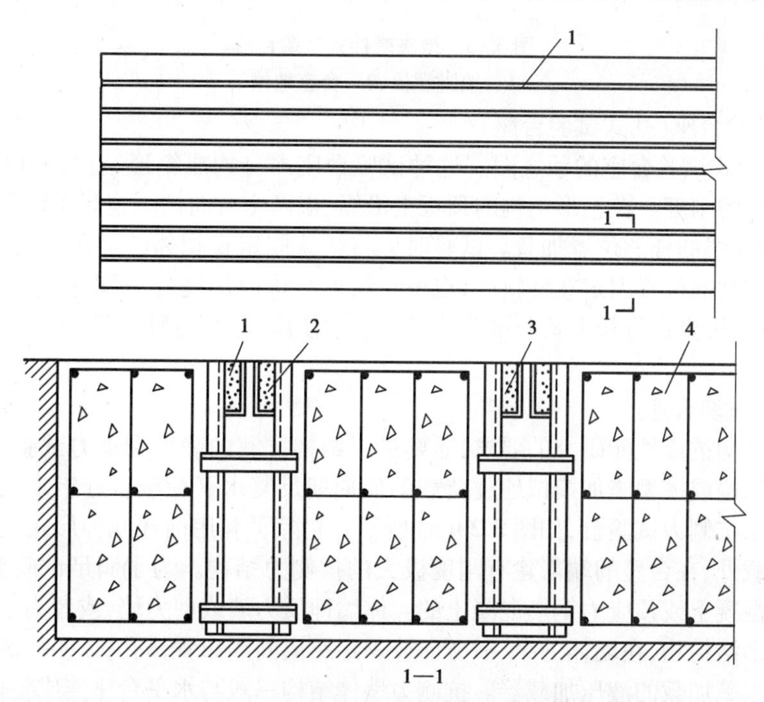

图 3.17 槽式试验台座横向剖面图

1—槽轨；2—型钢骨架；3—高强度混凝土；4—混凝土

槽轨的构造应该和台座的混凝土部分有很好的联系，不致变形或拔出。这种台座的特点是加载点位置可沿台座的纵向任意变动，不受限制，以适应试验结构不同加载位置的需要。

（2）地脚螺栓式试验台座

这种试验台的特点是在台面上每隔一定间距设置一个地脚螺栓，螺栓下端锚固在台座内，其顶端伸入台座表面特制的圆形孔穴内（但略低于台座表面标高），使用时通过用套筒螺母与加载架的立柱连接。平时可用圆形盖板将孔穴盖住，保护螺栓端部及防止杂物落入孔穴。其缺点是螺栓受损后修理困难，此外由于螺栓和孔穴位置已经固定，所以试件安装就位的位置受到限制，不像槽式台座那样可以移动，灵活方便。这类台座通常设计成预应力钢筋混凝土结构，造价低。

如图3.18所示为地脚螺栓式试验台座的示意图。这类试验台座不仅用于静力试验，同时可以安装结构疲劳试验机进行结构构件的动力疲劳试验。

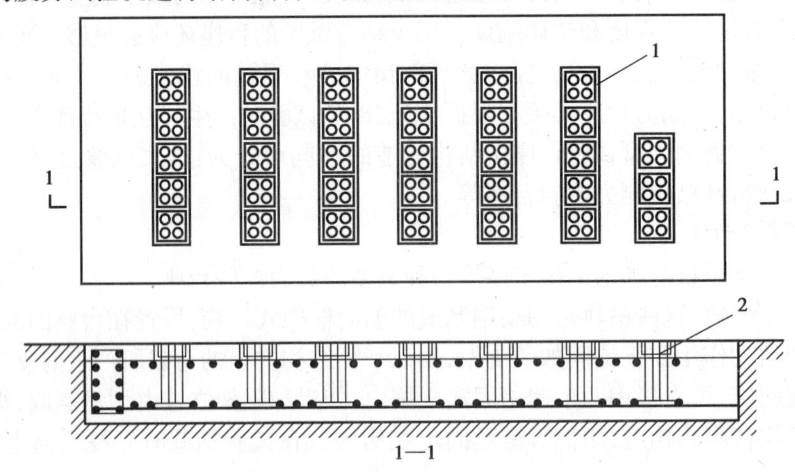

图3.18　地脚螺栓式试验台座

1—地脚螺栓；2—台座地槽

（3）箱形试验台座（孔式试验台座）

图3.19为箱式试验台座的示意图。这种试验台座本身构成箱形结构，所以它比其他形式的台座具有更大的刚度。在箱形结构的顶板上沿纵、横两个方向按一定间距留有竖向贯穿的孔洞，便于沿孔洞连线的任意位置加载。试验时先将槽轨固定在相邻的两孔洞之间，然后将立柱或拉杆按需要加载的位置固定在槽轨中，也可在箱形结构内部进行，所以台座结构本身也即是实验室的地下室，可供进行长期荷载试验或特种试验使用。大型箱形试验台座可同时兼做试验室房屋的基础。

（4）抗侧力试验台座

为了适应结构抗震性能研究的要求，需要进行结构抗震的静力和动力试验，即使用电液伺服加载系统对结构或模型施加模拟地震荷载的低周期反复水平荷载。近年来国内外大型结构试验室都建造了抗侧力试验台，如图3.20（a）所示。它除了利用前述几种形式的试验台座对试件施加竖向荷载外，在台座的端部建有刚度极大的抗侧力结构。为了满足试验要求，抗侧力结构往往是钢筋混凝土或预应力钢筋混凝土的实体墙即反力墙或剪力墙，或者为了增大结构刚度而建的大型箱形结构物，在墙体的纵、横方向按一定距离间隔布置锚孔，以便按试验需要在不同的位置上固定水平加载的液压加载器。抗侧力墙体结构一般与水平台座连成整体，以提高墙体抵抗弯矩和基底剪力的能力。抗侧力试验台座的平面形式有一字形、L形等。

简单的抗侧力结构可采用钢推力架的方案，如图3.20（b）所示。利用地脚螺丝与水平台座

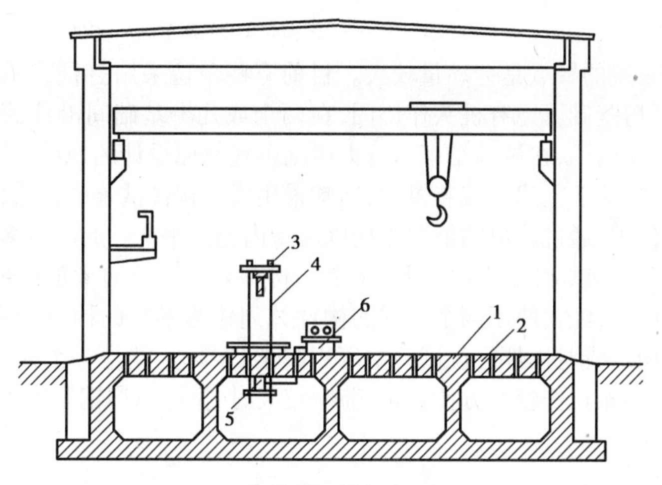

图 3.19 箱式试验台座

1—箱式台座；2—顶板上的孔洞；3—试件；4—加荷架；5—液压加载器；6—液压操纵台

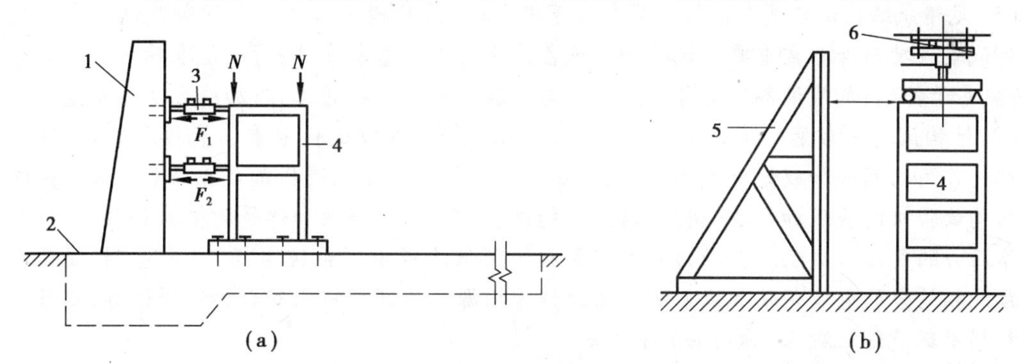

图 3.20 抗侧力试验台座

1—反力墙；2—试验台座；3—推拉加载器；4—试件；5—反力架；6—千斤顶滚轴连接

连接锚固，其特点是推力钢架可以随时拆卸，按需要移动位置改变高度。但用钢量较大而且承载能力受到限制。此外，钢推力架与台座的连接锚固较为复杂、费时，同时要在任意位置安装水平加载器亦有一定困难。大型结构试验室也有在试验台座左右两侧设置两座反力墙，这时整个抗侧力台座的竖向剖面不是 L 形而成为 U 形，其特点是可以在试件的两侧对称施加荷载；也有在试验台座的端部和侧面建造成直角形的抗侧力墙体，这样可以在 x 和 y 两个方向同时对试件加载，模拟 x、y 两个方向的地震荷载。

有的试验室为了提高反力墙的承载能力，将试验台座建在低于地面一定深度的深坑内，利用坑壁作为抗侧力墙体，这样在坑壁四周的任意面、任意部位均可对结构施加水平推力。

(5)现场试验的加载装置

现场试验装置的主要矛盾是液压加载器所产生的反力如何平衡的问题，也就是要设计一个能在现场安装并代替静力试验台座的荷载平衡装置。

在施工现场广泛采用的是平衡重式的加载装置，其工作原理与前述固定试验设备中利用抗弯大梁或试验台座一样，即利用平衡重来承受与平衡由液压加载器加载产生的反力。在加载架安装时，必须有预设的地脚螺丝与之连接，为此在试验现场必须开挖地槽，在预制的地脚螺丝下埋设横梁和板，也可采用钢轨或型钢，然后在上面堆放块石、钢锭或铸铁，其质量必须经过计算。地脚螺丝露出地面以便于与加载架连接，连接方式可用螺丝帽或正反扣的花篮螺丝，甚至用简单的直接焊接。

平衡重式加载装置的缺点是劳动量较大。目前有些单位采用打桩或用爆扩桩的方法作为地锚,也有的利用厂房基础下原有桩头作锚固,在两个或几个基础间沿柱的轴线浇捣一钢筋混凝土大梁,作为抗弯平衡用,在试验结束后这大梁则可代替原设计的地梁使用。

根据现场条件,当缺乏上述加载装置时,通常采用成对构件试验的方法,即用另一根构件作为台座或平衡装置使用,通过简单的箍架作用以维持内力的平衡。此时较多地采用结构卧位试验的方法。当需要进行破坏性试验时,用作平衡的构件要比试验对象的强度和刚度都大一些,但这往往有困难。所以,经常使用两个同样的构件并列作为平衡的构件之用,这种方法常在重型吊车梁试验中使用。成对构件卧位试验中所用箍架,实际上就是一个封闭的加载架,一般常用型钢做横梁,用圆钢做拉杆较为方便,对于荷载较大时,拉杆以型钢制作为宜。

本章小结

(1)大部分结构试验是在模拟荷载条件下进行的,因此模拟荷载与实际荷载的吻合程度的高低对试验成功与否非常重要。试验加载设备应满足以下基本条件:荷载值准确稳定且符合实际;荷载易于控制;加载设备安全可靠且不参与试验结构或构件的工作;加载方法尽量先进。

(2)结构试验中常见的荷载模拟方法和加载设备有:静力试验中重物直接加载法、通过重物和杠杆作用的间接加载的重力加载法;液压加载器(千斤顶)、液压加载系统(液压试验机)、大型结构试验机的液压加载法;利用吊链、卷扬机、绞车、花篮螺丝和弹簧的机械加载法;以及利用气体压力的气压加载法。在动力试验中常利用惯性力或电磁系统激振,自由控制、液压和计算机系统相结合的电液伺服加载系统和由此作为振源的地震模拟振动台加载等设备,以及人工爆炸和利用环境随机激振(脉动法)的方法。

(3)在试验中需根据试验的结构构件在实际状态中所处的边界条件和应力状态,模拟设置支座和支墩,以支承结构、正确传递作用力和模拟实际荷载图式。此外,还需由型钢制成的横梁、立柱组成的反力架和大型试验台座,或利用适宜于试验中小型构件的抗弯大梁、空间桁架式台座作荷载支承设备。

(4)试验台座是永久性的固定设备,一般与结构实验室同时建成,其作用是平衡施加在试验结构物上的荷载所产生的反力。目前国内外常见的试验台座,按结构构造的不同,可分为槽式试验台座、地脚螺栓式试验台座、箱形试验台座、抗侧力试验台座等。

思考题

3.1 结构试验加载设备应满足哪些基本要求?

3.2 结构试验中荷载的模拟方法、加载设备有哪几种?哪些属于静力试验、哪些属于动力试验?

3.3 液压加载有哪些优点?常见的液压加载设备有哪几种?

3.4 电液伺服液压加载系统由哪几部分组成?试述其工作原理。

3.5 常见的支座形式有哪几种?对铰支座的基本要求是什么?

3.6 请介绍集中结构试验台座及支撑装置。

3.7 请介绍现场试验的荷载装置。

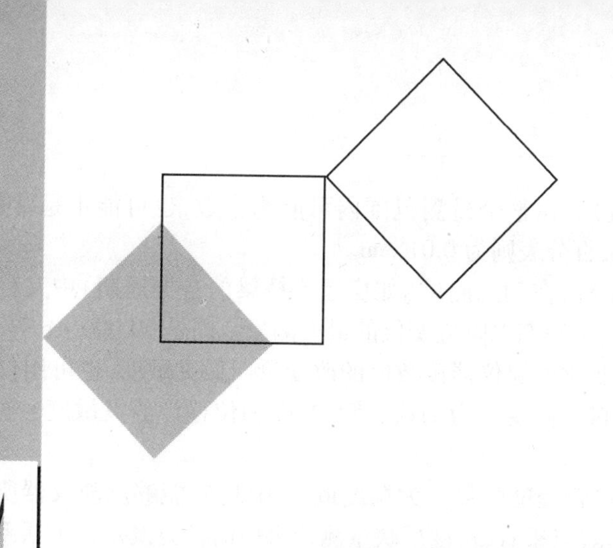

4 试验的量测技术

4.1 概　述

在工程结构试验中,试件作为一个系统,所受到的外部作用(如力、位移、温度等)是系统的输入数据,试件的反应(如应变、应力、裂缝、速度、加速度等)是系统的输出数据。通过对输入与输出数据的量测、采集和分析处理,可以了解试件系统的工作特性,从而对结构的性能做出定量的评价。为了采集到准确可靠的数据,应该采用正确的量测方法,选用可靠的量测仪器设备。

测量技术的发展是一个从简单到复杂、从单一学科到多学科互相渗透、从低级到高级的过程。其中,用直尺量距离的方法可能就是一种最简单的测量技术。此后发展起来的机械式量测仪器,是利用杠杆、齿轮、螺杆、弹簧,滑轮、指针、刻度盘等,将被测量值进行放大,转化为长度的变化,再以相似度的形式显示出来。随着电子技术的日新月异,结构试验越来越多地应用电测仪器,这些仪器能够将各种试验参数转变为电阻、电容、电压、电感等电量参数,然后加以测量,这种量测技术通常又被称为“非电量的电测技术”。目前,量测仪器的发展趋势主要体现在数字化与集成化两个方面,许多仪器均属声、光、电联合使用的复合式设备。

4.2 测量仪表的分类与性能指标

结构试验的主要测量参数包括外力(支座反力、外荷载)、内力(钢筋的应力、混凝土的拉、压力)、变形(挠度、转角、曲率)、裂缝等。相应的量测仪器包括荷重传感器、电阻应变仪、位移计、读数显微镜等。

按其工作原理可分为:机械式、电测式、光学式、复合式、伺服式。

按仪器与试件的位置关系可分为:附着式与手持式、接触式与非接触式、绝对式与相对式。

按设备的显示与记录方式又可分为:直读式与自动记录式、模拟式和数字式。

无论测量仪器的种类有多少,其基本性能指标主要包括以下几个方面:

①刻度值 A(最小分度值):仪器指示装置的每一刻度所代表的被测量值,通常也表示该设

备所能显示的最小测量值(最小分度值)。在整个量测范围内可能为常数,也可能不是常数。例如,千分表的最小分度值为0.001 mm,百分表则为0.01 mm。

②量程 S:仪器的最大测量范围即量程,在动态测试(如房屋或桥梁的自振周期)中又称作动态范围。如千分表的量程是1.0 mm。某静态电阻应变仪的最大测量范围是50 000 $\mu\varepsilon$ 等。

③灵敏度 K:被测物理量单位值的变化引起仪器读数值的改变量叫做灵敏度,也可用仪器的输出与输入量的比值来表示,数值上它与精度互为倒数。例如,电测位移计的灵敏度=输出电压/输入位移。

④测量精度:表示量测结果与真值符合程度的量称为精度或准确度,它能够反映仪器所具有的可读数能力或最小分辨率。从误差观点来看,精度反映量测结果中的各类误差。包括系统误差与偶然误差,因此,可以用绝对误差和相对误差来表示测量精度,在结构试验中,更多的用相对于满量程(F.S.)的百分数来表示测量精度,很多仪器的测量精度与最小分度值是用相同的数值来表示。例如千分表的测量精度与最小分度值均为0.001 mm。

⑤滞后量 H:当输入由小增大或由大减小时,对于同一输入量将得到大小不同的输出量。在量程范围内,这种差别的最大值称为滞后量 H,滞后量越小越好。

⑥信噪比:仪器测得的信号中信号与噪声的比值,称作信噪比,以杜比(dB)值来表示。这个比值越大,测量效果越好。信噪比对结构的动力特性测试影响很大。

⑦稳定性:指仪器受环境条件干扰影响后其指示值的稳定程度。

⑧线性范围:保持仪器的输入量和输出信号为线性关系时,输入量的允许变化范围。在动态量测中,对仪器的线性度应严格要求,否则将使量测结果引起较大的误差。

⑨频响特性:仪器在不同频率下灵敏度的变化特性。常以频响曲线(一般以对数频率值为横坐标,以相对灵敏度为纵坐标)表示。在进行高频动态量测时,应将使用频率限制在频响曲线的平坦部分以免引起过大的量测误差。对于传感器,提高其自振频率将有助于增加使用频率范围。

⑩相移特性:振动参量经传感器转换成电信号或经放大、记录后在时间上产生的延迟叫相移。若相移特性随频率而变化,则对于具有不同频率成分的复合振动将会引起输出电量的相位失真。常以仪器的相频特性曲线来表示其相移特性。在使用频率范围内,输出信号相对于信号的相位差应不随频率改变而变化。

此外,由传感器、放大器、记录器组成的整套量测系统,还需注意仪器相互之间的阻抗匹配及频率范围的配合等问题。

4.3 应变量测

应变测量是结构试验中的基本量测内容,主要包括钢筋局部的微应变和混凝土表面的变形量测。另外,由于直接测定构件截面的应力目前还没有较好的方法,因此,结构或构件的内力(钢筋的拉压)、支座反力等参数的测量实际上也是先测量应变,然后再通过 $\sigma=E\varepsilon$ 或 $F=EA\varepsilon$ 转化成应力或力,或由已知的 σ-ε 关系曲线查得应力。由此可见,应变量测在结构试验量测内容中具有极其重要的地位,它往往是其他物理量测量的基础。

应变测量的方法和仪表很多,主要有电测与机测两类。机测是指机械式仪表。例如双杠杆应变仪、手持应变仪。机械式仪表适用于各种建筑结构在长时间过程中的变形。无论是构件制作过程中变形的测量,还是结构在试验过程中变形的观察,均可采用。机测法简单易行,适用于现场作业或精度要求不高的场合;电测法手续较多,但精度更高,适用范围更广。因此,目前大多数结构试验,特别是在试验室内进行的试验,基本上均采用电测法进行应变量测。

4.3.1 电阻应变计

1)电阻应变计的工作原理

电阻应变计,简称应变片。利用电阻应变片测量应变是基于电阻丝长度的变化引起阻值的变化这一原理。如图 4.1 所示,有电阻公式如下:

$$R = \rho \frac{L}{A} \tag{4.1}$$

式中 ρ——金属丝的电阻率;

L——金属丝的长度;

A——其截面面积。

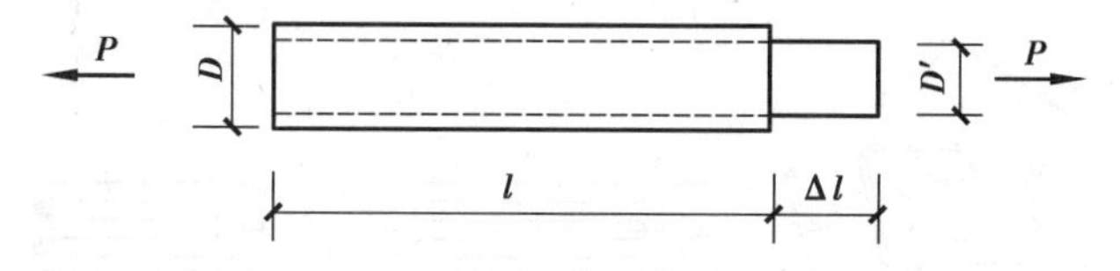

图 4.1 金属丝的电阻应变原理

当金属丝受拉或受压时,L 和 A 均会相应的变化。设变形后其长度变化为 ΔL,如图 4.1 所示,则电阻变化率可由式(4.1)取对数微分得:

$$\frac{\mathrm{d}R}{R} = \frac{\mathrm{d}\rho}{\rho} + \frac{\mathrm{d}L}{L} - \frac{\mathrm{d}A}{A} \tag{4.2}$$

式中

$$\frac{\mathrm{d}A}{A} = 2\frac{\mathrm{d}D}{D} = -2\nu\frac{\mathrm{d}L}{L} = -2\nu\varepsilon \tag{4.3}$$

将式(4.3)代入式(4.2),得

$$\frac{\mathrm{d}R}{R} = \frac{\mathrm{d}\rho}{\rho} + (1 + 2\nu)\varepsilon \tag{4.4}$$

即

$$\frac{\mathrm{d}R}{R}/\varepsilon = \frac{\mathrm{d}\rho}{\rho}/\varepsilon + (1 + 2\nu) \tag{4.5}$$

令

$$\frac{\mathrm{d}\rho}{\rho}/\varepsilon + (1 + 2\nu) = K_0 \tag{4.6}$$

则

$$\frac{\mathrm{d}R}{R} = K_0\varepsilon \tag{4.7}$$

式中 ν——电阻丝材料的泊松比;

K_0——单丝灵敏系数;

ε——沿电阻丝长度方向上的应变值。

K_0 受两个因素的影响:第一项为$(1+2\nu)$,是由电阻丝几何尺寸改变所引起的,选定金属丝材料后，泊松比 ν 为常数；第二项为$\frac{d\rho}{\rho}/\varepsilon$，是由电阻丝发生单位应变引起的电阻率的改变，其为应变的函数，但对大多数电阻丝而言，也是一个常量。故可认为 K_0 是常数，对于应变片，式(4.7)可表示为：

$$\frac{dR}{R}=K\varepsilon \tag{4.8}$$

可见，应变片的电阻变化率与应变值呈线性关系，应把应变片牢固粘贴于试件上，使之与试件同步变形时，便可由式(4.8)中的电量-非电量转换关系测得试件的应变。在应变仪中，由于敏感栅几何形状的改变和粘胶、基底等影响，灵敏系数与单丝有所不同，一般由产品分批抽样实际测定，通常取 2.0 左右。

2)电阻应变片的基本构造、分类及技术指标

(1)电阻应变片的基本构造

不同用途的电阻应变片，其构造有所不同，但都有敏感栅、基底、覆盖层和引出线，其结构如图 4.2 所示。

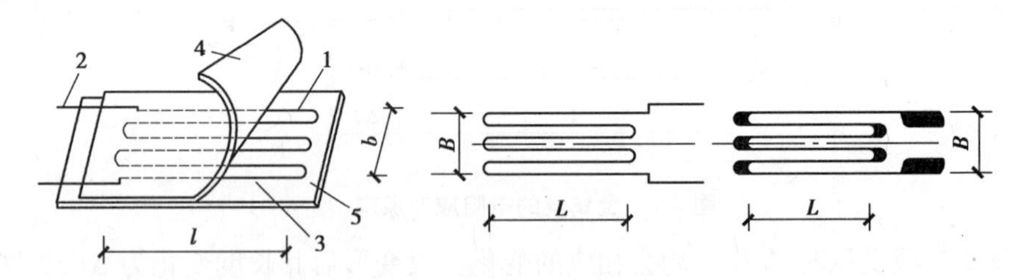

图 4.2　电阻应变片的构造

1—敏感栅；2—引出线；3—粘结剂；4—覆盖层；5—基底

①敏感栅：是应变片将应变变换成电阻变化量的敏感部分，它是用金属或半导体材料制成的单丝或栅状体。敏感栅的形状与尺寸直接影响应变片的性能。栅长 L 和栅宽 B 代表应变片的标称尺寸，即规格。

②基底和覆盖层：主要起定位和保护电阻丝的作用，并使电阻丝和被测试件之间绝缘。基底的尺寸通常代表应变片的外形尺寸。

③粘结剂：是一种具有一定电绝缘性能的粘结材料，其作用是将敏感栅固定在基底上，或将应变片的基底粘贴在试件的表面。

④引出线：引出线通过测量导线接入应变测量桥。引出线一般都采用镀银、镀锡或镀合金的软铜线制成，在制造应变片时与电阻丝焊接在一起。

(2)电阻应变片的分类

应变片的种类很多，按栅极分有丝式、箔式、半导体等；按基底材料分有纸基、胶基等；按使用极限温度分有低温、常温、高温等。箔式应变片是在薄胶膜基底上镀合金薄膜(0.002～0.005 mm)。然后通过光刻技术制成，具有绝缘度高、耐疲劳性能好、横向效应小等特点，但价格高。丝绕式多为纸基，具有防潮、价格低、易粘贴等优点，但耐疲劳性稍差、横向效应较大，一般静载试验多采用。几种应变片的形式如图 4.3 所示。

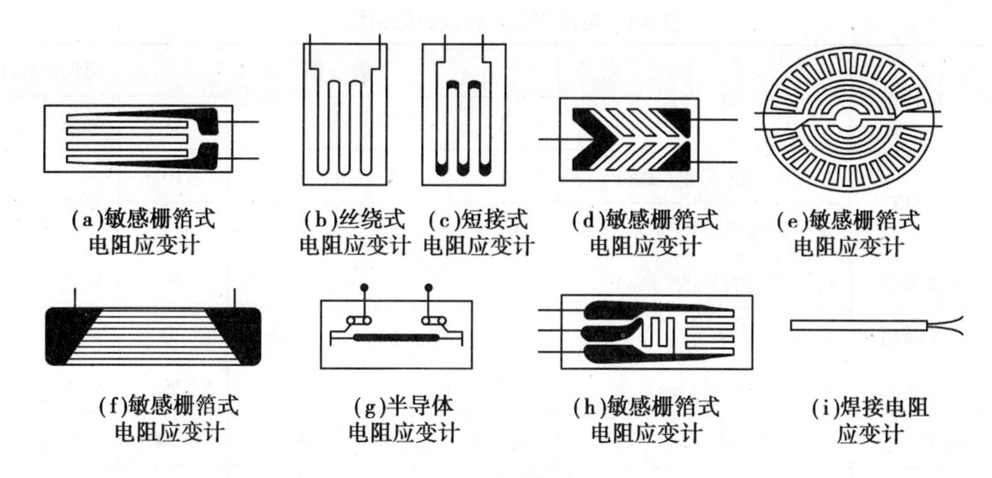

图 4.3　几种电阻应变片

(3)电阻应变片的技术指标

应变片的品种和规格甚多。选用时必须根据试验目的、测点位置、环境条件等全面考虑。下面针对应变片的主要指标予以说明。

①标距:指敏感栅在纵轴方向上的有效长度 L。可分为小标距(2~7 mm)、中标距(10~30 mm)、大标距(>30 mm)。由于应变片的变形感应是指应变片标距范围内的平均应变,故当被测试件的应变场变化较大时,应采用小标距应变片。对非均质材料,如混凝土,宜选用大标距应变片,以便测出较长范围内的平均应变。根据试验分析,应变片的标距应大于被测材料中最大骨料(如混凝土中的石子)粒径的 4 倍;对于钢筋则可根据直径选用小标距或中标距的应变片。

②规格:以使用面积 $L \times B$ 表示。

③电阻值:由于目前国内用于测量应变片电阻值变化的电阻应变仪多按 120 Ω 设计,绝大多数应变片的电阻值均在 120 Ω 左右,否则应通过电阻应变仪将测量结果予以修正。

④精度等级:国家专业标准《电阻应变计》(ZBY 117—82)把电阻应变计的单项工作特性的精度划分为 A、B、C、D 四级,各精度等级的工作特性指标如表 4.1 所示。《混凝土结构试验方法标准》(GB 50152—92)规定混凝土结构试验中允许使用 C 级和 C 级以上的电阻应变计。

⑤灵敏度系数:应变计的灵敏度系数由抽样结果的平均值确定,这个平均值就作为被抽样的该批应变片的灵敏度系数,对于 C 级应变计,若灵敏度系数为 2.0,则有 95%的概率保证这批应变片中每一个应变片的实际灵敏度系数在 1.94~2.06 范围内。在静态测量时,当采用 $K \neq 2.0$ 的应变片时,只要把应变仪灵敏度系数刻度对准所选用的灵敏度系数即可,读数不需要修正。

⑥温度适用范围:主要取决于胶合剂的性质,可溶性胶合剂的工作温度为-20 ℃~+60 ℃;经化学作用而固化的胶合剂,其工作温度约为-60 ℃~+200 ℃。

除了以上这些基本技术指标以外,还有一些因素也会对电阻应变片的测量结果产生误差,这些因素包括应变片的横向效应、蠕变、机械滞后等。

表 4.1 电阻应变计精度等级指标

序号	工作特性	说 明	级 别				评定项目	
			A	B	C	D	静态	动态
1	电阻值	对标准值的偏差(±%)	1	2	5	10	√△	√△
		对平均值偏差(±%)	0.1	0.2	0.4	0.8		
2	灵敏系数	对平均值的分散(±%)	1	2	3	6	√△	√△
3	机械滞后	室温下(με)	3	5	10	20	√△	√
4	蠕变	室温下一小时(με)	3	5	15	25	√△	
5	应变极限	室温下(με)	20 000	10 000	8 000	6 000	√	
6	绝缘电阻	室温下(MΩ)	5 000	2 000	1 000	500	√	√
7	横向效应系数	室温下(%)	0.5	1	2	4	√	
8	疲劳寿命	室温下(循环次数)	10^7	10^6	10^5	10^4	√	√△
9	热输出	平均热输出系数(με/℃)	0.5	1	2	3	√*	
		队平均热输出的分散(με)	80	150	300	500		

注:√为应标定的项目(带*者仅限于自补偿应变计或 *A* 级应变计);△为评定应变计等级的项目。

为使应变片达到一定的电阻值,制作敏感栅的金属丝必须有足够的长度。但是,为测量试件上一点的应变值,又要求应变片尽量短些,于是常将金属电阻丝绕成栅状。因此,当应变片纵向伸长(缩短),横向便会缩短(伸长),这将会使敏感栅总电阻的变化值 ΔR 减小,从而降低应变计的灵敏度,这种现象称为横向效应。

应变计的机械滞后是指已粘贴好的应变片。在恒定温度下,增加和减少应变过程中,对同一应变的读出应变的差。实践证明,机械滞后在第一次加卸载循环中最明显。它随着加载次数的增多而减少,并逐步趋向稳定。

应变片的蠕变是指已贴好的应变片。在应变恒定、温度恒定时读出应变随时间的变化。应变计的这一特性,常常给试验过程中的持续荷载期间量测构件应变的发展规律带来很大困难,使用精度等级较高的应变计将有助于解决这一问题。

4.3.2 电阻应变仪测量电路

电阻应变片可以把试件的应变转换成电阻变化,但一般情况下试件的应变较小。由此,引起的电阻变化非常微小。假如电阻应变片的灵敏系数 $K=2.0$ 被测量的机械应变为 $10^{-6}\sim10^{3}$ 时,则电阻变化率为 $\Delta R/R=K\varepsilon=2\times10^{-6}\sim2\times10^{3}$。这样微弱的电信号,用量电器检测是很困难的,故必须借助放大器将之放大。

电阻应变仪就是把电阻应变量测系统中放大与指示(记录、显示)部分组合在一起的量测仪器。主要由振荡器、测量电路、放大器、相敏检波器和电源等部分组成,其功能是将应变计输出的信号进行转换、放大、检波以及指示或记录,并解决温度补偿等问题。

1)电桥的基本原理

应变仪的测量电路,一般采用惠斯登电桥,如图 4.4 所示。在 4 个臂上分别接入电阻 R_1、R_2、R_3、R_4,在 A、C 端接入电源,B、D 端为输出端。

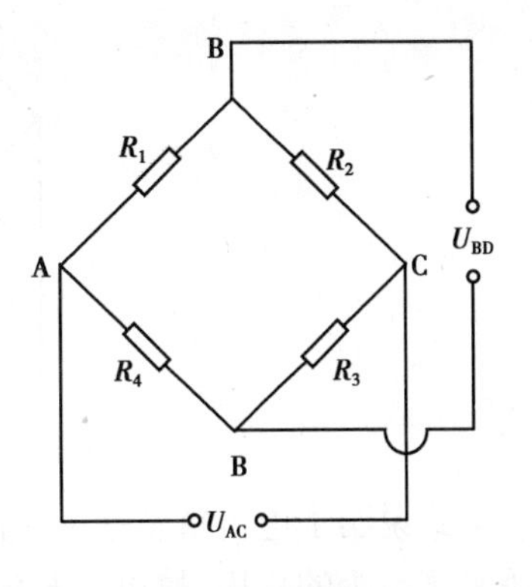

图 4.4 惠斯登电桥

根据基尔霍定律,输出电压 U_{BD} 与输入电压 U 的关系如下:

$$U_{BD}=U\frac{R_1R_3-R_2R_4}{(R_1+R_2)(R_3+R_4)} \tag{4.9}$$

当 $R_1=R_2=R_3=R_4$,即 4 个桥臂电阻值相等,称为等臂电桥。当电桥平衡,即输出电压 $U_{BD}=0$ 时,有

$$R_1R_3-R_2R_4=0 \tag{4.10}$$

如桥臂电阻发生变化,电桥将失去平衡,输出电压 $U_{BD}\neq0$,设电阻 R_1 变化 ΔR_1 其他电阻均保持不变,则有输出电压:

$$U_{BD}=U\frac{R_2R_4}{(R_1+R_2)(R_3+R_4)}\frac{\Delta R_1}{R_1} \tag{4.11}$$

测量应变时,可以只接一个应变计(R_1 为应变计),这种接法称为 1/4 电桥;或接 2 个应变计(R_1 和 R_2 为应变计),称为半桥接法;或接 4 个应变计(R_1、R_2、R_3 和 R_4 均为应变计),称为全桥接法。

当进行全桥测量时,假定 4 个桥臂的电阻变化分别为 ΔR_1、ΔR_2、ΔR_3、ΔR_4,且变化前电桥平衡,则输出电压为:

$$U_{BD}=U\frac{R_2R_4}{(R_1+R_2)(R_3+R_4)}\left(\frac{\Delta R_1}{R_1}-\frac{\Delta R_2}{R_2}+\frac{\Delta R_3}{R_3}-\frac{\Delta R_4}{R_4}\right) \tag{4.12}$$

上两式中,忽略了分母中的 ΔR 项,分子中则取 $\Delta R_i\Delta R_j=0(i,j=1,2,3,4)$。如 4 个应变计规格相同,即 $R_1=R_2=R_3=R_4$,$K_1=K_2=K_3=K_4$ 则有:

$$U_{BD}=\frac{1}{4}UK(\varepsilon_1-\varepsilon_2+\varepsilon_3-\varepsilon_4) \tag{4.13}$$

由上式可知,当 $\Delta R<R$ 时,输出电压与 4 个桥臂应变的代数和呈线性关系;相邻桥臂的应变符号相反,如 ε_1 与 ε_2;相对桥臂的应变符号相同,如 ε_1 与 ε_3。这种利用桥路的不平衡输出进行测量的电桥称为不平和电桥,其测量方法称为偏位测定法。偏位测定法适用于动态应变测量。

2)平衡电桥原理

偏位法的输出电压易受到电源电压不稳定的干扰。为了满足测试要求,现代的电阻应变仪都改用平衡电桥,即采用零位法进行测量。平衡电桥如图 4.5 所示。

若在电桥的两臂之间接入一个可变电阻,当试件受力电桥失去平衡后,调节可变电阻,使 R_3 增加 Δr,R_4 减少 Δr,电桥将重新平衡,根据平衡条件:

$$(R_1+\Delta R_1)(R_4-\Delta r)=R_2(R_3+\Delta r) \tag{4.14}$$

若 $R_1=R_2=R$、$R_3=R_4=R''$,并忽略 Δr^2 的高阶小量,则上式可转化为:

$$\varepsilon=\frac{1}{K}\frac{\Delta R_1}{R_1}=2\frac{\Delta r}{KR''} \tag{4.15}$$

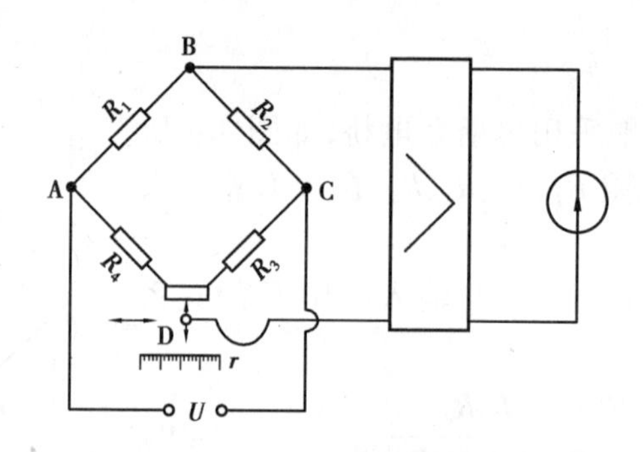

图 4.5　零位法测量电路

上式说明了电桥重新平衡时的可变电阻值与试件的应变成线性关系，此时电流计仅起指示电桥平衡与否的作用，故可以避免偏位法测量电压不稳的缺点。此法称为零位法测定，零位法一般用于静态应变（及应变仪测量信号与时间无关）的测量。

3）电阻应变片的温度补偿

在一般情况下，试件环境的温度总是变化的，即温度变化总是伴随着荷载一起作用到应变片和试件上去。例如某种型号的应变片，$R=145\ \Omega$，$K=2.375$，粘贴在铝质材料的试件上，当温度变化 1 ℃时，由温度产生的虚假应变 ε_t 可到 48 $\mu\varepsilon$，即相当于试件受到了 33.6 N/mm^2 的应力，这是不能忽略的，必须加以消除。消除主要是利用惠斯登电桥桥梁的特性进行的，称为温度补偿。

如图 4.6 所示，在电桥 BC 臂上接一个与工作片 R_1 阻值相同的应变片 $R_2=R_1=R$（温度补偿片），并将 R_2 贴在一个与试件材料相同、置于试件附近位置。因为 R_1、R_2 具有同样的温度变化条件，但 R_2 不受外力作用，因此 $\Delta R_2=\Delta R_{\varepsilon t}$（由温度产生的阻值变化），而 ΔR_1 既受外力作用又受温度影响，故有 $\Delta R_1=\Delta R_s+\Delta R_{\varepsilon t}$。根据公式(4.13)有

$$U_{BD}=\frac{1}{4}U\left(\frac{\Delta R_s+\Delta R_{\varepsilon t}}{R}-\frac{\Delta R_{\varepsilon t}}{R}\right)=\frac{1}{4}U\frac{\Delta R_s}{R}=\frac{UK}{4}\varepsilon \tag{4.16}$$

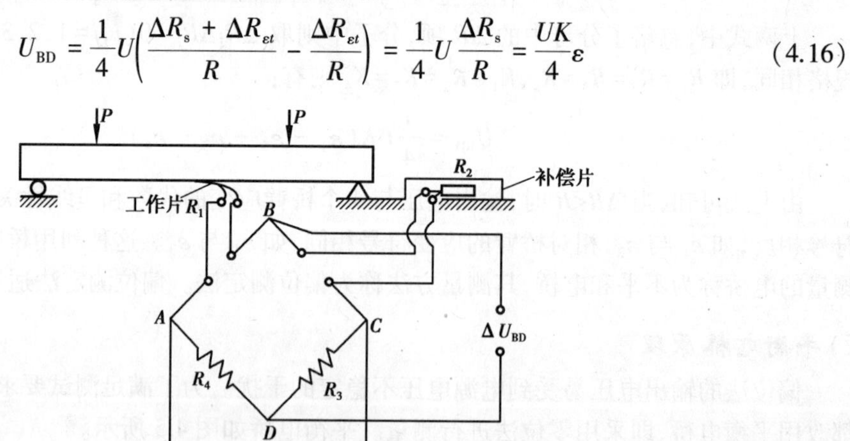

图 4.6　温度补偿方法

可见，温度产生的视应变将通过惠斯登电桥自动得到消除。由此进一步可知：如果试件上的两个工作片阻值相同（$R_2=R_1=R$），并且应变的符号相反，例如，受弯的矩形截面梁的上下表面即存在相同、方向相反的拉压应变，则上式可写成：

$$U_{BD}=\frac{1}{4}U\left(\frac{\Delta R_s+\Delta R_{\varepsilon t}}{R}-\frac{-\Delta R_s+\Delta R_{\varepsilon t}}{R}\right)=\frac{1}{2}U\frac{\Delta R_s}{R}=\frac{UK}{2}\varepsilon \tag{4.17}$$

即 $R_2=R_1$ 互为温度补偿片。但这种方法一般不适用于混凝土等非匀质材料或不具有对称截面的匀质材料试件的测量。

以上的这种温度补偿称为路桥补偿，该方法的优点是方法简单、经济易行，在常温下效果较好，缺点是在温度变化大的条件下，补偿效果差；另外，很难做到补偿片与工作片所处的温度完全一致，因而影响补偿效果。

目前，除路桥补偿外，还有用温度自补偿应变片的方法来解决温度的影响，但主要用于机械类试验中，土木工程结构试验中尚少采用。

4.3.3　实用电路与电阻片粘贴技术

1）实用电路及其应用

前面公式(4.9)建立的应变与输出电压之间的关系，为我们提供了3种标准实用电路。

①全桥电路：全桥电路就是在测量桥的4个臂上全部接入工作应变片，其中相邻臂上的工作片兼温度补偿用，桥路输出 $U_{BD}=\frac{1}{4}UK(\varepsilon_1-\varepsilon_2+\varepsilon_3-\varepsilon_4)$。

②半桥电路：半桥电路由两个工作片和两个固定电阻组成，工作片接在AB和BC臂上，另半个桥上的固定电阻设在应变仪内部。

③1/4桥电路：1/4桥电路常用于测量应力场里的单个应变，例如简支梁下边缘的最大拉应变，这时温度补偿必须用一个补偿片 R_2 来完成。这种接线方法对输出信号没有放大作用。

桥路输出灵敏度取决于应变片在受力构件上的粘贴方向和位置，以及它在桥路中的接线方式。除上述情形外，还可根据各种具体情况进行桥路设计，见表4.2，从而可得桥路输出的不同放大系数。放大系数以 A 表示，称之为桥臂系数。因此在外荷载作用下的实际应变，应该是实测应变 ε^0 与桥臂系数之比，即 $\varepsilon=\varepsilon^0/A$。

2）电阻应变片粘贴技术

应变片是应变测量技术中的感受元件，粘贴的好坏对测量影响甚大，技术要求十分严格。为保证质量，要求测点基底平整、清洁、干燥；粘结剂的电绝缘性、化学稳定性及工艺性能良好，蠕变小，粘贴强度高（剪切强度不低于3～4 MPa），温湿度影响小；同一组应变计规格型号应相同，应变片的粘贴应牢固，方位准确，不含气泡；粘贴前后阻值不改变；粘贴干燥后，敏感栅对地绝缘电阻一般不低于500 MΩ；应变线性好、滞后、零飘、蠕变等要小，保证应变能正确传递。粘贴的具体方法步骤见表4.3。

应变电测法具有感受元件质量轻、体积小；测量系统信号传递迅速、灵敏度高；可遥测，便于与计算机联用及实现自动化等优点，因而在试验应力分析，断裂力学及宇航工程中都有广泛的用途。其主要缺点是连续长时间测量会出现漂移，原因在于粘结剂的不稳定和周围环境的敏感性所致；另电阻应变片的粘贴技术比较复杂，工作量大；电阻片不能重复使用，消耗量也较大。

表 4.2　布片和连桥方式

序号	受力状态及简图		工作片数	电桥型式	电桥线路	温度补偿	测量电桥输出	测量项目及应变值	特　点
1	轴向拉（压） 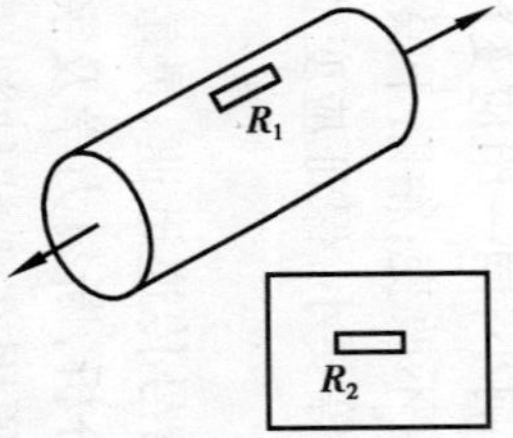	R_1 R_2	1	半桥	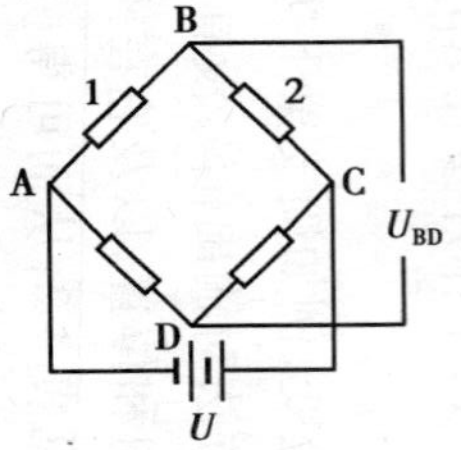 A B C D 1 2 U_{BD} U	另设补偿片	$U_{BD}=\frac{1}{4}UK\varepsilon$	拉压应变 $\varepsilon_r=\varepsilon$	不易消除偏心作用引起的弯曲影响
2	轴向拉（压） 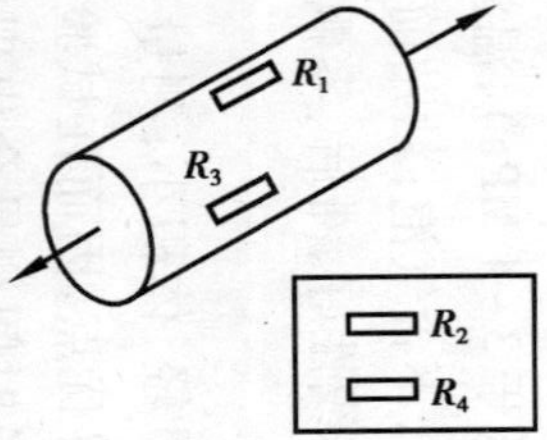	R_1 R_3 R_2 R_4	2	半桥	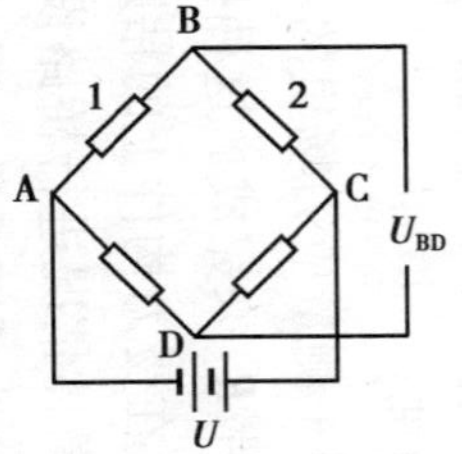 A B C D 1 2 U_{BD} U	另设补偿片	$U_{BD}=\frac{1}{2}UK\varepsilon$	拉压应变 $\varepsilon_r=2\varepsilon$	输出电压提高 1 倍，可以消除弯曲影响
3	轴向拉（压） 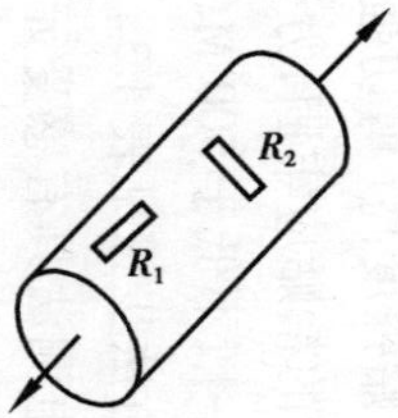	R_2 R_1	2	半桥	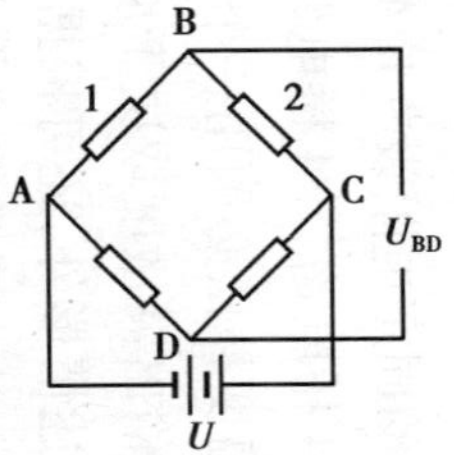 A B C D 1 2 U_{BD} U	互为补偿	$U_{BD}=\frac{1}{4}UK\varepsilon(1+\nu)$	拉压应变 $\varepsilon_r=(1+\nu)\varepsilon$	输出电压提高到 $(1+\nu)$ 倍，不能消除弯曲影响

4	轴向拉（压）	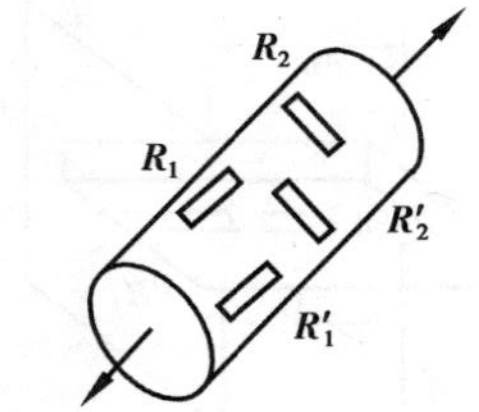	4	半桥	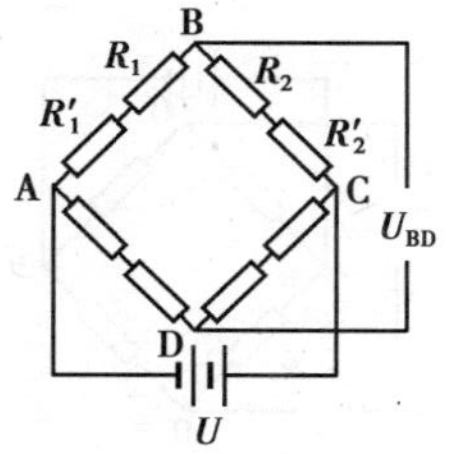	互为补偿	$U_{BD}=\frac{1}{4}UK\varepsilon(1+\nu)$	拉压应变 $\varepsilon_r=(1+\nu)\varepsilon$	输出电压提高到$(1+\nu)$倍，能消除弯曲影响并可提高供桥电压
5	轴向拉（压）	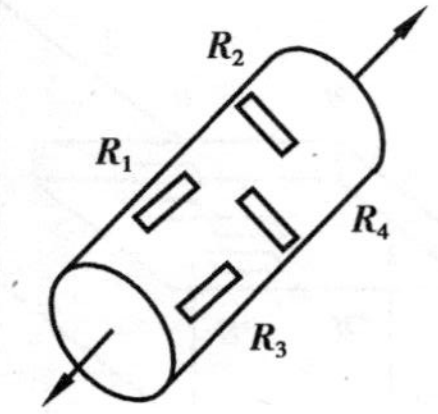	4	全桥	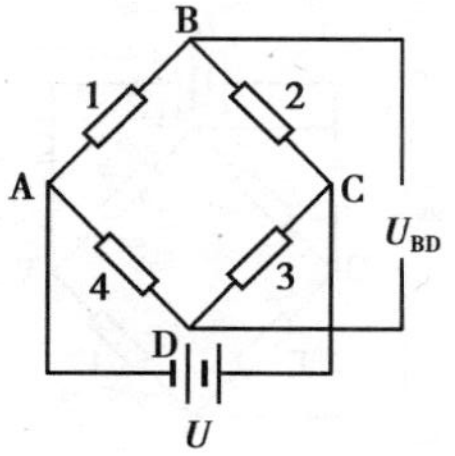	互为补偿	$U_{BD}=\frac{1}{2}UK\varepsilon(1+\nu)$	拉压应变 $\varepsilon_r=2(1+\nu)\varepsilon$	输出电压提高到$2(1+\nu)$倍，能消除弯曲影响
6	拉伸	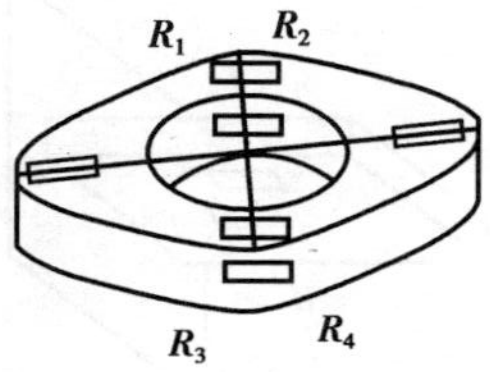	4	全桥	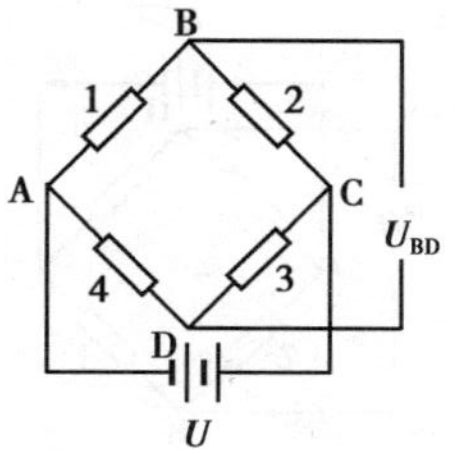	互为补偿	$U_{BD}=UK\varepsilon$	拉压应变 $\varepsilon_r=4\varepsilon$	输出电压提高到4倍

续表

序号	受力状态及简图		工作片数	电桥型式	电桥线路	温度补偿	测量电桥输出	测量项目及应变值	特点
7	弯曲	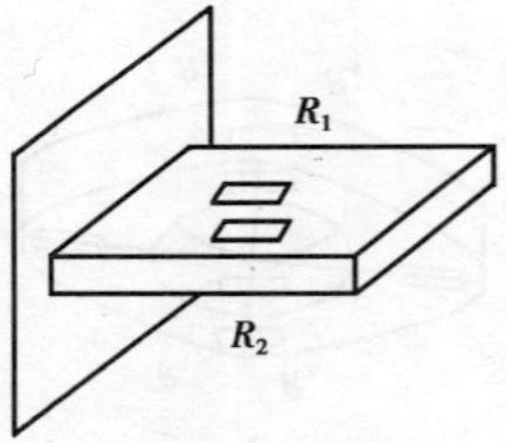	2	半桥	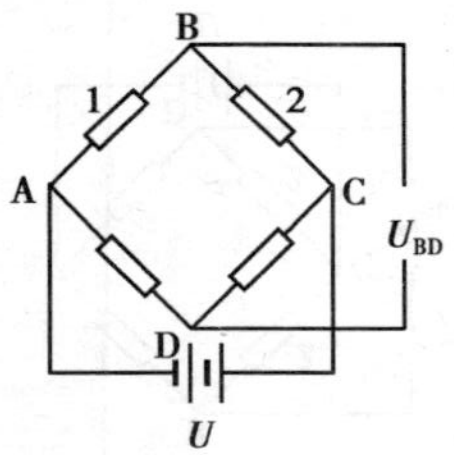	互为补偿	$U_{BD}=\frac{1}{2}UK\varepsilon$	弯曲应变 $\varepsilon_r=2\varepsilon$	输出电压提高1倍,可以消除轴向拉(压)影响
8	弯曲	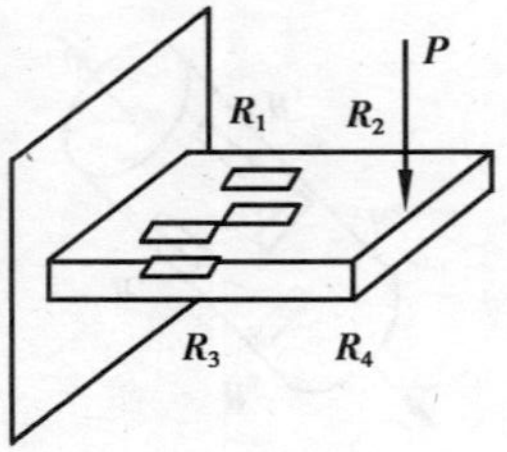	4	全桥	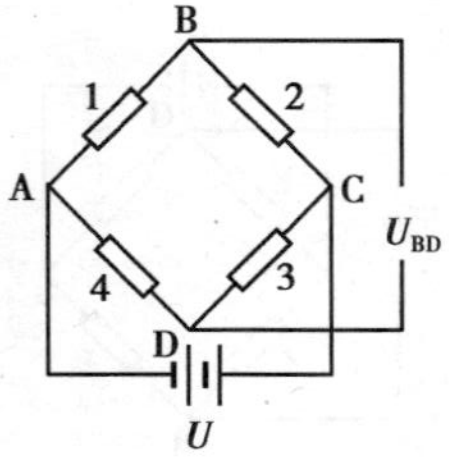	互为补偿	$U_{BD}=UK\varepsilon$	弯曲应变 $\varepsilon_r=4\varepsilon$	输出电压提高4倍,可以消除轴向拉(压)影响
9	弯曲	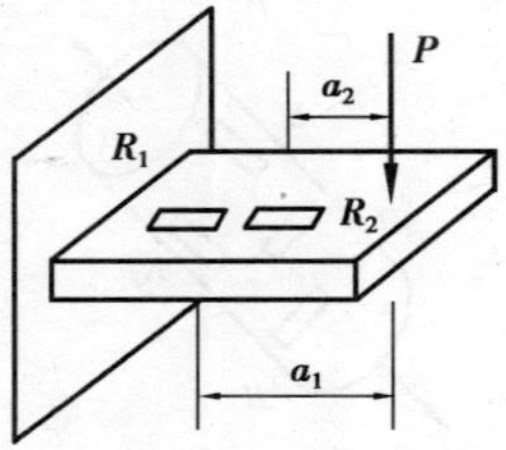	2	半桥	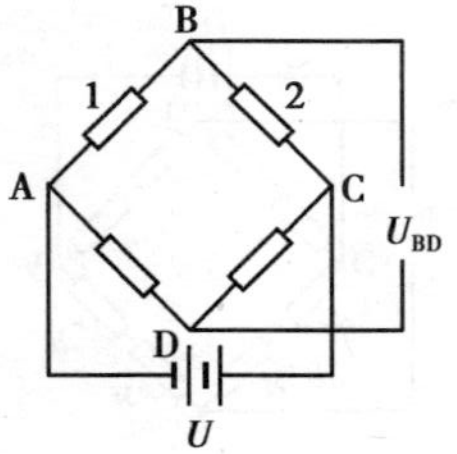	互为补偿	$U_{BD}=\frac{1}{4}UK(\varepsilon_1-\varepsilon_2)$	两处弯曲应变之差 $\varepsilon_r=(\varepsilon_1-\varepsilon_2)$	可以测出横向剪力 V 值 $V=\frac{EW}{a_1+a_2}\varepsilon_r$

10	扭转	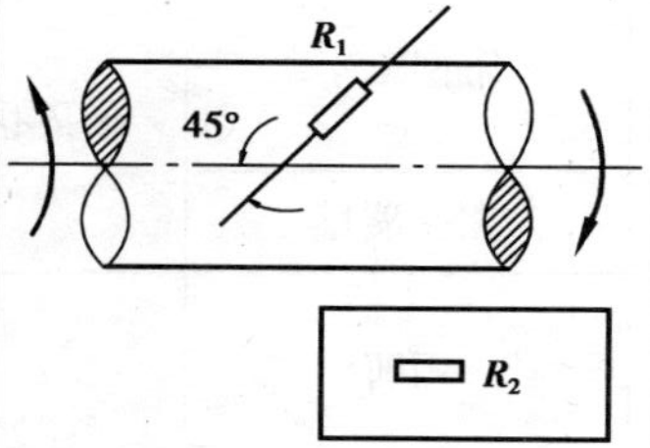 R_1 45° R_2	1	半桥	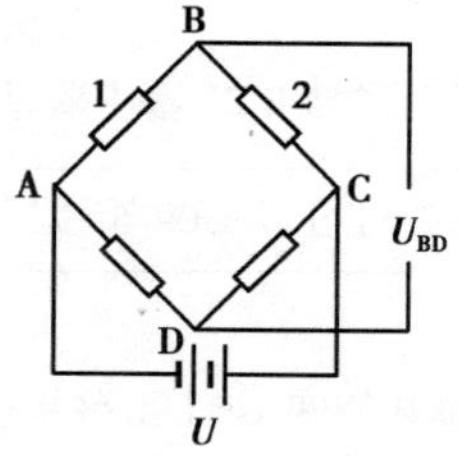 A B C D 1 2 U_{BD} U	另设补偿片	$U_{BD}=\frac{1}{4}UK\varepsilon$	扭转应变 $\varepsilon_{r}=\varepsilon$	可以测出扭矩 M_{τ} 值 $M_{\tau}=W_{\tau}\frac{E}{1+v}\varepsilon_{r}$
11	扭转	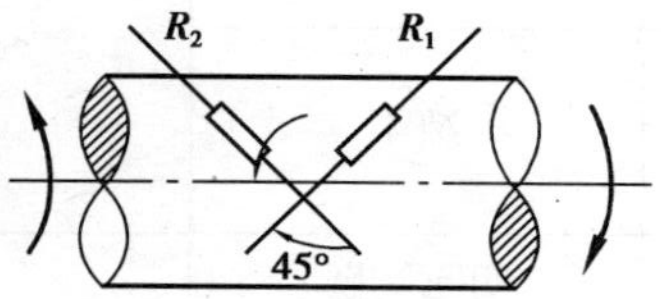 R_2 R_1 45°	2	半桥	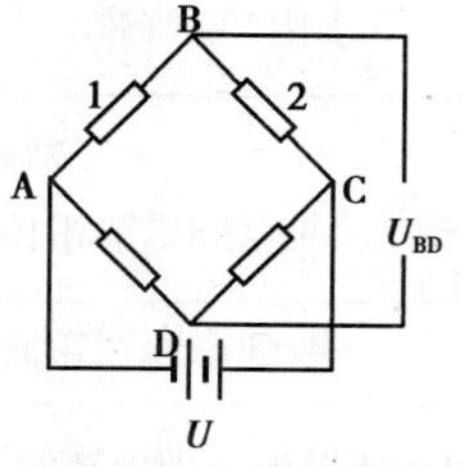 A B C D 1 2 U_{BD} U	互为补偿	$U_{BD}=\frac{1}{2}UK\varepsilon$	$\varepsilon_{r}=2\varepsilon$	输出电压提高1倍，可测剪应变 $\gamma=\varepsilon_{r}$

表 4.3　电阻应变计粘贴技术

序号	工作内容		方　法	要　求
1	应变片检查分选	外观检查	借助放大镜肉眼检查	应变片应无气泡、霉斑、锈点、栅极应平直、整齐、均匀
		阻值检查	用万用表检查	应无短路或断路
			用单臂电桥测量电阻值并分组	同一测区应用阻值基本一致的应变计，相差不大于0.5%
2	测点处理	测点检查	检查测点处表面状况	测点应平整、无缺陷、无裂缝等
		打磨	用1号砂布或磨光机打磨	表面达∇_5，平整、无锈、无浮浆等，并不使断面减小
		清洗	用棉花蘸丙酮或酒精等清洗	棉花干擦时无污染
		打底	用环氧树脂：邻苯二甲酸二丁酯：乙二胺＝(8～10)：100：(10～15)或环氧树脂：聚酰胺＝100：(90～110)	胶层厚度0.05～0.1 mm，硬化后用$0^{\#}$砂布磨平
		侧线定位	用铅笔在测点上划出纵横中心线	纵线应与应变方向一致
3	应变片粘贴	上胶	用镊子夹应变计引出线，在背面上一层薄胶，测点也涂上薄胶，将片对准放上	测点上十字中心线与应变计上的标志应对准
		挤压	在应变计上盖一小片玻璃纸，用手指沿一个方向滚压，挤出多余胶水	胶层应尽量薄，并注意应变计位置不滑动
		加压	快干胶粘贴，用手指轻压1～2 min，其他胶则用适当方法加压1～2 h	胶层应尽量薄，并注意应变计位置不滑动
4	固化处理	自然干燥	在室温15 ℃以上，湿度60%以下1～2 d	胶强度达到要求
		人工固化	气温低、湿，则在自然干燥12 h后，用人工加温(红外线灯照射或电吹热风)	加热温度不超过50 ℃，受热均匀

5	粘贴 质量检查	外观检查	借助放大镜肉眼检查	应变计应无气泡、粘贴牢固、方位准确
		阻值检查	用万用电表检查应变计	无短路或断路
			用单臂电桥量应变计	电阻值应与前基本相同
		绝缘度检查	用兆欧表检查应变计与试件绝缘度	一般量测应在 50 MΩ 以上，恶劣环境或长期量测应大于 500 MΩ
			或接入应变仪观察零点漂移	不大于 2 $\mu\varepsilon$/15 min
6	导线连接	引出线绝缘	应变计引出线底下贴胶布或胶纸	保证引出线不与试件形成短路
		固定点设置	用固定端子或用胶布固定电线	保证电线轻微拉动，引出线不断
		导线焊接	用电烙铁将引出线与导线焊接	焊点应圆滑、丰满、无虚焊等
7	防潮防护	根据环境条件，贴片检查合格接线后，加防潮、防护处理，防护一般用胶类防潮剂浇注或加布带绑扎		防潮剂必须敷盖整个应变计并稍大 5 mm 左右，防护应能防机械损坏

4.4 位移量测

4.4.1 结构线性位移量测

结构的位移主要指构件的挠度、侧移、转角、支座偏移等参数。量测位移的仪表主要有机械式、电子式及光电式等多种。其中,机械式仪表主要包括建筑结构试验中常用的接触式位移计(千分表、百分表、挠度计),以及桥梁试验中常用的千分表引伸仪和绕丝式挠度计。而电子式仪表则包括广泛采用的滑线电阻式位移传感器和差动变压器式位移传感器等。在工程结构试验中,广泛采用的有接触式位移计和差动变压器式位移计等数种。

(1)接触式位移计

接触式位移计主要包括千分表、百分表和挠度计。其中,百分表的外形及构造简图如图 4.7 所示。其基本原理是:测杆上下运动,测杆上的齿条带动齿轮,使长、短针同时按一定比例关系转动,从而表示出测杆相对于表壳的位移值。千分表比百分表增加了一对放大齿轮或放大杠杆,因此灵敏度提高了 10 倍。常见的接触式位移计性能指标见表 4.4。

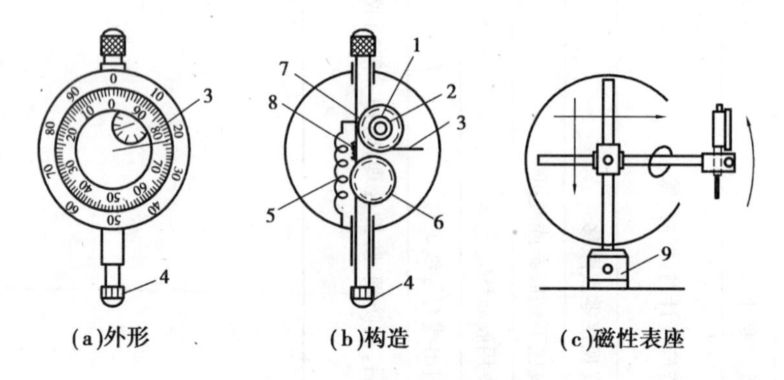

图 4.7 接触式位移计

1—短针;2—齿轮弹簧;3—长针;4—测杆;5—测杆弹簧;6,7,8—齿轮;9—表座

表 4.4 常用的接触式位移计性能指标

仪表名称	刻度值(mm)	量程(mm)	允许误差(mm)
千分表	0.001	1	0.001
百分表	0.01	5;30;50	0.01
挠度计	0.05	≥50	0.1

(2)电阻应变式位移传感器

电阻应变式位移传感器的测杆通过弹簧与一固定在传感器内的悬臂梁相连(如图 4.8 所示),在悬臂梁的根部粘贴电阻应变片。测杆移动时,带动弹簧使悬臂梁受力产生变形,通过电阻应变仪测量电阻应变片的应变变化,再转换为位移量。

(3)滑动电阻式位移传感器

滑动电阻式位移传感器如图4.9所示基本原理是将线位移的变化转换为传感器输出电阻的变化。与被测物体相连的弹簧片在滑动电阻上移动，使电阻 R_1 输出电压值发生变化，通过与 R_2 的参考电压值比较，即可得到 R_1 输出电压的改变量。

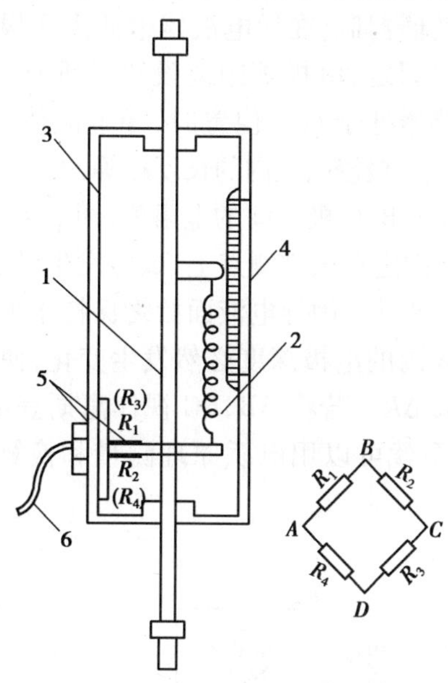

图4.8　电阻应变式位移传感器

1—测杆；2—弹簧；3—外壳；

4—刻度；5—电阻应变计；6—电缆

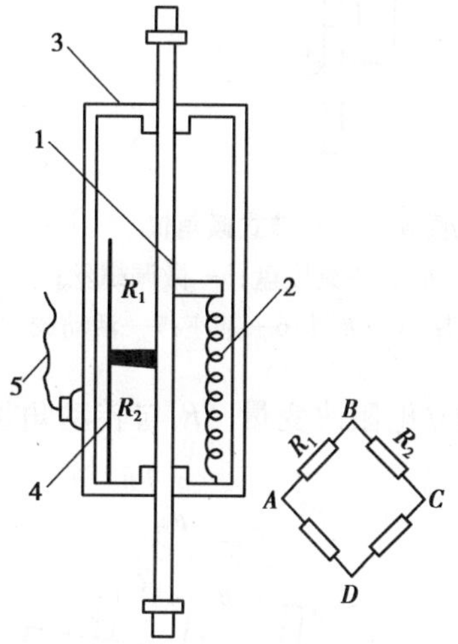

图4.9　滑动电阻式位移传感器

1—测杆；2—弹簧；3—外壳；

4—电阻丝；5—电缆

(4)线性差动电感式位移传感器

线性差动电感式位移传感器，简称LVDT，其构造如图4.10所示。LVDT的工作原理是通过高频振荡器产生一参考电磁场，当与被测物体相连的铁芯在两组感应线圈之间移动时，由于铁芯切割磁力线，改变了电磁场强度，感应线圈的输出电压随即发生变化。通过标定，可确定感应电压的变化与位移量变化的关系。

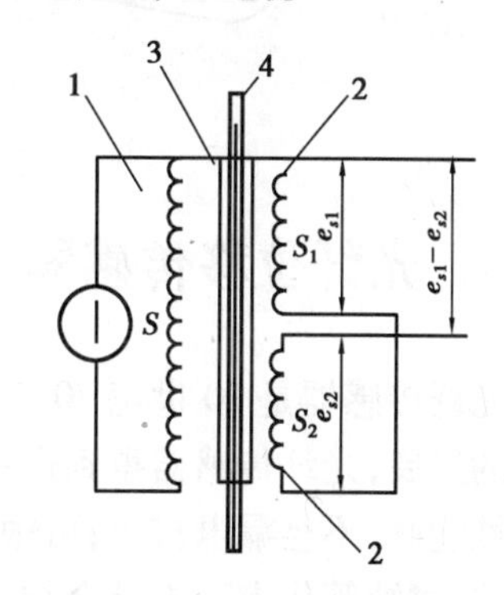

图4.10　线性差动电感式位移传感器

1—初级线圈；2—次级线圈；

3—圆形筒；4—铁芯

4.4.2　角位移传感器

角位移传感器附着在结构上，随着结构一起发生位移。常用的角位移传感器有水准式倾角仪和电子倾角仪两种。

(1)水准式倾角仪

水准式倾角仪的构造如图4.11所示。水准管1安置在弹簧片4上，一端铰接于基座6上，另一端被微调螺丝3顶住。当仪器用夹具5安装在测点上后，用微调螺丝使水准管的气泡居中，结构变形后气泡漂移，再扭动微调落实使气泡重新居中，度盘前后两次读数的差即为测点的转角。仪器的最小读数可达1″~2″，量程为3°。其优点为尺寸小、精度高，但缺点是受湿度及振动影响大，在阳光下曝晒会引起水准管爆裂。

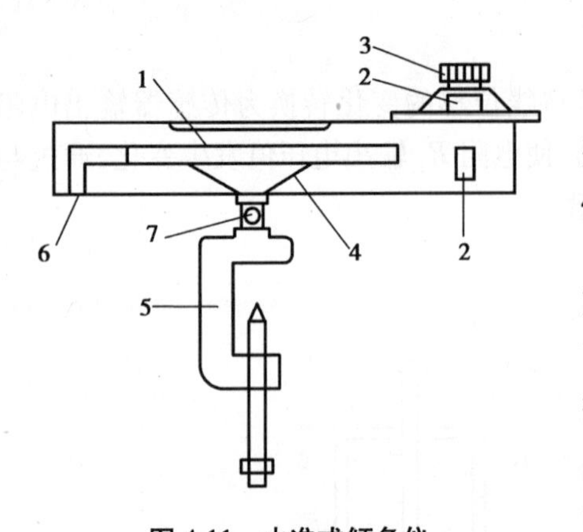

图 4.11 水准式倾角仪

1—水准管；2—刻度盘；3—微调螺丝；
4—弹簧片；5—夹具；6—基座；7—活动铰

(2)电子倾角仪

电子倾角仪实际上是一种传感器，它通过电阻变化测定结构某部位的转动角度，其构造原理如图 4.12 所示。它的主要装置是一个盛有高稳定性的导电液体的玻璃器皿，在导电液体中插入 3 根电极 A、B、C 并加以固定，电极等距离设置且垂直于器皿底面。当传感器处于水平位置时，导电液体的液面保持水平，3 根电极浸入液内的长度相等，故 A、B 极之间的电阻值等于 B、C 极之间的电阻值，即 $R_1=R_2$。使用时将倾角仪固定在试件测点上，试件发生微小转动时倾角仪随之转动。因导电液面始终保持水平，因而插入导电液体内的电极深度必然发生变化，使 R_1 减小 ΔR，R_2 增大 ΔR。若将 AB、BC 视作惠斯登电桥的两个臂，则建立电阻改变量 ΔR 与转动角度 α 间的关系就可以用电桥原理测量和换算倾角 α，$\Delta R=K\alpha$。

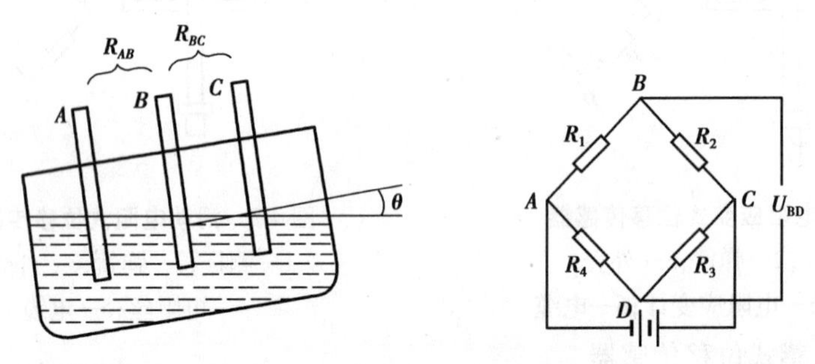

图 4.12 电子倾角仪构造原理

4.4.3 光纤位移传感器

光纤传感器是 20 世纪 70 年代中期发展起来的一门新技术，光纤最早用于通信，随着光纤技术的发展，光纤传感器得到进一步发展。与其他传感器相比较，光纤传感器有不受电磁干扰，防爆性能好，不会漏电打火；可根据需要做成各种形状，可以弯曲；可以用于高温、高压、绝缘性能好，耐腐蚀等优点。本节介绍了光纤的结构、传输原理、光纤传感器类型，以及反射式光纤位移传感器的原理和应用，如图 4.13 所示。

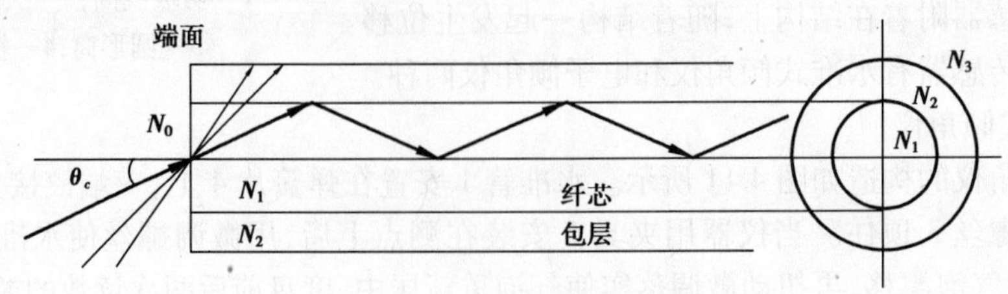

图 4.13 光纤传光示意图

4.5　力的量测

结构静载试验中的力，主要是指荷载和支座反力。相应的量测方法也可分机械式与电测式两种。机械式测力仪器的基本原理是利用弹性元件的弹性变形与所受外力成一定比例关系而制成的，例如环箍式拉力计、环箍式压力计等，如图 4.14 所示。

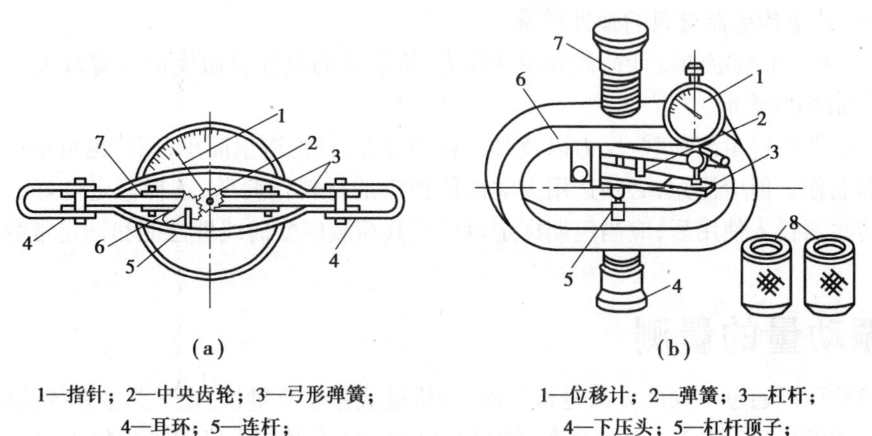

1—指针；2—中央齿轮；3—弓形弹簧；
4—耳环；5—连杆；
6—扇形齿轮；7—可动接板；

1—位移计；2—弹簧；3—杠杆；
4—下压头；5—杠杆顶子；
6—钢环；7—上压头；8—拉力夹头

图 4.14　测力仪器

电阻应变式测力传感器是目前应用最广泛的一种测力仪器。它是利用安装在力传感器上的电阻应变片测量传感器弹性变形体的应变，再将弹性体的应变值转换电信号输出，并用电子仪器显示的测力计，称为测力传感器，也称荷载传感器。根据荷载性质不同，荷载传感器的形式分为拉伸型、压缩型和拉-压型三种。各种荷载传感器的外部形状基本相同，其核心部件是一个厚壁筒。壁筒的横断面取决于材料允许的最大应力。在筒壁上贴有电阻应变片以便将机械变形转换为电量变化。如图 4.15 所示，在筒壁的轴向和横向布置应变片，并按全桥接入电阻应变仪工作电桥，根据桥路输出特性可得 $U_{BD}=\frac{U_{AC}}{4}K\varepsilon(1+\nu)\cdot 2$，此时电桥输出放大系数 $A=2(1+\nu)$，提高了其量测灵敏度。

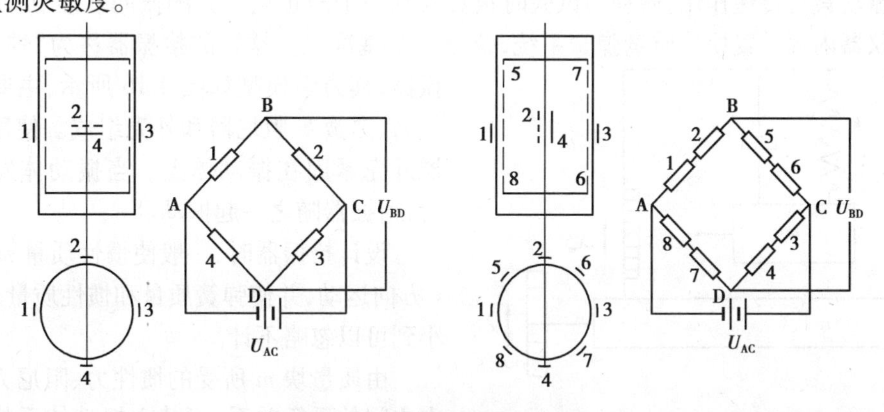

图 4.15　荷载传感器全桥接线

1~8—电阻应变片

荷重传感器的灵敏度可表达为每单位荷重下的应变，与设计的最大应力成正比，与最大负荷能力成反比。即灵敏度 K_0 为

$$K_0=\frac{\varepsilon A}{P}=\frac{\sigma A}{PE} \tag{4.18}$$

式中　P,σ——分别为荷重传感器的设计荷载和设计应力；

A——桥臂放大系数；

E——荷重传感器材料的弹性模量。

可见，对于一个给定的设计荷载和设计应力，传感器的最佳灵敏度由桥臂放大系数 A 的最大值和 E 的最小值确定。

荷载传感器可以量测荷载、反力以及其他各种外力，且构造很简单，用户也可根据实际需要自行设计和制作。但应注意，必须选用力学性能稳定的材料作筒壁，选择稳定性好的应变片及粘结剂。传感器投入使用后，应当定期标定以检查其荷载应变的线性性能和标定常数。

4.6　振动量的量测

振动参数可以通过不同的方法进行量测，如机械式振动测量仪、光学测量系统及电测法等。电测法将振动参量（位移、速度、加速度）转换成电量，而后用电子仪器进行放大、显示或记录。电测法灵敏度高，且便于遥控、遥测，是目前最常用的方法。

振动量测设备由感受、放大和显示记录三部分组成。感受部分常称为拾振器（或称测振传感器），它和静力试验中的传感器有所不同，是将机械振动信号转换成电信号的敏感元件。振动量测中的放大器不仅将信号放大，还可将信号进行积分、微分和滤波等处理，可分别量测出振动参量中的位移、速度及加速度。显示记录部分是振动测量系统中的重要部分。在动力问题的研究中，不但需要量测振动参数的大小量级，显示自振频率、振型、位移、速度和加速度等振动参量，还需要记录这些振动参数随时间历程变化的全部数据资料。

4.6.1　拾振器的基本原理

由于振动具有传递作用，做动力试验时很难找到一个静止点作为测振的基准点。为此，必须在测振仪器内部设置惯性质量弹簧系统，建立一个基准点。这样的拾振器称为“惯性式”拾振器，其力学模型如图 4.16 所示，主要由质量块 m、弹簧 k、阻尼器和外壳组成。使用时将仪器外壳紧固在振动体上。当振动体发生振动时，拾振器随之一起振动。

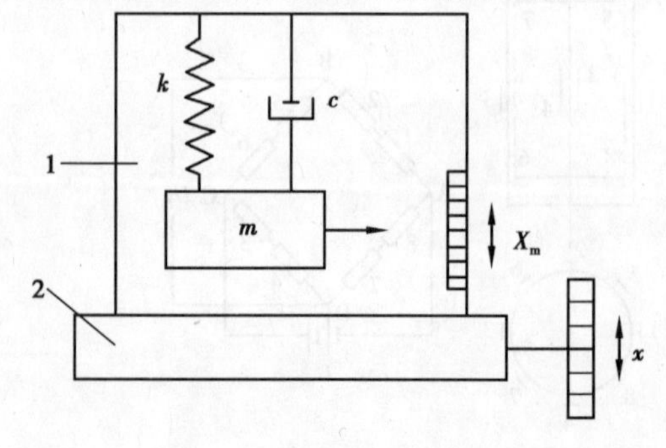

图 4.16　拾振器的力学模型

1—拾振器；2—振动体

设计拾振器时，一般使惯性质量 m 只能沿 x 方向运动，并使弹簧质量和惯性质量 m 相比，小到可以忽略不计。

由质量块 m 所受的惯性力、阻尼力和弹性力之间的平衡关系，可建立振动体系的运动微分方程：

$$m\frac{\mathrm{d}^2(x+x_\mathrm{m})}{\mathrm{d}t^2}+c\frac{\mathrm{d}x_\mathrm{m}}{\mathrm{d}t}+kx_\mathrm{m}=0 \tag{4.19}$$

式中　x——振动体相对于固定参考坐标的位移；

x_m——质量 m 相对于仪器外壳的位移；

c——阻尼系数；

k——弹簧刚度。

设振动体按式(4.20)的规律振动：

$$x=X_0\sin\omega t \tag{4.20}$$

式中　X_0——被测振动体的振幅；

ω——被测振动的圆频率。

则式(4.19)变为：

$$m\frac{\mathrm{d}^2x_\mathrm{m}}{\mathrm{d}t^2}+c\frac{\mathrm{d}x_\mathrm{m}}{\mathrm{d}t}+kx_\mathrm{m}=mX_0\omega^2\sin\omega t \tag{4.21}$$

这是单自由度、有阻尼的强迫振动方程，其通解为：

$$x_\mathrm{m}=B\mathrm{e}^{-nt}\cos(\sqrt{\omega^2-n^2}\,t+\alpha)+X_\mathrm{m}\sin(\omega t-\varphi) \tag{4.22}$$

其中，$n=\frac{c}{2m}$，φ 为相对角。式(4.22)中第一项为自由振动解，由于阻尼作用而很快衰减，第二项为强迫振动解，而

$$X_\mathrm{m}=\frac{X_0\left(\frac{\omega}{\omega_0}\right)^2}{\sqrt{\left[1-\left(\frac{\omega}{\omega_0}\right)^2\right]^2+\left(2\zeta\frac{\omega}{\omega_0}\right)^2}} \tag{4.23}$$

$$\varphi=\arctan\frac{2\zeta\frac{\omega}{\omega_0}}{1-\left(\frac{\omega}{\omega_0}\right)^2} \tag{4.24}$$

式中　ζ——阻尼比，$\zeta=\frac{n}{\omega_0}$；

ω_0——质量弹簧系统的固有频率，$\omega_0=\sqrt{\frac{k}{m}}$。

将式(4.22)中的第二项与式(4.20)相比较，可以看出质量块 m 相对于仪器外壳的运动规律与振动体的运动规律一致，频率都等于 ω，但相位和振幅不同。其相位相差一个相位角 φ。质量块 m 的相对振幅 X_m 与振动体的振幅 X_0 之比为

$$\frac{X_\mathrm{m}}{X_0}=\frac{\left(\frac{\omega}{\omega_0}\right)^2}{\sqrt{\left[1-\left(\frac{\omega}{\omega_0}\right)^2\right]^2+\left(2\zeta\frac{\omega}{\omega_0}\right)^2}} \tag{4.25}$$

根据式(4.24)，以$\frac{\omega}{\omega_0}$为横坐标，以$\frac{X_\mathrm{m}}{X_0}$和 φ 为纵坐标，并使用不同的阻尼比绘出的曲线，如图4.17和图4.18所示，分别称为测振仪器的幅频特性曲线和相频特性曲线。

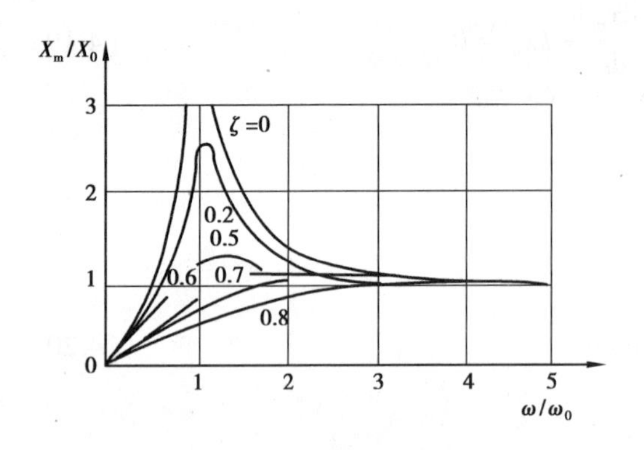

图 4.17　幅频特性曲线

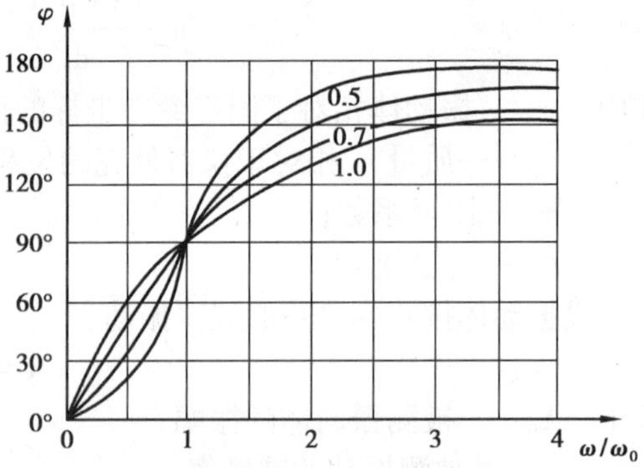

图 4.18　相频特性曲线

在试验过程中,ζ 可能随时发生变化。分析图 4.17 和图 4.18 中的曲线,为使 X_m/X_0 和 φ 角在试验期间保持常数,必须限制 ω/ω_0 值。当取不同频率比 ω/ω_0 和阻尼比 ζ 时,拾振器将输出不同的振动参数。

由图 4.17 和图 4.18 可以看出:

①当 $\omega/\omega_0 \gg 1, \zeta<1$ 时,有 $X_m \approx X_0, \varphi \approx 180°$

代入式(4.23)得测振仪器强迫振动解

$$x_m = X_m \sin(\omega t - \varphi) \approx X_0 \sin(\omega t - \pi) \tag{4.26}$$

将式(4.26)与式(4.20)比较,由于此时振动体振动频率较之仪器的固有频率大很多,不管阻尼比 ζ 大还是小,X_m/X_0 趋近于 l,而 φ 趋近于 180°。也就是质量块的相对振幅和振动体的振幅趋近于相等而相位相反,这是测振仪器理想的工作状态,满足此条件的测振仪称为位移计。要保证达到理想状态,只有在试验过程中,使 X_m/X_0 和 φ 保持常数即可。但从图 4.17 和图 4.18 中可以看出,X_m/X_0 和 φ 都随阻尼比 ζ 和频率而变化。这是由于仪器的阻尼取决于内部构造、连接和摩擦等不稳定因素而引起的。然而从幅频特性曲线中不难发现,当 $\omega/\omega_0 \gg 1$ 时,这种变化基本上与阻尼比 ζ 无关。

实际使用中,当测定位移的精度要求较高时,频率比可取其上限,即 $\omega/\omega_0>10$;对于精度为一般要求的振幅测定,可取 $\omega/\omega_0=5\sim10$,这时仍可近似地认为 X_m/X_0 趋近于 1,但具有一定误差;幅频特性曲线平直部分的频率下限,与阻尼比有关,对无阻尼或小阻尼的频率下限可取 $\omega/\omega_0=4\sim5$,当 $\zeta=0.6\sim0.7$ 时,频率比下限可放宽到 2.5 左右,此时幅频特性曲线有最宽的平直段,也就是有较宽的频率使用范围。但在被测振动体有阻尼情况下,仪器对不同振动频率呈现出不同的相位差,如图 4.18 所示。如果振动体的运动不是简单的正弦波,而是两个频率 ω_1 和 ω_2 的叠加,则由于仪器对相位差的反应不同,测出的叠加波形将发生失真。所以应注意关于波形畸变的限制。

应该注意,一般厂房、民用建筑的第一自振频率为 2~3 Hz,高层建筑为 1~2 Hz,高耸结构物如塔架、电视塔等柔性结构的第一自振频率就更低,这就要求拾振器具有很低的自振频率。为降低 ω_0 必须加大惯性质量,因此,一般位移拾振器的体积较大也较重,使用时对被测系统有一定影响,特别对于一些质量较小的振动体就不太适用,必须寻求另外的解决办法。

②当 $\omega/\omega_0 \approx 1, \zeta \gg 1$ 时,由式(4.23)可得:

$$X_m = \frac{\left(\dfrac{\omega}{\omega_0}\right)^2 X_0}{\sqrt{\left[1-\left(\dfrac{\omega}{\omega_0}\right)^2\right]^2+\left(2\zeta\dfrac{\omega}{\omega_0}\right)^2}} \approx \frac{\omega}{2\zeta\omega_0}X_0 \tag{4.27}$$

因为

$$v=\frac{\mathrm{d}x}{\mathrm{d}t}=X_0\omega\cos\omega t=X_0\omega\sin\left(\omega t+\frac{\pi}{2}\right) \tag{4.28}$$

而

$$x_{\mathrm{m}}=X_{\mathrm{m}}\sin(\omega t-\varphi)\approx\frac{1}{2\zeta\omega_0}X_0\omega\sin(\omega t-\varphi) \tag{4.29}$$

比较式(4.28)和式(4.29)可见,拾振器反应的示值与振动体的速度成正比,故称为速度计。$1/2\zeta\omega_0$ 为比例系数,阻尼比 ζ 愈大,拾振器输出灵敏度愈低。设计速度计时,由于要求的阻尼比 ζ 很大,相频特性曲线的线性度就很差,因而对含有多频率成分波形的测试失真也较大。速度拾振器的可用频率范围非常狭窄,因而在工程中很少使用。

③当 $\omega/\omega_0\ll1,\zeta<1$ 时,由式(4.23)和式(4.24)可得:

$$X_{\mathrm{m}}=\frac{\left(\frac{\omega}{\omega_0}\right)^2X_0}{\sqrt{\left[1-\left(\frac{\omega}{\omega_0}\right)^2\right]^2+\left(2\zeta\frac{\omega}{\omega_0}\right)^2}}\approx\frac{\omega^2}{\omega_0^2}X_0,\varphi\approx0 \tag{4.30}$$

因为

$$a=\frac{\mathrm{d}^2x}{\mathrm{d}t^2}=-X_0\omega^2\sin\omega t=A\sin(\omega t+\pi) \tag{4.31}$$

而

$$x_{\mathrm{m}}=X_{\mathrm{m}}\sin(\omega t-\omega)\approx\frac{1}{\omega_0^2}X_0\omega^2\sin\omega t=\frac{1}{\omega_0^2}A\sin\omega t \tag{4.32}$$

比较式(4.28)和式(4.32)可见,拾振器反应的位移与振动体的加速度成正比,比例系数为 $1/\omega_0^2$。这种拾振器可以用来测量加速度,称为加速度计。加速度幅频特性曲线如图4.19所示。由于加速度计用于频率比 $\omega/\omega_0\ll1$ 的范围内,拾振器反应相位与振动体加速度的相位差接近于 π,基本上不随频率而变化。当加速度计的阻尼比 $\zeta=0.6\sim0.7$ 时,由于相频曲线接近于直线,所以相频与频率比成正比,波形不会出现畸变。若阻尼比不符合要求,将出现与频率比成非线性的相位差。

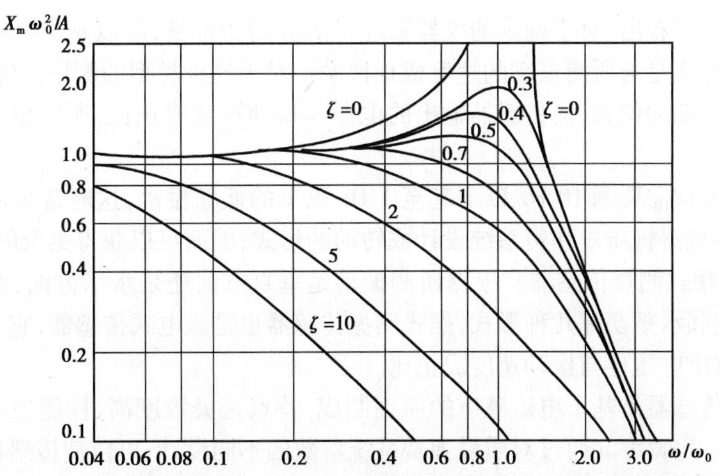

图4.19　加速拾振器的幅频特性曲线

综上所述,使用惯性式拾振器时,必须特别注意振动体的工作频率与拾振器的自振频率之间的关系。当 $\omega/\omega_0 \gg 1$ 时,拾振器可以很好地量测振动体的振动位移;当 $\omega/\omega_0 \ll 1$ 时,拾振器可以准确地反映振动体的加速度特性,对加速度进行两次积分就可得到位移。

4.6.2 测振仪器

1)磁电式速度传感器

磁电式测振传感器的主要技术指标有:固有频率、灵敏度、频率响应和阻尼系数等。

典型的磁电式速度传感器如图 4.20 所示,磁钢和壳体固结安装在所测振动体上,并与振动体一起振动,芯轴与线圈组成传感器的可动系统(质量块),由簧片与壳体连接,质量块测振时惯性质量块和仪器壳体相对移动,因而线圈和磁钢也相对移动,从而产生感应电动势,根据电磁感应定律,感应电动势 E 的大小为:

$$E = BLnv \tag{4.33}$$

式中 B——线圈在磁钢间隙的磁感应强度;

L——每匝线圈的平均长度;

n——线圈匝数;

v——线圈相对于磁钢的运动速度,亦即所测振动物体的振动速度。

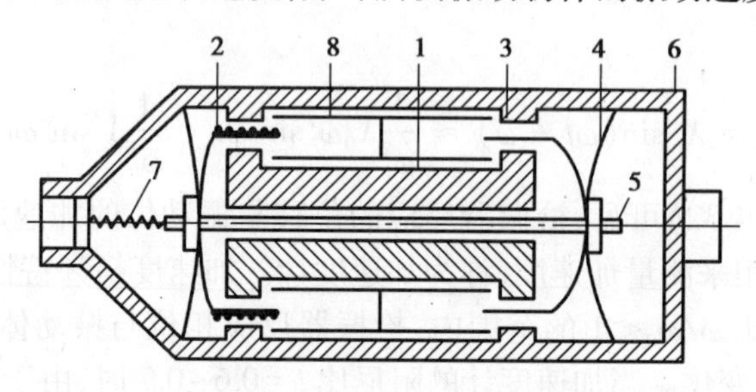

图 4.20 磁电式速度传感器

1—磁钢;2—线圈;3—阻尼环;4—弹簧片;5—芯轴;6—外壳;7—输出线;8—铝架

从式(4.33)可以看出,对于确定的仪器系统 B、L、n 均为常量,所以感应电动势 E 也就是测振传感器的输出电压是与所测振动的速度成正比的。对于这种类型的测振传感器,惯性质量块的位移反映所测振动的位移,而传感器输出的电压与振动速度成正比,所以也称为惯性式速度传感器。

建筑工程中经常需要测 10 Hz 以下甚至 1 Hz 以下的低频振动,这时常采用摆式测振传感器,这种类型的传感器将质量弹簧系统设计成转动的形式,因而可以获得更低的仪器固有频率。图 4.21 是典型的摆式测振传感器。根据所测振动是垂直方向还是水平方向,摆式测振传感器有垂直摆、倒立摆和水平摆等几种形式,摆式测振传感器也是磁电式传感器,它与差动式的分析方法是一样的,输出电压也与振动速度成正比。

磁电式速度传感器是基于电磁感应的原理制成,特点是灵敏度高、性能稳定、输出阻抗低、频率响应范围有一定宽度。通过对质量弹簧系统参数的不同设计,可以使传感器既能量测非常微弱的振动,也能量测比较强的振动,是多年来工程振动测量常用的测振传感器。

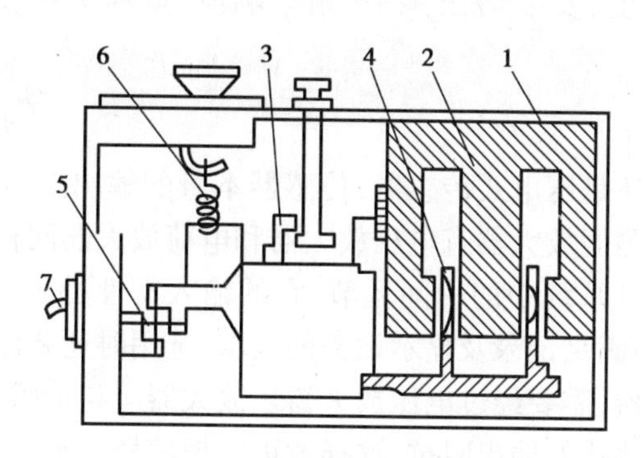

图 4.21 摆式测振传感器

1—外壳;2—磁钢;3—重锤;4—线圈;5—十字簧片;6—弹簧;7—输出线

2)压电式加速度传感器

从物理学知道,一些晶体当受到压力并产生机械形变时,在它们相应的两个表面上出现异号电荷,当外力去掉后,又重新回到不带电状态,这种现象称为“压电效应”。压电晶体受到外力产生的电荷 Q 由式(4.34)表示

$$Q = G\sigma A \tag{4.34}$$

式中 G——晶体的压电常数;

σ——晶体的压强;

A——晶体的工作面积。

压电式加速度传感器是一种利用晶体的压电效应把振动加速度转换成电荷量的机电换能装置,其结构原理如图 4.22 所示。压电晶体片上的质量块 m,用硬弹簧将它们夹紧在基座上。传感器的力学模型如图 4.23 所示,质量弹簧系统的弹簧刚度由硬弹簧的刚度 K_1 和晶体的刚度 K_2 组成,因此 $K=K_1+K_2$。阻尼系数 $c=c_1+c_2$。在压电式加速度传感器内,质量块的质量 m 较小,阻尼系数也较小,而刚度 K 很大,因而质量、弹簧系统的固有频率 $\omega_m=\sqrt{K/m}$ 很高,根据用途可达若干千赫,高的甚至可达 100~200 kHz。由前面的分析可知,当被测物体的频率 $\omega \ll \omega_0$ 时,质量块相对于仪器外壳的位移就反映所测振动的加速度值。

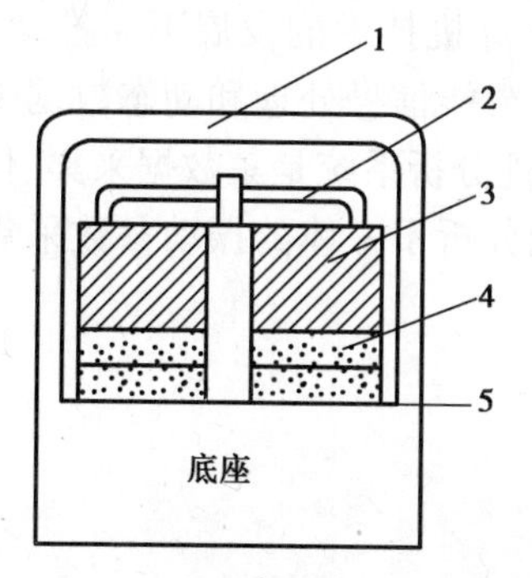

图 4.22 加速度传感器的结构原理

1—外壳;2—硬弹簧;3—质量块;

4—压电晶体;5—输出端

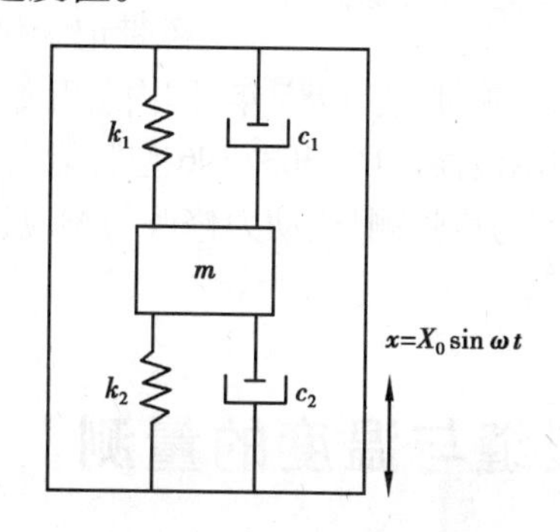

图 4.23 传感器的力学模型

压电式加速度传感器具有动态范围大(可达 105 g)、频率范围宽、质量轻、体积小等特点。

其主要技术指标有:灵敏度、安装谐振频率、频率响应、横向灵敏度比和幅值范围(动态范围)等。

3)放大器和记录仪器

不管是磁电式传感器还是压电式传感器,传感器本身的输出信号一般比较微弱,需要对输出信号加以放大。常用的测振放大器有电压放大器和电荷放大器两种。

测振放大器是振动测试系统中的中间环节,它的输入特性必须与拾振器的输出特性相匹配,而它的输出特性又必须满足记录及显示设备的要求,选用时还要注意其频率范围。

对于磁电式速度传感器,需要经过电压放大器。放大器应与传感器很好地匹配。首先放大器的输入阻抗要远大于传感器的输出阻抗,这样就可以把信号尽可能多地输入到放大器的输入端。放大器应有足够的电压放大倍数,同时信噪比也要较大。为了同时能够适应于微弱的振动测量和较大的振动测量,放大器通常设置多级衰减器。放大器的频率响应应能满足测试的要求,亦即要同时有好的低频响应和高频响应。完全满足上述要求有时是困难的,因此在选择或设计放大器时要综合考虑各项指标。

对于压电式加速度传感器,由于压电晶体的输出阻抗很高,一般的电压放大器的输入阻抗都比较低,二者连接后,压电片上的电荷就要通过低值输入阻抗释放掉。因此,一般采用前置电压放大器或前置电荷放大器。

前置电压放大器结构简单、价格低廉、可靠性能好,但是输入阻抗较低。

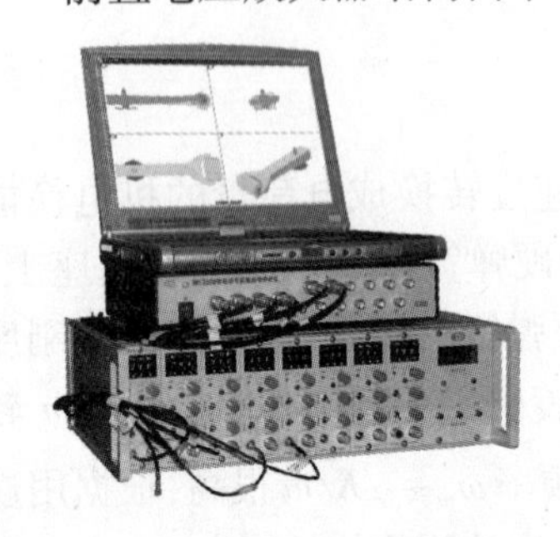

图 4.24 INV303/306 型智能信号采集和处理分析系统

它是压电式加速度传感器的专用前置放大器,由于压电式加速度传感器的输出阻抗很高,其输出电荷很小,因此必须采用阻抗很高的放大器与之匹配,否则传感器产生的电荷就要经过放大器的输入阻抗释放掉,采用电荷放大器能将高内阻的电荷源转换为低内阻的电压源,而且输出电压正比于输入电荷。电荷放大器的优点是低频响应好,传输距离远,但成本高。

若将被测振动参数随时间变化的过程记录下来,还需使用记录仪器。传统的结构振动测量记录仪器有 x-y 函数记录仪、磁带记录仪等。现在计算机技术的发展不断推动着国内信号处理领域的新浪潮,在 1985 年,国内就开始应用便携式智能信号处理和动态数据采集仪,替代了磁带机和示波器。INV303/306 型智能信号采集和处理分析系统是集数据采集、信号处理、模态分析、噪声与声强测量、动力修改与响应计算、多功能分析于一体的振动参数采集分析仪,如图 4.24 所示。

4.7 裂缝与温度的量测

4.7.1 裂缝的量测

对于钢筋混凝土结构,裂缝的产生和发展是结构反应的重要特征,对确定结构的开裂荷载,研究结构的破坏过程和结构的抗裂及变形性能均具有十分重要的价值。

目前,裂缝的观察和寻找主要靠肉眼或借助放大镜。裂缝宽度的量测常用读数显微镜,它是由光学透镜与游标刻度组成的复合仪器,如图4.25所示。在试验前可先用石灰浆均匀地刷在试件表面并待其干燥,试件在受外部荷载后,便会在石灰涂层表面留下裂缝,这种裂缝实际上就显示出混凝土表面的开裂过程,这种简单的方法即为白色涂层法。白色涂层法具有效果好、价廉和使用技术要求低等优点。除此之外,目前比较先进的方法还有裂纹扩展片法、脆漆涂层法、声发射技术法、光弹贴片法等。

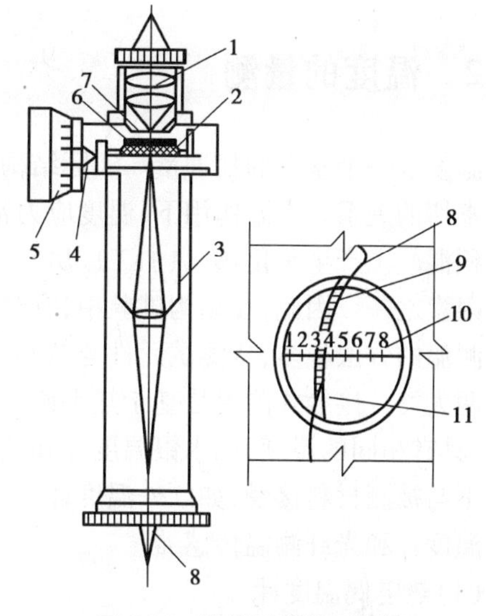

图4.25 读数显微镜测裂缝

(1)裂纹扩展片

它由栅体和基底组成,栅体由平行的栅条组成。各栅条的一端互不相连,可用某一栅条的端部及公用端与仪器相连,以测定裂纹是否已达到该栅条处。此法在断裂力学试验中应用较多。

(2)脆漆涂层

脆漆涂层是一种在一定拉应变下即开裂的喷漆,涂层的开裂方向正交于主应变方向,从而可以确定试件的主应力方。脆漆涂层具有很多优点,可用于任何类型结构的表面,而不受结构材料、形状及加荷方法的限制。但脆漆层的开裂强度与拉应变密切相关,只有当试件开裂应变低于涂层最小自然开裂应变时,脆漆层才能用来检测试件的裂缝。1975年美国BLH公司研制了一种用导电漆膜来发现裂缝的方法。它是将一种具有小阻值的弹性导电漆,涂在经过清洁处理过的混凝土表面,涂成长度约100~200 mm,宽5~10 mm的条带,待干燥后接入电路。当混凝土裂缝宽度达到0.001~0.004 mm时,由于混凝土受拉,拉长的导电漆膜就会出现火花直至烧断。导电漆膜电路被切断后还可以继续用肉眼进行观察。

(3)声发射技术

这种方法是将声发射传感器埋入试件内部或放置于混凝土试件表面,利用试件材料开裂时发出的声音来检测裂缝的出现。这种方法在断裂力学试验和机械工程中得到广泛应用。

(4)光弹贴片

光弹贴片是在试件表面牢固地粘贴一层光弹薄片,当试件受力后,光弹片同试件共同变形,并在光弹片中产生相应的应力。若以偏振光照射,由于试件表面事先已经加工磨光,具有良好的反光性(加银粉增其反光能力),因而当光穿过透明的光弹薄片后,经过试件表面反射,又第二次通过薄片而射出,若将此射出的光经过分析镜,最后可在屏幕上得到应力条纹。由广义胡克定律知,主应力与主应变的关系为:

$$E\varepsilon_1 = \sigma_1 - \nu(\sigma_2 + \sigma_3)$$

$$E\varepsilon_2 = \sigma_2 - \nu(\sigma_1 + \sigma_3)$$

$$E(\varepsilon_1 - \varepsilon_2) = (1 + \nu)(\sigma_1 - \sigma_2)$$

式中 E,ν——分别为试件弹性模量和泊桑比。

因试件表面有一主应力等于零(如设 $\varepsilon_3=0$),因此试件表面主应力差($\sigma_1-\sigma_2$)与($\varepsilon_1-\varepsilon_2$)成正比。

4.7.2 温度的量测

温度是一个基本的物理量。实际结构的应力分布、变形性能和承载能力都可能与温度发生十分密切的关系。常温作用下,温度应力常常使混凝土结构出现裂缝。较为典型的是新浇灌的大体积混凝土产生水化热,热加工厂房常年的高环境温度,这使得温度成为结构设计中必须考虑的因素之一。因此,在结构试验中,有时也有温度测量的要求。

测温的方法很多,从测试元件与被测材料是否接触来分,可以分为接触式测温和非接触式测温两大类。接触式测温是基于热平衡原理,测温元件与被测材料接触,两者处在同一热平衡状态,具有相同的温度,如水银温度计和热电偶温度计。非接触式测温是利用热辐射原理,测温元件不与被测材料接触,如红外温度计。下面主要介绍温度量测仪器中的热电偶温度计、热敏电阻温度计和光纤测温传感器。

(1)热电偶温度计

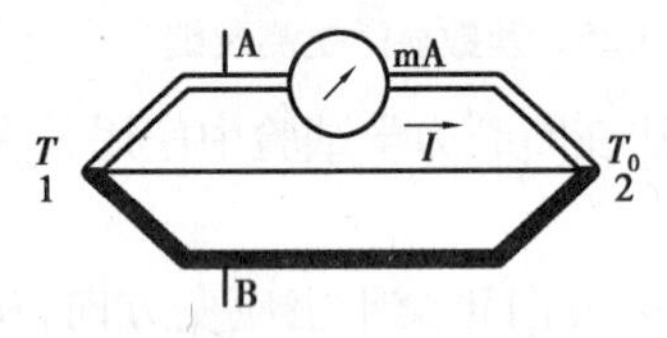

图 4.26 热电偶原理

热电偶的基本原理如图 4.26 所示。它是两种导体 A 和 B 组合成一个闭合回路,并使结点 1 和结点 2 处于不同的温度 T 和 T_0。测温度时将结点 1 置于被测温度场中(结点 1 称为工作端),使结点 2 处于某一恒定温度状态(称为参考端),由于互相接触的两种金属导体内自由电子的密度不同,在 A、B 接触处将发生电子扩散,电子扩散的速率和自由电子的密度与金属所处的温度成正比,从而使金属 A 失去电子带正电,金属 B 因得到电子带负电,于是在接触点处形成了电位差,建立电势与温度的关系,即可测得温度。根据理论推导,回路的总电势与温度的关系为:

$$E_{AB} = E_{AB}(T) - B_{AB}(T_0) = \frac{k}{e}(T - T_0)\ln\frac{N_A}{N_B}$$

式中 T, T_0——分别为 A、B 两种材料接触点处的绝对温度;

e——电子的电荷量,4.802×10^{-10};

k——波尔兹曼常数,1.38×10^{-16};

N_A, N_B——分别为金属 A、B 的自由电子密度。

(2)热敏电阻温度计

当温度较低时,可采用金属丝热电阻或热敏电阻温度计。常用的金属测温电阻有铂热电阻和铜热电阻,这种电阻可以将温度的变化转换为电阻的变化,因此温度的测量转化为电阻的测量。类似于应变的测量转化为电阻应变片的电阻测量,可以采用电阻应变仪测量热电阻的微小电阻变化。热敏电阻是金属氧化物粉末烧结而成的一种半导体,与金属丝热电阻相同,其电阻值也随温度而变化,一般热敏电阻的温度系数为负值,即温度上升时电阻值下降。热敏电阻的灵敏度很高,可以测量 0.001~0.000 5 ℃ 的微小温度变化,此外,它还有体积小、动态响应速度快、常温下稳定性较好、价格便宜等优点。也可以采用电阻应变仪测量热敏电阻的微小电阻变化。热敏电阻的主要缺点是电阻值较分散、测温的重复性较差、老化快。

(3)光纤温度传感器

光纤温度传感器的工作原理如图 4.27 所示,利用半导体材料的能量吸收随温度几乎成线性变化。敏感元件是一个半导体光吸收器,光纤用来传输信号。当光源的光以恒定的强度经光纤达到半导体薄片时,透过薄片的光强受温度的调制,透过光由光纤传送到探测器。温度 T 升高,半导体能带宽度下降,材料吸收光波长向长波移动,半导体薄片透过的光强度变化。

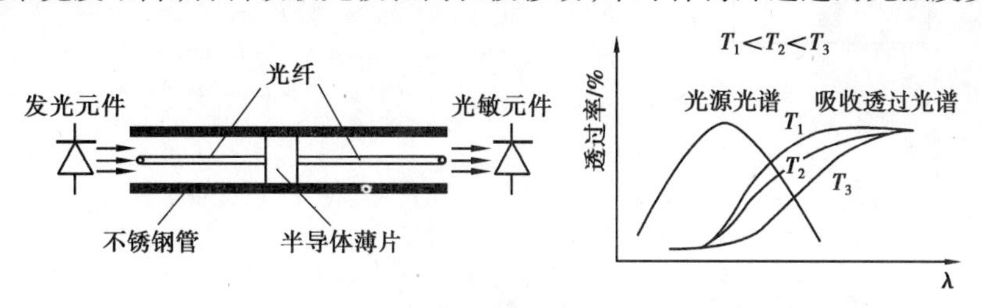

图 4.27 光纤温度传感器

本章小结

(1)土木工程试验的量测系统基本上由以下测试单元组成:试件—感受装置—传感器—控制装置—指示记录系统。

(2)无论测量仪器的种类有多少,其基本性能指标均主要包括以下几个方面:刻度值、量程、灵敏度、精度、滞后量、信噪比、稳定性。

(3)应变的测量方法主要包括电测和机测两种。其中,电测法是目前结构工程试验中的主要方法。它主要由电阻应变计、电阻应变仪及其测量桥路共同组成。电阻应变器的工作原理就是电阻定理;电阻应变仪是对测量信号进行控制、放大、显示或记录的装置,又分为静态电阻应变仪和动态电阻应变仪。

(4)测量桥路是用于将微小的、由应变产生的电信号进行放大的方法,可分为 1/4 桥路、半桥和全桥 3 种常用的接桥方式,通过本章学习,应熟练掌握各种桥路的特点、桥路的放大系数及其应用。

(5)应对常见的位移、力、转角、曲率、裂缝等测量方法、测量装置有所了解。

思考题

4.1 结构工程的量测系统基本上由哪些方面构成?

4.2 请指出量测仪器的主要指标有哪些?其物理意义是什么?

4.3 请从电阻率定律的角度出发,说明电阻应变计的灵敏度系数的物理意义。

4.4 试以划线电阻式位移传感器为例,说明其桥路特点。

5 结构静力试验

5.1 概 述

工程结构的作用分为直接作用和间接作用。直接作用又分为静力荷载作用和动力荷载作用。静载作用是指对结构或构件不引起加速度或加速度可以忽略不计的直接作用;动载作用则是指使结构或构件产生不可忽略的加速度反应的直接作用。在结构直接作用中,经常起主导作用的是静力荷载。因此,工程结构静载试验是工程结构试验中最基本和最大量的试验。同时,相对动载试验而言,工程结构静载试验所需的技术与设备也比较简单,容易实现,这也是静载试验被经常应用的原因之一。

工程结构静载试验是用物理力学方法测定和研究结构在静荷载作用下的反应,分析、判定结构的工作状态与受力情况。根据试验观测时间不同,静态试验又分为短期试验与长期试验。为了尽快取得试验成果,通常多采用短期试验。但短期试验存在荷载作用与变形发展的时间效应问题,例如混凝土与预应力混凝土结构的徐变和预应力损失、裂缝开展等问题,其时间效应就比较明显,有时按试验目的要求就需要进行长期观测。

工程结构静载试验方法人类很早就应用了,并揭示了许多结构受力的奥秘,有效地促进了结构理论的发展与结构形式的创新。在科学技术迅猛发展的今天,尽管各种各样的结构分析方法不断涌现,动载试验也被置于越来越突出的位置,但静载试验分析方法在结构研究、设计和施工中仍起着主导作用。

大型振动台的出现,无疑给工程结构抗震试验提供了一个有效手段,振动台能提供比较接近实际的震害现象与数据,但振动台试验存在诸多局限性,如台面承载力小、试验费用高、技术比较复杂等。低周反复荷载试验(又称“拟静力试验”)和计算机-电液伺服联机试验(又称“拟动力试验”)方法,相对于振动台试验而言,比较简单,耗资较小,荷载也较大,可以对许多足尺结构或大模型进行静力和抗震性能试验。目前国内外大多数抗震规范条文都是以这种试验结果为依据的,但就其方法的实质来说,仍为静载试验。因此,静载试验方法不仅能为结构静力分析提供依据,同时也可为某些动力分析提供间接依据。所以,静载试验是工程结构试验的基本方法,是工程结构试验的基础。

工程结构静载试验中最常见的是单调加载静力试验。单调加载静力试验是指在短时期内对试验对象进行平稳地一次连续施加荷载,荷载从“零”开始一直加到构件破坏;或是在短时期内平稳地施加若干次预定的重复荷载后,再连续增加荷载直到结构构件破坏。

单调加载静力试验主要用于研究结构承受静荷载作用下构件的承载力、刚度、抗裂性等基本性能和破坏机制。工程结构中大量的基本构件试验主要是承受拉、压、弯、剪、扭等最基本作用力的梁、板、柱和砌体等系列构件。通过单调加载静力试验,可以研究各种基本作用力单独或组合作用下构件的荷载和变形的关系;对于混凝土构件,尚有荷载与开裂的相关关系及反映构件变形与时间关系的徐变问题;对于钢结构构件,则还有局部或整体失稳问题。

对于框架、屋架、壳体、折板、网架、桥梁、涵洞等由若干基本构件组成的扩大构件,在实际工程中除了有必要研究与基本构件相类似的问题外,尚有构件间相互作用的次应力、内力重分布等问题。对于整体结构,通过单调加载静力试验,能揭示结构空间工作、整体刚度、非承重构件和某些薄弱环节对结构整体工作的影响等方面的某些规律。

工程结构静载试验涉及的问题是多方面的。本章着重讨论关于加载的各种方案及其理论依据,以及如何正确量测各种变形参数,并简要介绍数据处理中的一些常见问题及结构性能检验与质量评估原则等。

5.2　试验前的准备

试验前的准备,泛指正式试验前的所有工作,包括试验规划和准备两个方面。在整个试验过程中,这两项工作时间长,工作量大,内容也最庞杂。准备工作的好坏直接影响试验成果,因此,每一阶段、每一细节都必须认真、周密地进行。准备工作的具体内容包括以下几项:

(1)调查研究、收集资料

准备工作首先要把握信息,以便在规划试验时心中有数。这就要进行调查研究,收集资料,充分了解本项试验的任务和要求,明确试验目的,从而确定试验的性质和规模,试验的形式、数量和种类,从而正确地进行试验设计。

检验性试验的调查研究主要是向有关设计、施工和使用单位或人员来进行。收集的资料包括:设计方面的资料,包括设计图纸、计算书和设计所依据的原始资料(如地基土壤资料、气象资料和生产工艺资料等);施工方面的资料,包括施工日志、材料性能试验报告、施工记录和隐蔽工程验收记录等;使用方面的资料,主要是使用过程、环境、超载情况或事故经过等。

科学研究性试验的调查研究主要向有关科研单位以及必要的设计和施工单位来进行。主要收集与本试验有关的历史(如前人有无做过类似的试验,采用的方法及其结果等)、现状(如已有哪些理论、假设和设计、施工技术水平及材料、技术状况等)和将来发展的要求(如生产、生活和科学技术发展的趋势与要求)等。

(2)编写试验大纲

试验大纲是在取得了调查研究成果的基础上,为使试验有条不紊地进行并取得预期效果而制订的纲领性文件,内容一般包括:

①概述:简要介绍调查研究的情况,提出试验的依据及试验的目的、意义与要求等。必要时,还应有理论分析和计算。

②试件的设计及制作要求:包括设计依据及理论分析和计算,试件的规格和数量,制作施工图及对原材料、施工工艺的要求等。对检验性试验,也应阐明原设计要求、施工或使用情况等。试验数量按结构或材质的变异性与研究项目间的相关条件,按正交试验设计和数理统计规律求得,宜少不宜多。一般鉴定性试验为了避免尺寸效应,应根据设备加载能力和试验经费情况,尽量接近实体。

③试件安装与就位:包括就位的形式(正位、卧位或反位)、支承装置、边界条件模拟、保证侧向稳定的措施和安装就位的方法及机具等。

④加载方法与设备:包括荷载种类及数量、加载设备装置、荷载图式及加载制度等。

⑤量测方法和内容:也称为观测设计,主要说明观测项目、测点布置和量测仪表的选择、标定、安装方法及编号图、量测顺序规定和补偿仪表的设置等。

⑥辅助试验:结构试验往往要做一些辅助试验,如材料性质试验和某些探索性小试件或小模型、节点试验等。本项应列出试验内容,阐明试验目的、要求、试验种类、试验个数、试件尺寸、制作要求和试验方法等。

⑦安全措施:包括人身、设备、仪表等方面的安全防护措施。

⑧试验进度计划。

⑨试验组织管理:由于试验(特别是大型试验),参加试验人数多,牵涉面广,必须严密组织、加强管理,因此需制订试验组织管理,主要包括技术档案资料、原始记录管理、人员组织和分工、任务落实、工作检查、指挥调度以及必要的交底和培训工作。

⑩附录:包括所需器材、仪表、设备及经费清单,观测记录表格,加载设备、量测仪表的率定结果报告和其他必要文件、规定等。记录表格设计应使记录内容全面、方便使用。其内容除了记录观测数据外,还应有测点编号、仪表编号、试验时间、记录人签名等栏目。

总之,整个试验的准备必须充分,规划必须细致、全面。每项工作及每个步骤必须十分明确。应注意防止盲目追求试验次数多、仪表数量多、观测内容多和不切实际的提高量测精度等,而给试验带来不利影响和造成浪费,甚至导致试验失败或发生安全事故。

(3)试件准备

试验的对象并不一定就是研究任务中的具体化结构或构件。根据试验的目的要求,它可能经过这样或那样的简化,可能是模型,也可能是某局部(例如节点或杆件),但无论如何都应根据试验目的与有关理论,按大纲规定进行设计与制作。

在设计制作时应考虑到试件安装和加载量测的需要,在试件上作必要的构造处理,如钢筋混凝土试件支承点预埋钢垫板,局部截面加强加设分布筋等;又如平面结构侧向稳定支撑点的配件安装、倾斜面加载处增设凸肩以及吊环等,都不要疏漏。

试件制作工艺必须严格按照相应的施工规范进行,并做详细记录,要按要求留足材料力学性能试验试件,并及时编号。

试件在试验之前,应按设计图纸仔细检查、测量各部分实际尺寸、构造情况、施工质量、存在缺陷(如混凝土的蜂窝麻面、裂缝、钢结构的焊缝缺陷、锈蚀等)、结构变形和安装质量,钢筋混凝土试件还应检查钢筋位置、保护层的厚度和钢筋的锈蚀情况等。这些情况都将对试验结果有重要影响,应做详细记录。

检查试件之后,应进行表面处理,例如去除或修补一些有碍试验观测的缺陷,钢筋混凝土的刷白,分区划格等。刷白的目的是为了便于观测裂缝;分区划格是为了荷载与测点准确定位,记录裂缝的发生和发展过程以及描述试件的破坏形态。观测裂缝的区格尺寸一般取 5~20 cm,必要时可缩小或局部缩小。

(4)材料物理力学性能测定

材料的物理力学性能指标对结构性能有直接的影响,是结构计算的重要依据。试验中的荷载分级、试验结构的承载能力和工作状况的判断与估计、试验后数据处理与分析等都需要在正式试验之前,对结构材料的实际物理力学性能进行测定。

测定项目通常有强度、变形性能、弹性模量、泊松比、应力-应变关系等。

测定的方法有直接测定法和间接测定法两种。直接测定法就是将制作试件时留下的小试件,按有关标准方法在材料试验机上测定。这里仅就混凝土的应力-应变全曲线的测定方法做简单介绍。

混凝土是一种弹塑性材料,其应力-应变关系比较复杂。标准棱柱抗压的应力-应变全过程曲线(图 5.1),对混凝土结构的某些方面研究(如长期强度、延性和疲劳强度试验等),都具有十分重要的意义。

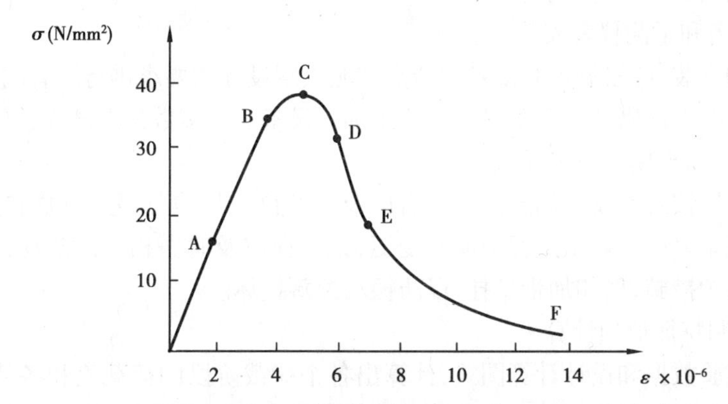

图 5.1 普通混凝土轴压 $\sigma-\varepsilon$ 曲线

测定全曲线的必要条件是:试验机具有足够的刚度,使试验机加载时所释放的弹性应变与试件的峰点 C 的应变之和不大于试件破坏时的总应变值。否则,试验机释放的弹性应变能产生的动力效应,会把试件击碎,曲线只能测至 C 点,在普通试验机上测定就是这样。目前,最有效的方法是采用电液伺服试验机,以等应变控制方法加载。

间接测定法通常采用非破损试验法,即用专门仪器对结构或构件进行试验,测定与材性有关的物理量推算出材料性质参数,而不破坏结构、构件。

(5)试验设备与试验场地的准备

试验所用的加载设备和量测仪表,在试验之前应进行检查、修整和必要的率定,以保证达到试验的精度要求。率定必须有报告,以供资料整理或使用过程中修正。

在试件进场之前也应对试验场地加以清理和安排,包括水、电、交通和清除不必要的杂物,集中安排好试验使用的物品。必要时,应做场地平面设计,架设或准备好试验中的防风、防雨和防晒设施,避免对荷载和量测造成影响,现场试验的支承点下的地耐力应局部验算和处理,下沉量不宜太大,以保证结构作用力的正确传递和试验工作的顺利进行。

(6)试件安装就位

按照试验大纲的规定和试件设计要求,在各项准备工作就绪后即可将试件安装就位。保证试件在试验全过程都能按规定模拟条件工作，避免因安装错误而产生附加应力或出现安全事故，是安装就位的中心问题。

①简支结构的两支点应在同一水平面上，高差不宜超过试验跨度的 1/50。试件、支座、支墩和台座之间应密合稳固，为此常采用砂浆坐缝处理。

②超静定结构，包括四边支承和四角支承板的各支座应保持均匀接触，最好采用可调支座。若带支座反力测力计，应调节至该支座所承受的试件重为止。也可采用砂浆坐浆或湿砂调节。

③扭转试件安装应注意扭转中心与支座转动中心的一致，可用钢垫板等加垫调节。

④嵌固支承，应上紧夹具，不得有任何松动或滑移可能。

⑤卧位试验，试件应平放在水平滚轴或平车上，以减轻试验时试件水平位移的摩擦阻力，同时也防止试件侧向下挠。

⑥试件吊装时，平面结构应防止平面外弯曲、扭曲等变形发生；细长杆件的吊点应适当加密，避免弯曲过大；钢筋混凝土结构在吊装就位过程中，应保证不出裂缝，尤其是抗裂试验结构，必要时应附加夹具，提高试件刚度。

(7)加载设备和量测仪表安装

加载设备的安装，应根据加载设备的特点按照大纲设计的要求进行。有的与试件就位同时进行，如支承机构；有的则在加载阶段加上施工加载设备。大多数是在试件就位后安装，要求安装固定牢靠，保证荷载模拟正确和试验安全。

仪表安装位置按观测设计确定。安装后应及时把仪表号、测点号、位置和连接仪器上的通道号一并记入记录表中。调试过程中如有变更，记录亦应及时做相应的改动，以防混淆。接触式仪表还应有保护措施，例如加带悬挂，以防振动掉落损坏。

(8)试验控制特征值的计算

根据材性试验数据和设计计算图式，计算出各个荷载阶段的荷载值和各特征部位的内力、变形值等作为试验时控制与比较。这是避免试验盲目性的一项重要工作，对试验和分析都具有重要意义。

5.3 加载与量测方案设计

5.3.1 加载方案

确定加载方案是一个比较复杂的问题，涉及的技术因素很多。试件的结构形式、荷载的作用图式、加载设备的类型、加载制度的技术要求、场地的大小以及试验经费等都会影响加载方案的确定。因此，加载方案的确定一般要求在满足试验目的的前提下，尽可能做到技术合理、开支经济和安全试验。

对于荷载模拟技术的内容在前面章节中已有较详细的叙述，这里仅涉及有关加荷程序设计方法。结构的承载力及其变形性能，均与受荷量值、受荷速度及荷载在构件上的持续时间等时间特征有关，因而在试验时必须给予足够的时间使结构变形得到充分发展。确定时间与加荷量的过程就称为试验加载程序设计。

加载程序可以有多种，应根据试验对象的类型及试验目的与要求不用而选择，一般结构静载试验的加载程序分为预载、正式加载、卸载三个阶段。在加载的过程中实施分级加(卸)载,其目的:一是便于控制加(卸)载速度;二是方便观察和分析结构变形情况;三是利于各点加载统一步调。图5.2即为钢筋混凝土构件一种典型的静载试验加载程序。

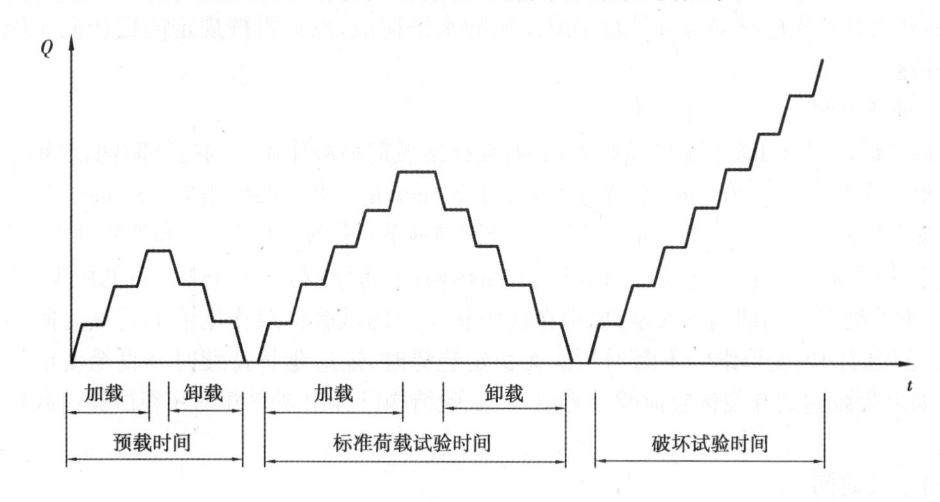

图5.2 静载试验加载程序

对于现场结构或构件的检验性试验,通常只加至标准荷载(即正常使用荷载),试验后试件还可以用。而对于研究性试验,当加载到标准荷载后,一般不卸载而继续加载,直至试件进入破坏阶段。

1)预载

预加载的主要目的在于:

①使试件各部接触良好,进入正常工作状态,荷载与变形关系趋于稳定。

②检验全部试验装置的可靠性。

③检验全部观测仪表工作正常与否。

④检查现场组织工作和人员的工作情况,起演习作用。

总之,通过预加载试验可以发现一些潜在问题,并将之解决在正式试验之前,对保证试验工作顺利进行具有一定意义。

预加载一般分为三级进行,每级取标准荷载的20%,然后分级卸载,分2~3级卸完。加(卸)一级,停歇10 min。对混凝土等试件,预载值应小于计算开裂荷载值。

2)正式加载

(1)荷载分级

标准荷载之前,每级加载值不应大于标准荷载的20%,一般分5级加至标准荷载;标准荷载之后,每级不宜大于标准荷载的10%;当荷载加至计算破坏荷载的90%后,为了求得精确的破坏荷载值,每级应取不大于标准荷载的5%;需要做抗裂检测的结构,加载到计算开裂荷载的90%后,也应改为不大于标准荷载的5%施加,直至第一条裂缝出现。

柱子加载,一般按计算破坏荷载的1/15~1/10分级,接近开裂或破坏荷载时,应减至原来的1/3~1/2施加。

砌体抗压试验,对不需要测变形的,按预期破坏荷载的10%分级,每级1~1.5 min内加完,恒载1~2 min。加至预期破坏荷载的80%后,不分级直接加至破坏。

为了使结构在荷载作用下的变形得到充分发挥和达到基本稳定,每级荷载加完后应有一定的级间停留时间,钢结构一般不少于 10 min,钢筋混凝土和木结构应不少于 15 min。

当试验结构同时还需要施加水平荷载时,为保证每级荷载下竖向荷载和水平荷载的比例不变,试验开始时首先应施加与试件自重成比例的水平荷载,然后再按规定的比例同步施加竖向和水平荷载。

(2)满载时间

对需要进行变形和裂缝宽度试验的结构,在标准短期荷载作用下的持续时间,对钢结构和钢筋混凝土结构不应少于 30 mim;木结构不应少于 30 min 的 2 倍;拱或砌体为 30 min 的 6 倍;对预应力混凝土构件,满载 30 min 后加至开裂,在开裂荷载下再持续 30 min(检验性构件不受此限)。

对于采用新材料、新工艺、新结构形式的结构构件,跨度较大(大于 12 m)的屋架、桁架等结构构件,为了确保使用期间的安全,要求在使用状态短期试验荷载作用下的持续时间不宜少于 12 h,在这段时间内变形继续不断增长而无稳定趋势时,还应延长持续时间直至变形发展稳定为止。如果荷载达到开裂试验荷载计算值时,试验结构已经出现裂缝则开裂试验荷载可不必持续作用。

(3)空载时间

受载结构卸载后到下一次重新开始受载之间的间歇时间称空载时间。空载对于研究性试验是完全必要的,因为观测结构经受荷载作用后的残余变形和变形的恢复情况均可说明结构的工作性能,因此要使残余变形得到充分发展需要有相当长的空载时间。有关试验标准规定:对于一般的钢筋混凝土结构空载时间取 45 min;对于较重要的结构构件和跨度大于 12 m 的结构取 18 h(即为满载时间的 1.5 倍);对于钢结构不应少于 30 min。为了解变形恢复过程,必须在空载期间定期观察和记录变形值。

3)卸载

凡间断性加载试验,或仅作刚度、抗裂和裂缝宽度检验的结构与构件,以及测定残余变形的试验及预载之后,均须卸载,让结构、构件有个恢复弹性变形的时间。卸载一般可按加载级距,也可放大 1 倍或分 2 次卸完。

5.3.2 量测方案

试验量测方案要考虑的主要问题有:根据试验的目的和要求,确定观测项目,选择量测区段,布置测点位置;按照确定的量测项目,选择合适的仪表;确定试验观测方法。

(1)确定观测项目

结构在试验荷载及其他模拟条件作用下的变形可以分为两类:一类反映结构整体工作状况,如梁的最大挠度及整体挠曲曲线,拱式结构和框架结构的最大垂直和水平位移及整体变形曲线,杆塔结构的整体水平位移及基础转角等;另一类反映结构局部工作状况,如局部纤维变形、裂缝以及局部挤压变形等。

在确定试验的观测项目时,首先应该考虑整体变形,因为结构的整体变形最能概括其工作全貌。结构任何部位的异常变形或局部破坏都能在整体变形中得到反映。如通过对钢筋混凝土简支梁控制截面内力与挠度曲线的测量(图 5.3),不仅可以知道结构刚度的变化,而且可以了解结构的开裂、屈服、极限承载能力以及其他方面的弹性和非弹性性质。对于检验性试验,按照结构设计规范关于结构构件在正常使用状态的要求，当需要控制结构构件的变形时，则结构构件的试验应量测结构构件的整体变形。转角和曲率的量测也是实测分析中的重要内容，特别是在超静定结构中应用较多。

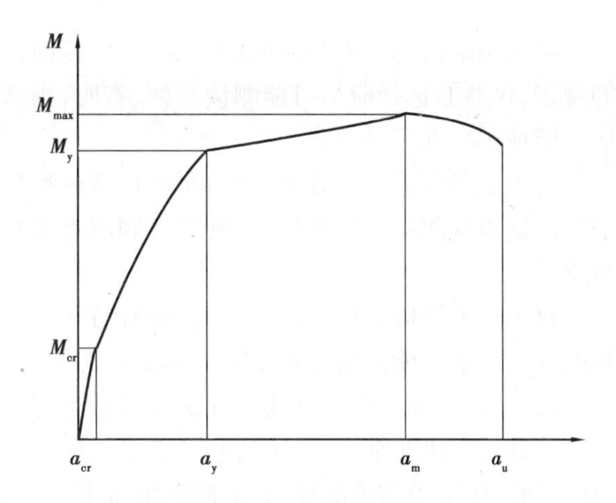

图 5.3 钢筋混凝土简支梁弯矩-挠度曲线

在缺乏量测仪器的情况下，对于一般的生产性、稳定性试验，只测定最大挠度一项也能作出基本的定量分析。但对于易产生脆性破坏的结构构件，变形曲线上没有十分明显的预告，挠度的不正常与破坏会同时发生，因此量测中的安全工作要引起足够的重视。

其次是局部变形量测。如钢筋混凝土的裂缝出现直接说明其抗裂性能，而控制截面上应变大小和方向则可推断截面应力状态，验证设计与计算方法是否合理正确。在非破坏性试验中，实测应变又是推断结构应力和极限承载力的主要指标。在结构处于弹塑性阶段，应变、曲率、转角或位移的量测和描绘，也是判定结构工作状态和抗震性能的主要依据。

总之，观测项目和测点布置须满足分析和推断结构、工作状态的需要。

(2)测点的选择和布置

用仪器对结构或构件进行内力和变形等参数的量测时，测点的选择与布置有以下原则：

①在满足试验目的的前提下，测点宜少不宜多，以简化试验内容，节约经费开支，并使重点观测项目突出。

②测点的位置必须具有代表性，以便能测取最关键的数据，便于对试验结果分析和计算。

③为了保证量测数据的可靠性，应该布置一定数量的校核性测点。这是因为在试验过程中，由于偶然因素会有部分仪器或仪表工作不正常或发生故障，影响量测数据的可靠性，因此不仅在需要量测的部位设置测点，也应在已知参数的位置上布置校核性测点，以便于判别量测数据的可靠程度。

④测点的布置对试验工作的进行应该是方便、安全的。当安装在结构上的附着式仪表达到正常使用荷载的1.2~1.5倍时应该拆除，避免结构突然破坏而使仪表受损。为了测读方便，减少观测人员，测点的布置应适当集中，便于一人管理多台仪器，控制部位的测点大多处于比较危险的位置，应妥善考虑安全措施，必要时应选择特殊的仪器仪表或特殊的测定方法来满足量测的要求。

(3)仪器选择与测读原则

从观测的角度讲，选用仪器应考虑如下问题：

①选用的仪器仪表必须能满足试验所需的精度与量程要求，能用简单仪器仪表的就不要选用精密的。精密量测仪器的使用要求有比较良好的环境和条件，选用时既要注意条件，又要避免盲目追求精度。若试验中仪器量程不够，中途调整必然会增大量测误差，应尽量避免。

②现场试验时，由于仪器所处条件和环境复杂，影响因素较多，电测仪器的适应性就不如机械式仪表。但测点较多时，机械式仪表却不如电测仪器灵活、方便，选用时应作具体分析和技术比较。

③试验结构的变形与时间因素有关,测读时间应有一定限制,必须遵守有关试验方法标准的规定,仪器的选择应尽可能测读方便、省时,当试验结构进入弹塑性阶段时,变形增加较快,应尽可能使用自动记录仪表。

④为了避免差误和方便工作,量测仪器的型号、规格应尽可能一致,种类愈少愈好。有时为了控制试验观测结果的准确性,常在控制测点或校核性测点上同时使用两种类型的仪器,以便于比较。

仪器的测读应该按一定的时间间隔进行,全部测点读数时间应基本相等,只有同时测得的数据联合起来才能说明结构在某一承力状态下的实际情况。

测读仪器的时间,一般选择在试验荷载过程中的恒载间歇时间内。若荷载分级较细,某些仪表的读数变化非常小,对于这些仪表或其他一些次要仪表,可以每两级测读一次。当恒载时间较长时,按试验结构的要求,应测取恒载下变形随时间的变化。当空载时,也应测取变形随时间的恢复情况。

每次记录仪表读数时,应该同时记下周围的气象资料如温度湿度等。对重要数据,应一边记录,一边初步整理,标出每级试验荷载下的读数差,并与预计的理论值进行比较。

5.4 常见结构构件静载试验

结构静载试验的对象有多种多样。按结构基本单元可以划分为梁、板、柱、墙、节点等;按结构体系可以分为框架、桁架、网架、壳结构、墙体结构和高层结构等;按试件尺寸的大小可以分为足尺比例、小比例和模型结构。通常认为,试件的截面特性或关键部位的局部特性与实际结构相同或相近时,属于足尺比例或小比例尺寸的结构试验。

5.4.1 受弯构件的试验

1)试件的安装和加载方法

单向板和梁是受弯构件中的典型构件,也是土木工程中的基本承重构件。预制板和梁等受弯构件一般都是简支的,在试验安装时多采用正位试验,其一端采用铰支承,另一端采用滚轴支撑。为了保证构件与支撑面的紧密接触,在支墩与钢板,钢板与构件之间应用砂浆找平,对于板这类宽度较大的试件,要防止支承面产生翘曲。

板一般承受均布荷载,试验加载时应将荷载施加均匀。梁所受的荷载较大,当施加集中荷载时可以用杠杆重力加载,更多的则采用液压加载器通过分配梁加载,或用液压加载系统控制多台加载器直接加载。

构件试验时的荷载图式应符合设计规定和实际受载情况。为了试验加载的方便或受加载条件限制时,可以采用等效加载图式,使试验构件的内力图形与实际内力图形相等或接近,并使两者最大受力截面的内力值相等。如在受弯构件试验中经常利用几个集中荷载来代替均布荷载,如图5.4(b)所示,采用在跨度四分点加两个集中荷载的方式来代替均布荷载,并取试验梁的跨中弯矩等于设计弯矩时的荷载作为梁的试验荷载,这时支座截面的最大剪力也可以达到均布荷载梁的剪力设计数值。如能采用4个集中荷载来加载试验,则会得到更为满意的结果,如图5.4(c)所示。

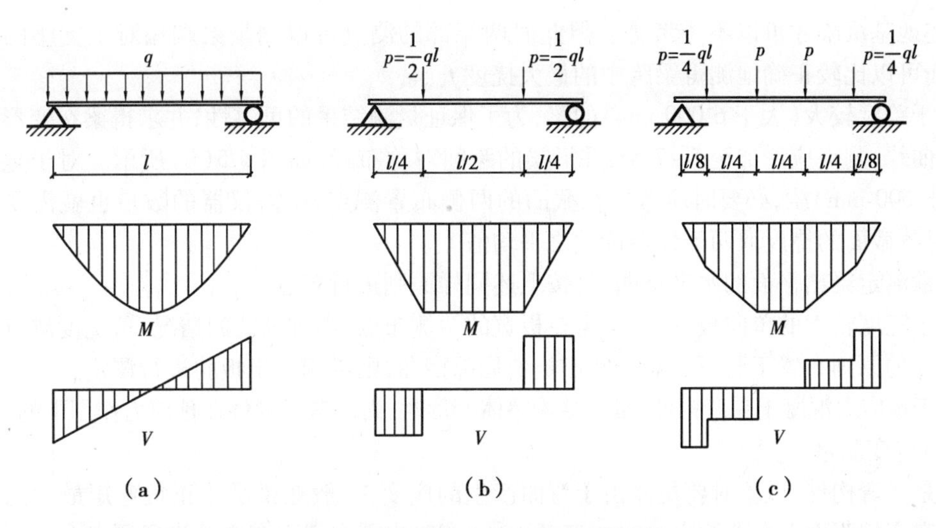

图 5.4　简支梁试验等效荷载加载图式

采用上列等效荷载试验能较好地满足 M 与 V 值的等效，但试件的变形（刚度）不一定满足等效条件，应考虑修正。

对于吊车梁的试验，由于主要荷载是吊车轮压所产生的集中荷载，试验加载图式要按抗弯抗剪最不利的组合来决定集中荷载的作用位置，分别进行试验。

2）试验项目和测点布置

钢筋混凝土梁板构件的生产鉴定性试验一般只测定构件的承载力、抗裂度和各级荷载作用下的挠度及裂缝开展情况。

对于科学研究性试验，除了承载力、抗裂度、挠度和裂缝观测外，还需测量构件某些部位的应变，以分析构件中应力的分布规律。

（1）挠度的测量

梁的挠度值是量测数据中最能反映其综合性能的一项指标，其中最主要的是测定梁跨中最大挠度值 f_{max} 及弹性挠度曲线。

为了求得梁的真正挠度 f_{max}，试验者必须注意支座沉陷的影响。对于图 5.5（a）所示的梁，试验时由于荷载的作用，其两个端点处支座常常会有沉陷，以致使梁产生刚性位移，因此，如果跨中的挠度是相对地面进行测定的话，则同时还必须测定梁两端支承面相对同一地面的沉陷值，所以最少要布置 3 个测点。

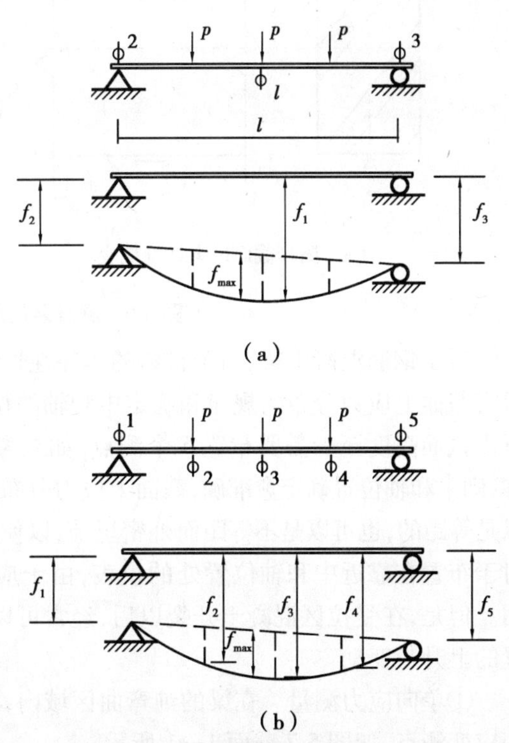

图 5.5　梁的挠度测点布置

值得注意的是，支座下的巨大作用力可能或多或少地引起周围地基的局部沉陷，因此，安装仪器的表架必须离开支座墩子有一定距离。只有在永久性的钢筋混凝土台座上进行试验时，上述地基沉陷才可以不予考虑。但此时两端部的测点可以测量梁端相对于支座的压缩变形，从而可以比较正确地测得梁跨中的最大挠度 f_{max}。

对于跨度较大(大于 6 000 mm)的梁，为了保证量测结果的可靠性，并求得梁在变形后的弹性挠度曲线，测点应增加至 5~7 个，并沿梁的跨间对称布置，如图 5.5(b)所示。对于宽度较大的(大于 600 mm)梁，必要时应考虑在截面的两侧布置测点，所需仪器的数量也就需要增加一倍，此时各截面的挠度取两侧仪器读数之平均值。

如欲测定梁出平面的水平挠曲，可按上述同样原则进行布点。

对于宽度较大的单向板，一般均需在板宽的两侧布点，当有纵肋的情况下，挠度测点可按测量梁挠度的原则布置于肋下。对于肋形板的局部挠曲，则可相对于板肋进行测定。

对于预应力混凝土受弯构件，量测结构整体变形时，尚需考虑构件在预应力作用下的反拱值。

(2)应变测量

梁是受弯构件，试验时要量测由于弯曲产生的应变，一般在梁承受正负弯矩最大的截面或弯矩有突变的截面上布置测点。对于变截面梁，有时也需在截面突变处设置测点。

如果只要求测量弯矩引起的最大应力，则只需在截面上下边缘纤维处安装应变计即可。为了减少误差，上下纤维上的仪表应设在梁截面的对称轴上[图 5.6(a)]，或是在对称轴的两侧各设置一个仪表，取其平均应变量。

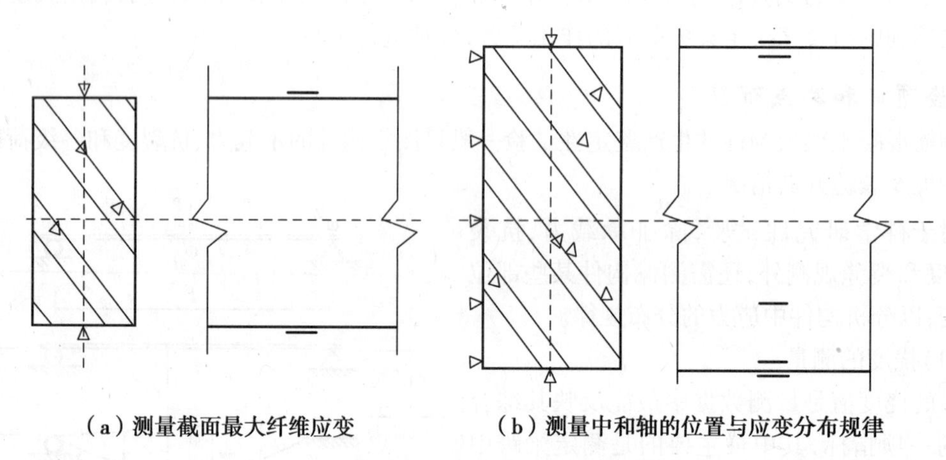

(a) 测量截面最大纤维应变　　(b) 测量中和轴的位置与应变分布规律

图 5.6　测量梁截面应变分布的测点布置

对于钢筋混凝土梁，由于材料的非弹性性质，梁截面上的应力分布往往是不规则的。为了求得截面上应力分布的规律和确定中和轴的位置，就需要增加一定数量的应变测点，一般情况下沿截面高度至少需要布置 5 个测点，如果梁的截面高度较大时，尚需增加测点数量。测点愈多，则中和轴位置确定愈准确，截面上应力分布的规律也愈清楚。应变测点沿截面高度的布置可以是等距的，也可以是不等距而外密里疏，以便比较准确地测得截面上较大的应变[图 5.6(b)]。对于布置在靠近中和轴位置处的仪表，由于应变读数值较小，相对误差可能较大，以致不起效用。但是，在受拉区混凝土开裂以后，经常可以通过观测该测点读数值的变化来观测中和轴位置的上升与变动。

①单向应力测量。在梁的纯弯曲区域内，梁截面上仅有正应力，在该截面上可仅布置单向的应变测点，如图 5.7 截面 1—1 所示。

钢筋混凝土梁受拉区混凝土开裂以后，由于该处截面上混凝土部分退出工作，此时布置在

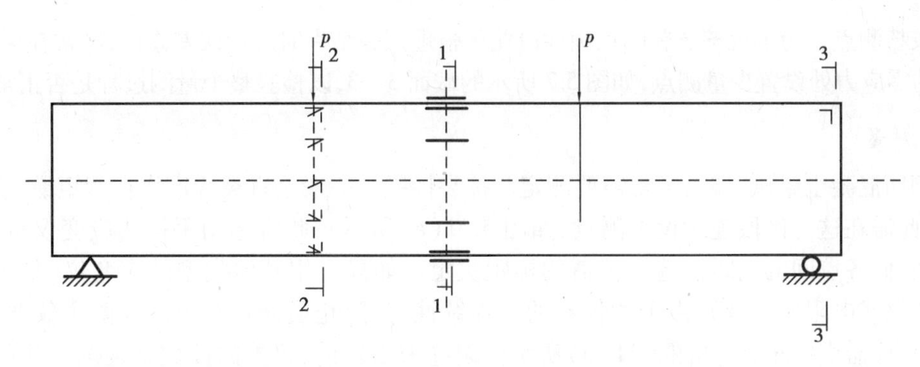

图 5.7 钢筋混凝土梁测量应变的测点布置图

截面 1—1 测量纯弯曲区域内正应力的单向应变测点；

截面 2—2 测量剪应力与主应力的应变网络测点(平面应变)；

截面 3—3 梁端零应力区校核测点。

混凝土受拉区的仪表就丧失了其量测的作用。为了进一步探求截面的受拉性能,常常在受拉区的钢筋上也布置测点以便量测钢筋的应变,由此可获得梁截面上内力重分布的规律。

②平面应力测量。在荷载作用下的梁截面 2—2 上(图 5.7),既有弯矩作用,又有剪力作用,为平面应力状态。为了求得该截面上的最大主应力及剪应力的分布规律,需要布置直角应变网络,通过三个方向上应变的测定,求得最大主应力的数值及作用方向。

抗剪测点应设在剪应力较大的部位。对于薄壁截面的简支梁,除支座附近的中和轴处剪应力较大外,还可能在腹板与翼缘的交接处产生较大的剪应力或主应力,这些部位宜布置测点。当要求测量梁沿长度方向的剪应力或主应力的变化规律时,则在梁长度方向宜布置较多的剪应力测点。有时为测定沿截面高度方向剪应力的变化,则需沿截面高度方向设置测点。

③钢筋和负筋的应力测量。对于钢筋混凝土梁来说,为研究梁斜截面的抗剪机理,除了混凝土表面需要布置测点外,通常在梁的弯起钢筋或箍筋上布置应变测点,如图 5.8 所示。这里较多的用预埋或试件表面开槽的方法来解决设点的问题。

④翼缘与孔边应力测量。对于翼缘较宽较薄的 T 形梁,其翼缘部分受力不一定均匀,以致不能全部参加工作,这时应该沿翼缘宽度方向布置测点,测定翼缘上应力分布情况,如图 5.9 所示。

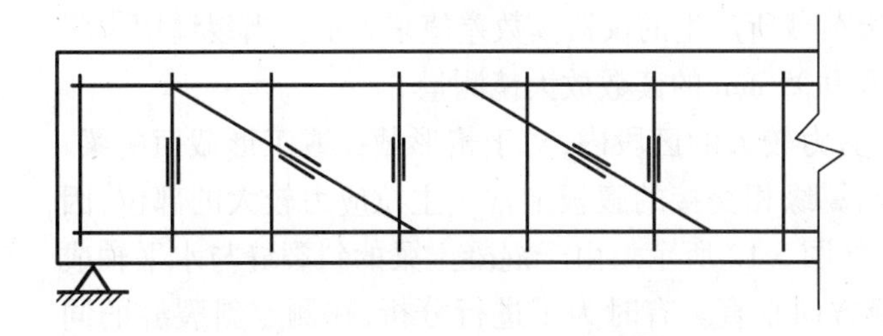

图 5.8 混凝土梁弯起钢筋和箍筋的应变测点

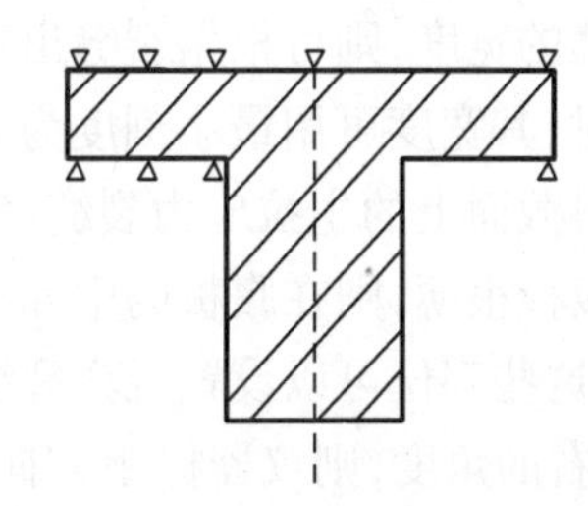

图 5.9 T 形梁翼缘的应变测点布置

为了减轻结构自重,有时需要在梁的腹板上开孔。众所周知,孔边应力集中现象比较严重,而且往往应力梯度较大,严重影响结构的承载力,因此必须注意孔边的应力测量。以图 5.10 的空腹梁为例,可以利用应变计沿圆孔周边连续测量几个相邻点的应变,通过各点应变迹线求得孔边应力分布情况。经常是将圆孔分为 4 个象限,每个象限的周界上连续均匀布置 5 个测点,即每隔 22.5°有一测点。如果能够估计出最大应力在某一象限区内,则其他区内的应变测点可减少到 3 点。因为孔边的主应力方向已知,故只需布置单向测点。

⑤校核测点。为了校核试验的正确性以便于整理试验结果时进行误差修正，经常在梁的端部凸角上的零应力处设置少量测点，如图 5.7 所示的截面 3—3，以检验整个量测过程是否正常。

3）裂缝测量

在钢筋混凝土梁试验时，经常需要测定其抗裂性能。一般垂直裂缝产生在弯矩最大的受拉区段，因此需在这一区段连续设置测点，如图 5.11(a)所示。此时选用手持式应变仪量测时最为方便，它们各点间的间距按选用仪器的标距决定。如果采用其他类型的应变仪（如千分表、杠杆应变仪或电阻应变计），由于各仪器的不连续性，为防止裂缝正好出现在两个仪器的间隙内，经常将仪器交错布置，如图 5.11(b)所示。裂缝未出现前，仪器的读数是逐渐变化的；如果构件在某级荷载作用下开始开裂时，则跨越裂缝观测点的仪器读数将会有较大的跃变，此时相邻测点仪器读数可能变小，有时甚至会出现负值，而荷载应变曲线会产生突然转折的现象。

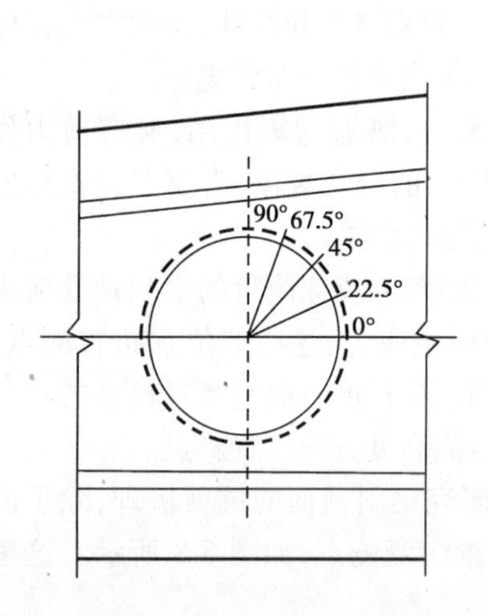

图 5.10　梁腹板圆孔周边的应变测点布置

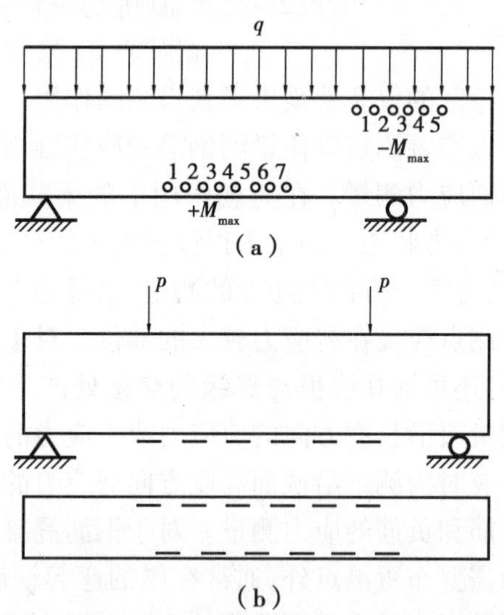

图 5.11　钢筋混凝土受拉区抗裂测点布置

混凝土的细微裂缝，常常不能光凭肉眼所能察觉，如果发现上述现象，即可判明已开裂。至于裂缝的宽度，则可根据裂缝出现前后两级荷载所产生的仪器读数差值来表示。当裂缝用肉眼可见时，其宽度可用最小刻度为 0.01 mm 及 0.05 mm 的读数放大镜测量。

斜截面上的主拉应力裂缝经常出现在剪力较大的区段内；对于箱形截面或工形截面的梁，由于腹板很薄，则在腹板的中和轴或腹板与翼缘相交接的腹板上常是主拉应力较大的部位，因此，在这些部位可以设置观察裂缝的测点，如图 5.12 所示。由于混凝土梁的斜裂缝与水平轴成 45°左右的角度，则仪器标距方向应与裂缝方向垂直。有时为了进行分析，在测定斜裂缝的同时，也可设置测量主应力或剪应力的应变网络。

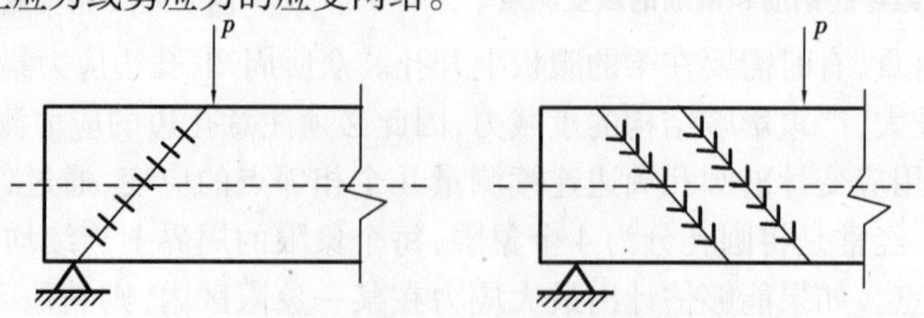

图 5.12　钢筋混凝土斜截面裂缝测点布置

裂缝长度上的宽度是很不规则的,通常应测定构件受拉面的最大裂缝宽度、在钢筋水平位置上的侧面裂缝宽度以及斜截面上由主拉力作用产生的斜缝宽度。

每一构件中测定裂缝宽度的裂缝数目一般不少于3条,包括第一条出现的裂缝以及开裂最大的裂缝。凡选用测量裂缝宽度的部位,应在试件上标明并编号,各级荷载下的裂缝宽度数据应记在相应的记录表格上。

每级荷载下出现的裂缝均须在试件上标明,即在裂缝的尾端标注出荷载级别或荷载数量。以后每加一级荷载后裂缝长度扩展,需在裂缝新的尾端注明相应荷载。由于卸载裂缝可能闭合,所以应紧靠裂缝的边缘1~3 mm处平行画出裂缝的位置起向。试验完毕后,根据上述标注在试件上的裂缝绘出裂缝展开图。

5.4.2 压杆和柱的试验

柱也是工程结构中的基本承重构件,在实际工程中,钢筋混凝土柱大多数属偏心受压构件。

1)试件安装和加载方法

对于柱和压杆试验,可以采用正位或卧位试验的安装加载方案。有大型结构试验机条件时,试件可在长柱试验机上进行试验,也可以利用静力试验台座上的大型荷载支承设备和液压加载系统配合进行试验。但对高大的柱子做正位试验时,安装和观测均较费力,这时改用卧位试验方案比较安全,但安装就位和加载装置往往又比较复杂,同时在试验中要考虑卧位时结构自重所产生的影响。

在进行柱与压杆纵向弯曲系数的试验时,构件两端均应采用比较灵活的可动铰支座形式,一般采用构造简单效果较好的刀口支座。如果构件在两个方向有可能产生屈曲时,应采用双刀口铰支座,也可采用圆球形铰支座,但制作比较困难。

中心受压柱安装时,一般先对构件进行几何对中,将构件轴线对准作用力的中心线。几何对中后再进行物理对中,即加载达20%~40%的试验荷载时,测量构件中央截面两侧或四个面的应变,并调整作用力的轴线,直至达到各点应变均匀。对于偏压试件,也应在物理对中后,沿加力中心量出偏心距离,再把加载点移至偏心距的位置上进行试验。对钢筋混凝土构件,由于其材质的不均匀性,物理对中一般比较难于满足,因此实际试验中仅需保证几何对中即可。

要求模拟实际工程中柱子的计算图式及受载情况时,试件安装和试验加载的装置将更为复杂,图5.13所示为跨度36 m、柱距12 m、柱顶标高27 m、具有双层桥式吊车重型厂房斜腹杆双肢柱的1/3模型试验柱的卧位试验装置。柱的顶端为自由端,柱底端用两组垂直螺杆与静力试验台座固定,以模拟实际柱底固接的边界条件。上下层吊车轮产生的作用力P_1、P_2作用于牛腿,通过大型液压加载器(1 000~2 000 kN的液压千斤顶)和水平荷载支承架进行加载。在柱端用液压加载器及竖向荷载支承架对柱子施加侧向力。在正式试验前先施加一定数量的侧向力。用以平衡和抵消试件卧位后的自重和加载设备重产生的影响。

2)试验项目和测点设置

压杆与柱的试验一般观测其破坏荷载、各级荷载下的侧向挠度值及变形曲线、控制截面或区域的应力变化规律以及裂缝开展情况。图5.14所示为偏心受压短柱试验时的测点布置。试件的挠度由布置在受拉边的百分表或挠度计进行量测,与受弯构件相似,除了量测中点最大挠度值外,

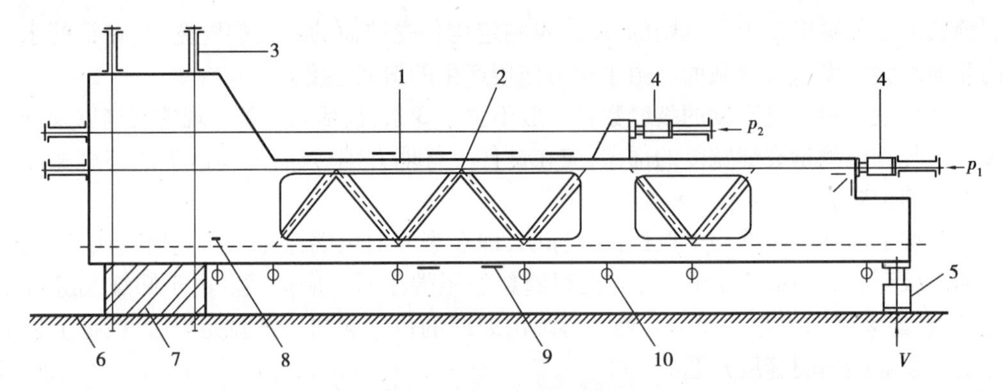

图 5.13　双肢柱卧位试验

1—试件;2—水平荷载支承架;3—竖向支承架;4—水平加载器;5—垂直加载器;6—试验台座;7—垫块;8—倾角仪;9—电阻应变计;10—挠度计

可用侧向五点布置法量测挠度曲线。对于正位试验的长柱其侧向变位可用经纬仪观测。

受压区边缘布置应变测点,可以单排布点于试件侧面的对称轴线上或在受压区截面的边缘两排对称布点。为验证构件平截面变形的性质,沿压杆截面高度布置 5~7 个应变测点。受拉区钢筋应变同样可以用内部电测方法进行。

为了研究偏心受压构件的实际压应力图形,可以利用环氧水泥-铝板测力块组成的测力板进行直接测定,如图 5.15 所示。测力板用环氧水泥块模拟有规律的“石子”组成,尺寸 100 mm×100 mm×200 mm。测力块是由厚度为 1 mm 的Ⅱ型铝板浇注在掺有石英砂的环氧水

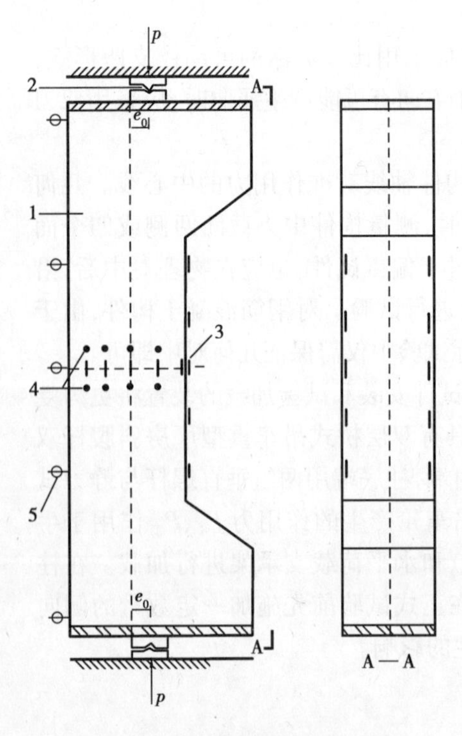

图 5.14　偏压短柱试验测点布置

1—试件;2—铰支座;3—应变计;4—应变仪测点;5—挠度计

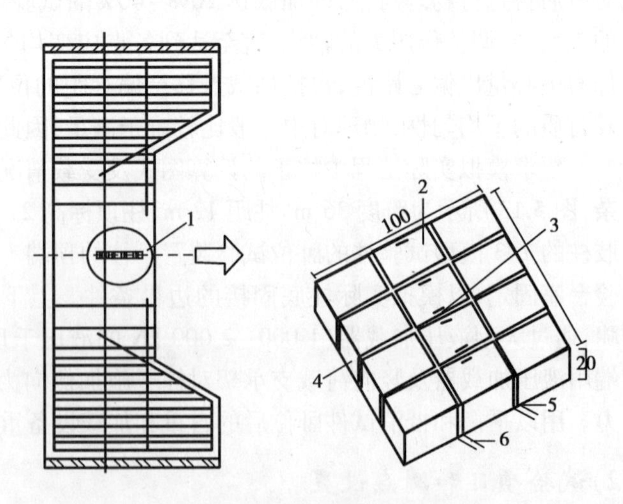

图 5.15　量测压应力图形的测力板

泥中制成,尺寸 22 mm×25 mm×30 mm,事先在Ⅱ型铝板的两侧粘贴 2 mm×6 mm 规格的应变计两片,相距 13 mm,焊好引出线。填充块的尺寸、材料与制作方法与测力块相同,但内部无应变计。

测力板先在 100 mm×100 mm×300 mm 的轴心受压棱柱体中进行加载标定,得出每个测力块的应力-应变关系,然后从标定试件中取出,将其重新浇注在偏压试件内部,测量中部截面压区应力分布图形。

5.4.3 屋架试验

屋架是建筑工程中常见的一种承重结构。屋架的特点是跨度较大,但只能在自身平面内承受荷载,出平面的刚度很小,在建筑物中要依赖侧向支撑体系相互联系,形成足够的空间刚度。屋架主要承受作用于节点的集中荷载,因此大部分杆件受轴力作用。当屋架上弦有节间荷载作用时,上弦杆受压弯作用。对于跨度较大的屋架,下弦一般采用预应力拉杆,因而屋架在施工阶段就必须考虑到试验的要求,配合预应力施工张拉进行量测。

1)*试件的安装和加载方法*

屋架试验一般采用正位试验,即在正常安装位置情况下支承及加载。由于屋架出平面刚度较弱,安装时必须采取专门措施,设置侧向支撑,以保证上弦的侧向稳定。侧向支撑点的位置应根据设计要求确定,支撑点的间距应不大于上弦杆出平面的设计计算长度,同时侧向支撑应不妨碍屋架在其平面内的竖向位移。

一般采用的屋架侧向支撑方式。支撑立柱可以用刚性很大的荷载支撑架,或者在立柱安装后用拉杆与试验台座固定,支撑立柱与屋架上弦杆之间设置轴承,以便于屋架受载后能竖向自由变位。

另一种设置侧向支撑的方法,其水平支撑杆应有适当长度,并能够承受一定压力,以保证屋架能竖向自由变位。

在施工现场进行屋架试验时可以采用两榀屋架对顶的卧位试验。此时屋架的侧面应垫平并设有相当数量的滚动轴承,以减少屋架受载后产生变形时的摩擦力,保证屋架在平面内自由变形。有时为了获得满意的试验效果,必须对用作支承平衡的一拼屋架作适当的加固,使其在强度与刚度方面大于被试验的屋架。卧位试验可以避免试验时高空作业和便于解决上弦杆的侧向稳定问题,但自重影响无法消除,同时屋架贴近地面的侧面观测困难。

屋架进行非破坏性试验时,在现场也可采用两榀同时进行的试验方案,这时平面稳定问题可用 K 形水平支撑体系解决。当然也可以用大型屋面板做水平支承,但要注意不能将屋面板 3 个角焊死,防止屋面板参加工作。对成屋架试验时可以在屋架上铺设屋面板后直接堆放重物。

屋架试验时支承方式与梁试验相同,但屋架端节点支承中心线的位置对屋架节点局部受力影响较大,应特别注意。由于屋架受灾后下弦变形伸长较大,以致滚动支座的水平位移往往较大,所以支座上的支承垫板应留有充分余地。

屋架试验的加载方式可以采用重力直接加载(当两榀屋架成对正位试验时),由于屋架大多是在节点承受集中荷载,一般借助杠杆重力加载。为使屋架对称受力,施加杠杆吊篮应使相邻节点荷载相间地悬挂在屋架受载平面前后两侧(图 3.2)。由于屋架受载后的挠度较大(特别当下弦钢筋应力达到屈服时),因此在安装和试验过程中应特别注意,以免杆件倾斜太大产生对屋架的水平推力以及吊篮着地面而影响试验的继续进行。在屋架试验中由于施加多点集中荷载，所以采用同步液压加载是最理想的方案，但也需要液压加载器活塞有足够的有效行程，适应结构挠度变形的需要。

当屋架的试验荷载不能与设计图示相符时，同样可以采用等效荷载的原则代替，但应使需要试验的主要受力构件或部位的内力接近设计情况，并应注意荷载改变后可能引起的局部影响，防止产生局部破坏。近年来由于同步异荷液压加载系统的研制成功，对于屋架试验中要加几组不同集中荷载的要求已经可以实现。

有些屋架有时还需要作半跨荷载的试验，这时对于某些杆件可能比全跨荷载作用时更为不利。

2）试验项目和测点布置

屋架试验测试的内容应根据试验要求及结构形式而定。对于常用的各种预应力钢筋混凝土屋架试验，一般试验量测的项目有：

①屋架上下弦杆的挠度。

②屋架主要杆件的内力。

③屋架的抗裂度及承载能力。

④屋架节点的变形记节点刚度对屋架杆件次应力的影响。

⑤屋架端节点的应力分布。

⑥预应力钢筋张拉应力和相对部位混凝土的预应力。

⑦屋架下弦预应力钢筋对屋架的反拱作用。

⑧预应力锚头工作性能。

部分项目在屋架施工过程中进行测量，如量测预应力钢筋张拉应力及对混凝土的预压应力值、预应力反拱值、锚头工作性能等，这就要求试验根据预应力施工工艺的特点作出周密的考虑，以期获得比较完整的数据来分析屋架的实际工作。

（1）屋架挠度和节点位移的量测

屋架跨度较大，量测其挠度的测点宜适当增加。如屋架只承受节点荷载时，测定上下弦挠度的测点只要布置在相应的节点之下；对于跨度较大的屋架，其弦杆的节间往往很大，在荷载作用下可能使弦杆承受局部弯曲，此时还应测量该杆件中点相对其两端节点的最大位移。当屋架的挠度值较大时，需用大量程的挠度计或者用米厘纸制成标尺通过水准仪进行观测。与测量梁的挠度一样，必须注意到支座的沉陷与局部受压引起的变位。如果需要量测屋架端节点的水平位移及屋架上弦平面外的侧向水平位移，这些都可以通过水平方向的百分表或挠度计进行测量。挠度测点布置如图5.16所示。

（2）屋架杆件内力测量

当研究屋架实际工作性能时，常常需要了解屋架杆件的受力情况，因此要求在屋架杆件上布置应变测点来确定杆件的内力值。一般情况，在一个截面上引起法向应力的内力最多是3个，即轴向力N、弯矩M_x和M_y，对于薄壁构件可能有4个，再增加扭矩。

分析内力时，一般只考虑结构的弹性工作。这时，在一个截面上布置的应变测点数量只要等于未知内力数，就可以用材料力学的公式求出全部未知内力数。应变测点在构件截面上的位置布置如图5.17（c）所示。

一般钢筋混凝土屋架上弦杆直接承受荷载，除轴向力外，还可能有弯矩作用，属压弯构件，截

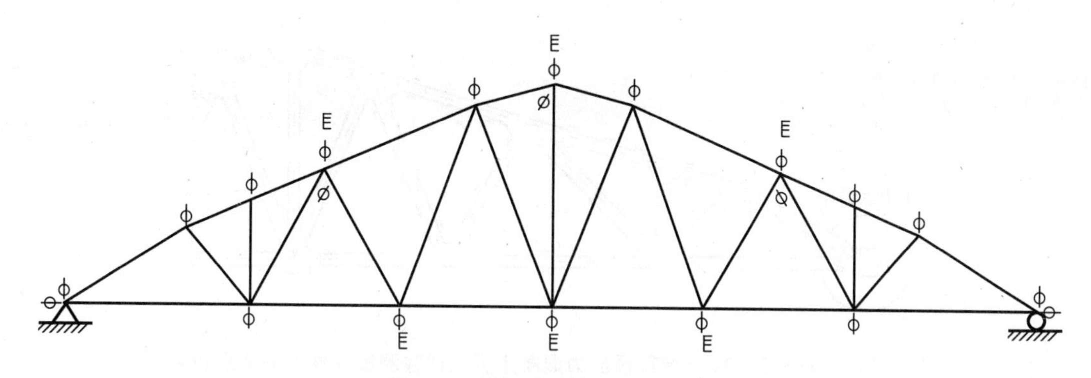

图 5.16 屋架试验挠度测点布置

ϕ—测量屋架上下弦节点挠度及端节点水平位移的百分表或挠度计；

ϕ—测量屋架上弦杆出平面水平位移的百分表或挠度计；

E—钢尺或米厘纸尺，当挠度或变位较大以及拆除挠度计后用以量测挠度。

面内力主要是轴向力 N 和弯矩 M 组合。为了测量这两项内力，一般按图 5.17(b)，在截面对称轴上下纤维处各布置一个测点。屋架下弦主要为轴力 N 作用，一般只需在杆件表面布置一个测点，但为了便于核对和使所测结构更为精确，经常在截面的中和轴如图 5.17(a)所示的位置上成对布点，取其平均值计算内力 N。屋架的腹杆，主要承受轴力作用，布点可与下弦一样。

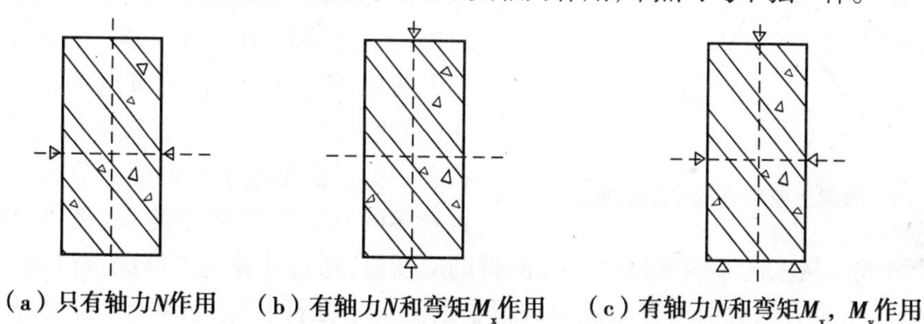

(a) 只有轴力N作用　(b) 有轴力N和弯矩M_x作用　(c) 有轴力N和弯矩M_x，M_y作用

图 5.17 屋架杆件截面上应变测点布置方式

如果电阻应变计测量弹性匀质杆件或钢筋混凝土杆件开裂前的内力，除了可按上述方法求得全部内力值外，还可以利用电阻应变仪测量电桥的特性及电阻应变计与电桥连接方式的不同，使测量结果直接等于某一个内力所引起的应变。

为了正确求得杆件内力，测点所在截面位置应经过选择，屋架节点在设计理论上均假定为铰接，但钢筋混凝土整体浇捣的屋架，其节点实际上是刚接的，由于节点的刚度，以致在杆件中临近节点处还有次弯矩作用，并由此在杆件截面上产生应力。因此，如果仅希望求得屋架在承受轴力或轴力和弯矩组合影响下的应力并避免节点刚度影响时，测点所在截面要尽量离节点远一些。反之，假如要求测定由节点刚度引起的次弯矩，则应该把应变测点布置在紧靠节点处的杆件截面上。图 5.18 为 9 m 柱距、24 m 跨度的预应力混凝土屋架试验测量杆件内力的测点布置。

应该注意，在布置屋架杆件的应变测点时，决不可将测点布置在节点上，因为该处截面的作用面积不明确。图 5.19 所示屋架上弦节点中截面 1—1 的测点是量测上弦杆的内力；截面 2—2 是量测节点次应力的影响；比较两个截面的内力，就可以求出次应力。截面 3—3 是错误布置。

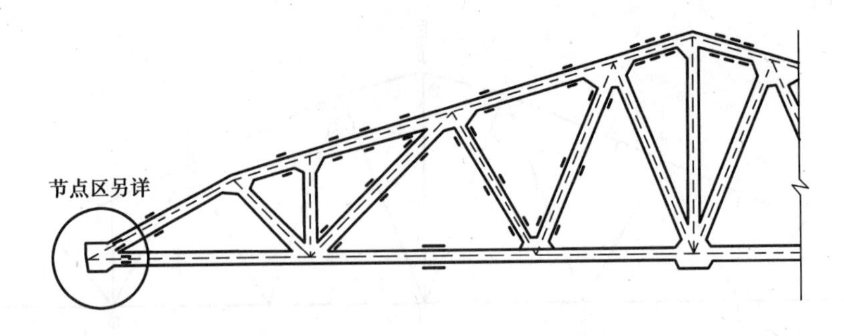

图 5.18　9 m 柱距、24 m 跨度预应力混凝土屋架试验测量杆件内力测点布置

说明：①图中屋架杆件上的应变测点用"—"表示；

②在端节点部位屋架上下弦杆上的应变测点是为了分析端节点受力需要布置的；

③端节点上应变测点布置见图 5.23 所示；

④下弦杆预应力钢筋上的电阻应变计测点未标明。

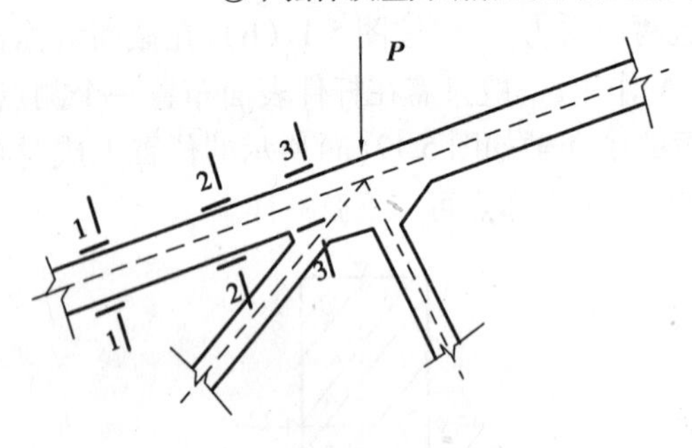

图 5.19　屋架上弦节点应变测点布置

(3)屋架端节点的应力分析

屋架的端部节点，应力状态比较复杂，这里不仅是上下弦杆相交点，屋架支承反力也作用于此，对于预应力钢筋混凝土屋架下弦预应力钢筋的锚头也直接作用在节点端。更由于构造和施工上的原因，经常引起端节点的过早开裂或破坏，因此，往往需要通过试验来研究其实际工作状态。为了测量端节点的应力分布规律，要求布置较多的三向应变网络测点（图 5.20），一般用电阻应变计组成。从三向小应变网络各点测得的应变量，通过计算或图解法求得端节点上的剪应力、正应力及主应力的数值与分布规律。为了量测上下弦杆交接处豁口应力情况，可沿豁口周边布置单向应变测点。

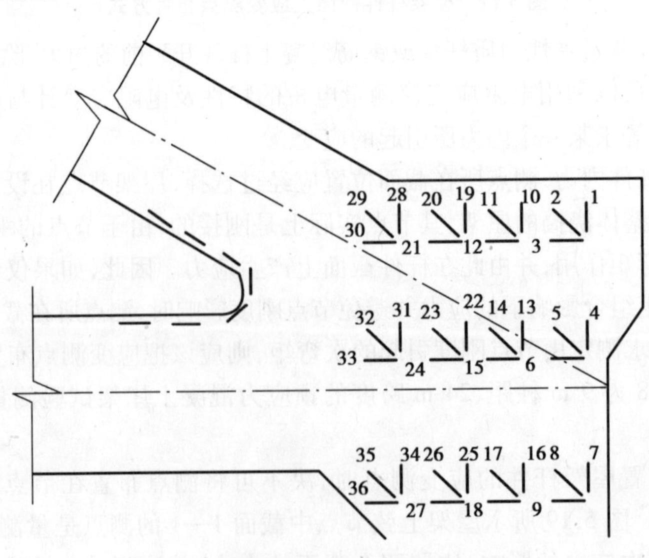

图 5.20　屋架端部节点上应变测点布置

(4)预应力锚头性能测量

对于预应力钢筋混凝土屋架,有时还需要研究预应力锚头的实际工作和锚头在传递预应力时对节点的受力影响。特别是采用后张自锚预应力工艺时,为检验自锚头的锚固性能与锚头对端节点外框混凝土的作用,在屋架端节点的混凝土表面沿自锚头长度方向布置若干应变测点,量测自锚头部位端节点混凝土的横向受拉变形,见图5.21中的横向应变测点。如果按图示布置纵向应变测点时,则同时可以测得锚头对外框混凝土的压缩变形。

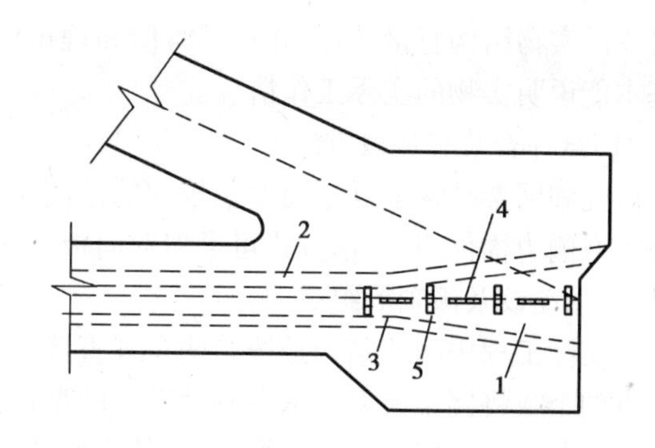

图5.21 屋架端节点自锚头部位测点位置

1—混凝土自锚锚头;2—屋架下弦预应力钢筋预留孔;3—预应力钢筋;4—纵向应变测点;5—横向应变测点

(5)屋架下弦预应力钢筋张拉应力测量

为量测屋架下弦的预应力钢筋在施工张拉和试验过程中的应力值以及预应力的损失情况,需在预应力钢筋上布置应变测点。测点位置通常布置在屋架跨中及两端部位;如屋架跨度较大,则在1/4跨度的截面上可增加测点;如有需要,预应力钢筋上测点位置可与屋架下弦杆上的测点部位相一致。在预应力钢筋上经常是用事先粘贴电阻应变计的办法进行量测其应力变化的,但必须注意防止电阻应变计受损。比较理想的做法是在成束钢筋中部放置一段钢管,使贴片的钢筋位置相互固定,这样便可将连接应变计的导线束通过钢筋束中断布置的短钢管从锚头端部引出。有时为了减少导线在预应力孔道内的埋设长度,可从测点就近部位的杆件预留孔将导线束引出。

如屋架预应力钢筋采用先张法施工,则上述量测准备工作均需在施工张拉前到预制构件厂或施工现场就地进行。

(6)裂缝测量

预应力钢筋混凝土屋架的裂缝测量,通常要实测预应力杆件的开裂荷载值;量测使用状态试验荷载值作用下的最大裂缝宽度及各级荷载作用下的主要裂缝宽度。在屋架中由于端节点的构造与受力复杂,经常会产生斜裂缝,应引起注意。此处腹杆与下弦拉杆以及节点交汇之处,将会较早开裂。

在安装试验的观测设计中,利用结构与荷载对称性特点,经常在半榀屋架上考虑测点布置与安装主要仪表,而在另半榀屋架上仅布置若干对称测点,作为校核之用。

5.4.4 薄壳和网架结构试验

薄壳和网架结构是工程中比较特殊的结构,一般适用于大跨度公共建筑。近年来我国各地兴建的体育馆工程多数采用大跨度钢网架结构。北京火车站中亚大厅35 m×35 m钢筋混凝土双曲扁壳和大连港运仓库23 m×23 m的钢筋混凝土组合扭壳等则是有代表性的薄壳结构。对于这类新结构的应用,一般都必须进行大量的试验研究工作。

在科学研究和工程实践中,这种试验一般按照结构实际尺寸,用缩小为1/20~1/5的大比例模型作为试验对象,但其材料、杆件、节点基本上与实物相似,可将这种模型当做缩小到若干分之一的实物结构直接计算,并将试验值和理论值直接比较。这种方法比较简单,试验出的结果基本能说明实物的实际工作情况。

(1)试件安装和加载方法

薄壳和网架结构都是平面面积较大的空间结构。薄壳结构不论是筒壳、扁壳或者扭壳等,一般均有侧边构件,其支承方式可类似双向板一样,有四角支承或四边支承,这时结构支承可由固定铰、活动铰及滚轴等组成。

在实际工程中网架结构是按结构布置直接支承在框架或柱顶的,在试验中一般按实际结构支承点的个数将网架模型支承在刚性较大的型钢圈梁上。一般支座均为受压,采用螺栓做成的高低可调节的支座固定在型钢梁上,网架支座节点下面焊上带尖端的短圆杆,支承在螺栓支座的顶面,在圆杆上贴有应变计可测量支座反力,如图 5.22 所示。由于网架平面体系的不同,受载后除大部分支座受压外,在边界角点及其邻近的支座经常可能出现受拉现象,为适应受拉支座的要求,并做到各支座构造统一,即既可受压又能抗拉,在有的工程试验中采用了钢球铰点支承形式[图 5.22(b)],钢球安置在特别的圆形支座套内,钢球顶端与网架边节点支座竖杆相连,支座套上设有盖板,当支座出现受拉时可限制球铰从支座套内拔出,同样可以由支座竖杆上的应变计测得支座拉力。圆形支座套下端用螺栓与钢圈梁连接,可以调整高低,使网架所有支座在加载前能统一调整,保证整个网架有良好的接触。图 5.22(c)所示的锁形拉压两用支座可安装于反力方向无法确定的支座上,它可以适应于受压或受拉的受力状态。某体育馆四立柱支撑的方形双向正交网架模型试验中,采用了球面板做成的铰接支座,柱子上端用螺杆可调节的套管调整网架高度,这种构造在承受竖向荷载时是可以的,但当有水平荷载作用时就显得太弱,变形较大,如图 5.22(d)所示。

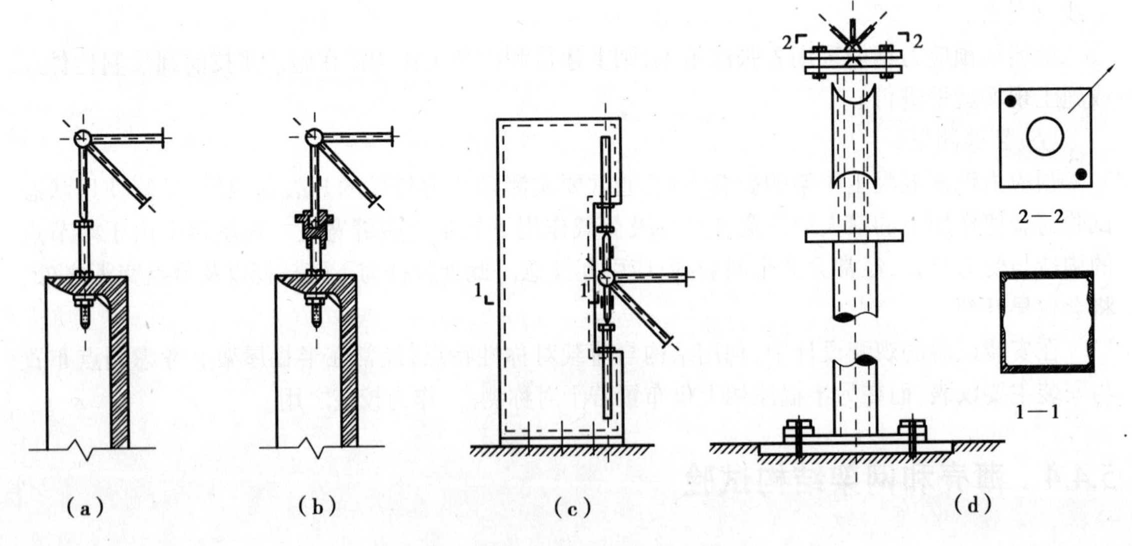

图 5.22 网架试验的支座形式与构造

薄壳结构式空间受力体系,在一定的曲面形式下,壳体弯矩很小,荷载主要靠轴向力承受。壳体结构由于具有较大的平面尺寸,所以单位面积上荷载量不会太大,一般情况下可以用重力直接加载,将荷载分垛铺设于壳体表面;也可以通过桥面预留的洞孔直接悬吊荷载(图 5.23),并可在壳面上用分配梁系统施加多点集中荷载。在双曲扁壳或扭壳试验中可用特制的三角加载架代替分配梁系统,在三脚架的形心位置上通过壳面预留孔用钢丝悬吊荷重,为适应壳面各点曲率变化,三脚架的 3 个支点可用螺栓调节高度。

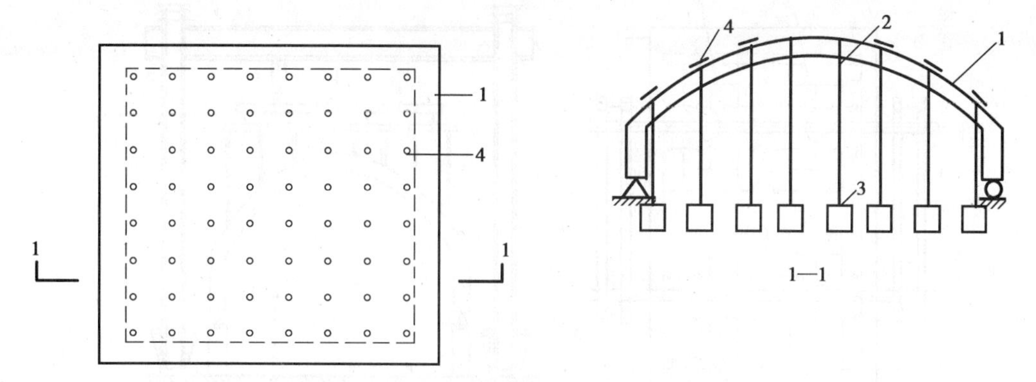

图 5.23 通过壳面预留洞孔施加悬吊荷载

1—试件;2—荷重吊杆;3—荷重;4—壳面预留洞孔

为了加载方便,也可以通过壳面预留孔洞设置吊杆而在壳体下面用分配梁系统通过杠杆施加集中荷载(图 5.24)。

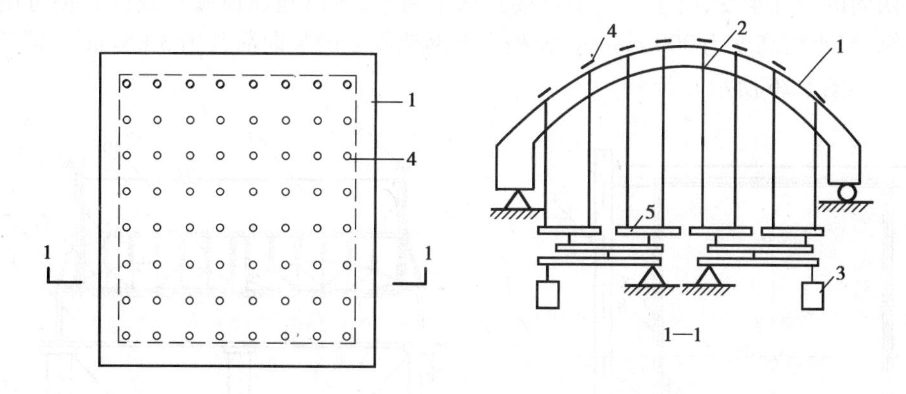

图 5.24 用分配梁杠杆加载系统对壳体结构施加荷载

1—试件;2—荷重吊杆;3—荷重;4—壳面预留洞孔;5—分配梁杠杆系统

在薄壳结构试验中,也可以利用气囊通过空气压力和支承装置对壳面施加均布荷载。有条件时可以通过密封措施,在壳体内部有抽真空的方法,利用大气压差,即利用负压作用对壳面进行加载。这时壳面由于没有加载装置的影响,比较便于进行量测和观测裂缝。

如果需要较大的试验荷载或要求进行破坏试验时,则可如图 5.25 所示用同步液压加载器和荷载支承装置施加荷载,以获得较好效果。

在我国建造的网架结构中的,大部分是采用钢结构杆件组成的空间体系,作用于网架上的竖荷载主要通过其节点传递。在较多试验中都采用水压加载来模拟竖向荷载,为了使网架承受比较均匀的节点荷载,一般在网架上弦的节点上焊以小托盘,上放传递水压的小木板,木板按网架的网格形状及节点布置形状而定,要求该木板互不联系,以保证荷载传递作用明确、挠曲变形自由。对于变高度网架或上弦有坡度时,尚可通过连接托盘的竖杆调节高度,使荷载作用点在同一水平,便于水压加载。在网架四周用薄钢板、铁皮或木板按网架平面体型组成外框,用专门支柱支承外框的自重,然后在网架上弦的木板上和四周外框内衬以特制的开口大型塑料袋,这样,当试验加载时,水的重力在竖向通过塑料袋、木板直接经上弦节点传至网架构件,而水的侧

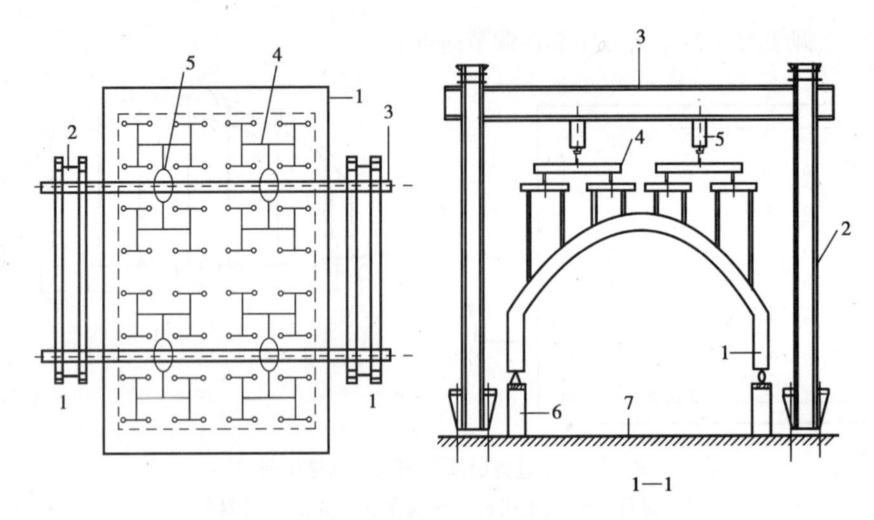

图 5.25　用液压加载器进行壳体结构加载试验

1—试件；2—荷载支承架立柱；3—横梁；4—分配梁系统；5—液压加载器；6—支座；7—试验台座

向压力由四周的外框承受，由于外框不直接支承于网架，所以施加荷载的数量直接可由水面的高度来计算，当水面高度为 300 mm 时，即相当于网架承受的竖向荷载为 3 kN/m²。网架用水加载时的装置如图 5.26 所示。

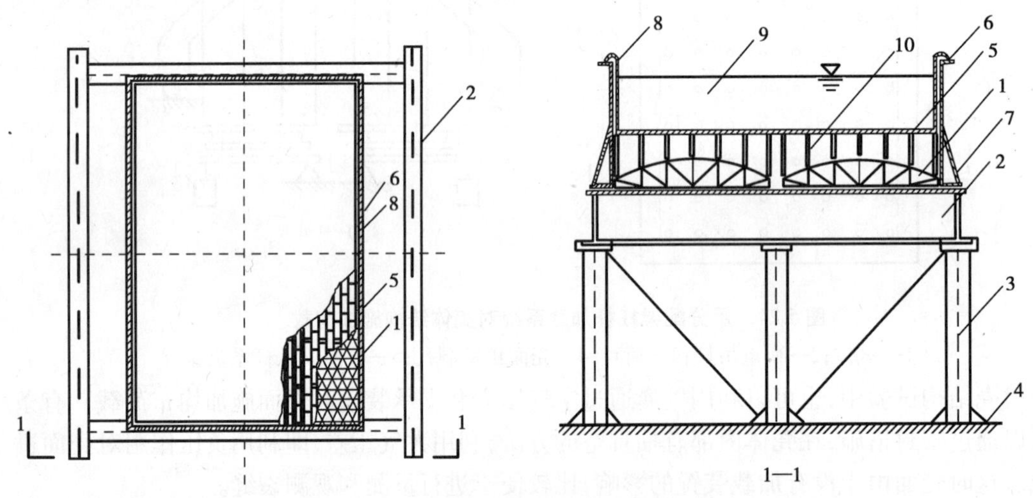

图 5.26　钢网架试验用水加载的装置图

1—试件；2—刚性梁；3—立柱；4—试验台座；5—分块式小木板；6—钢板外框；

7—支撑；8—塑料薄膜水袋；9—水；10—节点荷载传递短柱

有些网架试验中，也有用荷载重块通过各种比例的分配梁直接施加于网架下弦节点。一般 4 个节点合用一个荷重吊篮，有一部分为 2 个节点合成一个吊篮。按设计计算，中间节点荷载为 P 时，网架边缘节点为 $1/2P$，四角节点为 $1/4P$，各种不同节点荷载均有统一形式的分配梁组成，如图 5.27 所示。

同薄壳试验一样，当需要进行破坏试验时，由于破坏荷载较大，可用多点同步液压加载系统经支承于网架节点的分配梁施加荷载，如图 5.28 所示。

(2)试验项目和测点布置

薄壳结构与平面结构不同，它既是空间结构又具有复杂的表面变形，如筒壳，双曲抛物面壳

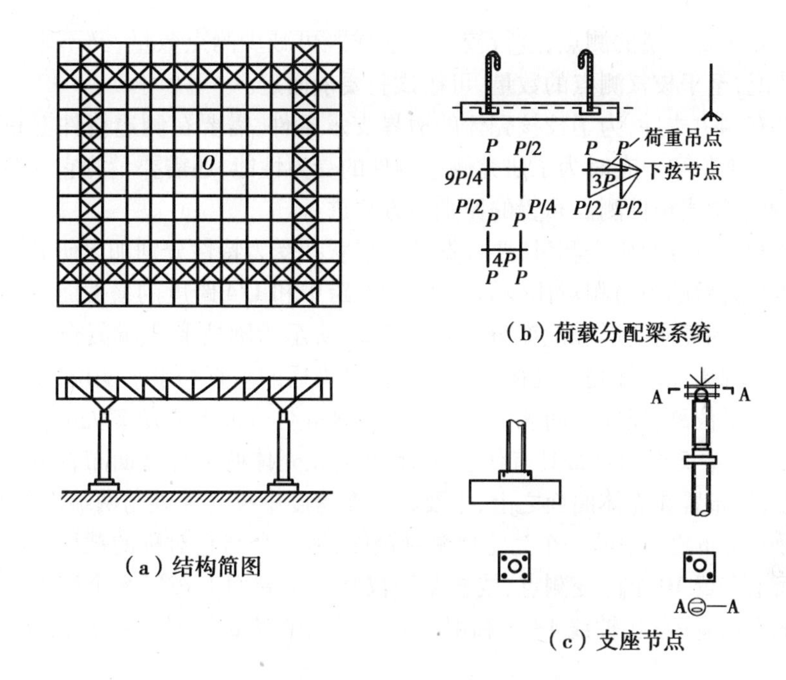

（a）结构简图

（b）荷载分配梁系统

（c）支座节点

图 5.27　四立柱平板网架用分配梁在下弦节点加载

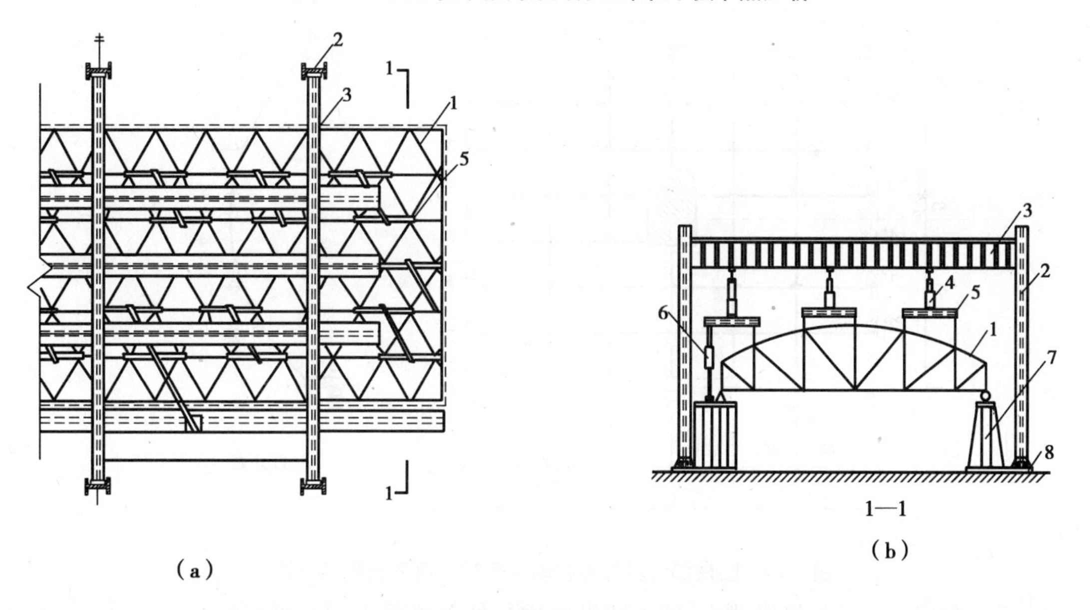

（a）

（b）

图 5.28　用多点同步液压加载器对钢网壳加载试验

1—网壳；2—荷载支承架立柱；3—横梁；4—液压加载器；5—分配梁系统；
6—平衡加载器；7—支座；8—试验台座

和扭壳等，由于受力上的特点，其测量要不一般平面结构复杂得多。

壳体结构要观测的内容也主要是位移和应变两大类。一般测点按平面坐标系统布置，所以测点的数量就比较多，如在平面结构中测量挠度曲线按线向五点布置法，则在薄壳结构中为了量测壳面的变形，即受载后的挠度面，就需要 $5^2=25$ 个测点。为此可利用结构对称和荷载对称的特点，在结构的 1/2、1/4 或 1/8 的区域内布置主要测点作为分析结构受力特点的依据，而在其他对称的区域内布置适量的测点，进行校核。这样既可减少测点数量，又不影响了解结构受力的实际工作情况，至于校核测点的数量，可按试验要求而定。

薄壳结构都有侧边构件，为了校核壳体的边界支承条件，需要在侧边构件上布置挠度计来量测它的垂直及水平位移。有时为了研究侧边构件的受力性能，还需要量测它的截面应变分布规律，这时完全可按梁式构件测点布置的原则与方法进行。

对于薄壳结构的挠度与应变测量，要根据结构形状和受力特性分别加以研究决定。

圆柱形壳体受载后的内力相对比较简单，一般在跨中和1/4跨度的横截面上布置位移和应变测点，测量该截面的径向变形和应变分布。图5.29所示为圆柱形金属薄壳在集中荷载作用下的测点布置图。利用挠度计测量壳体与侧边构件受力后的垂直和水平变位，测试内容主要有侧边构件边缘的水平位移，壳体中间顶部垂直位移以及壳体表面上2及2′处的法向位移。其中以壳体跨中$l/2$截面上5个测点最具有代表性，此外应在壳体两端部截面布置测点。利用应变仪测量纵向应力，仅布置在壳体曲面之上，主要布置在跨度中央、$l/4$处与两端部截面上，其中两个$l/4$截面和两个端部截面中的一个为主要测量截面，另一个与它对称的截面为校核截面。在测量的主要截面上布置10个应变测点，校核截面仅在半个壳面上布置5个测点。在跨中截面上因加载点使测点布置困难（轴线4—4和4′—4′），所以在$3l/8$及$5l/8$截面的相应位置上布置补充测点。

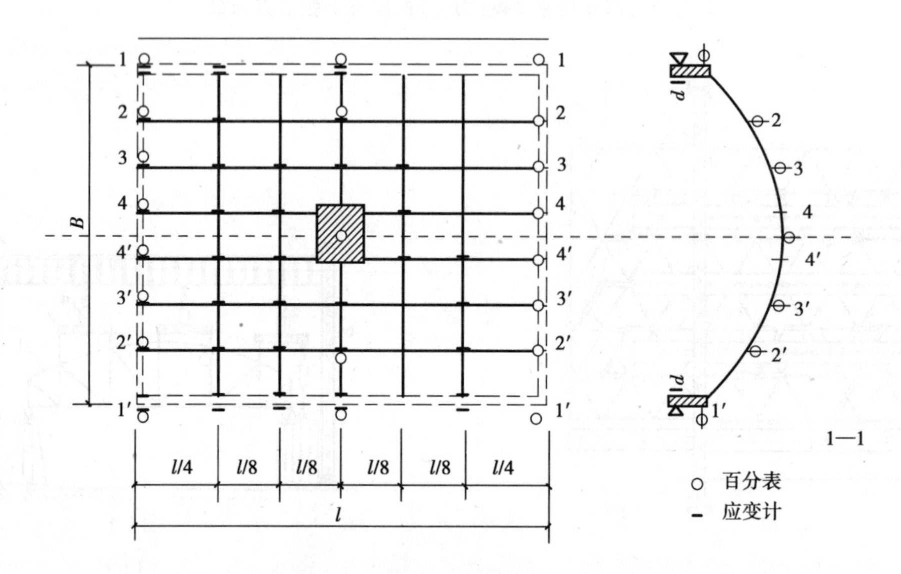

图5.29　圆柱形金属薄壳在集中荷载作用下的测点布置

对于双曲扁壳结构的挠度测点，除一般沿侧边构件布置垂直和水平位移的测点外，壳面的挠度可沿壳面对称轴线或对角线布点测量，并在1/4或1/8壳面区域内布点[如图5.30(a)]。

为了测量壳面主应力的大小和方向，一般均需布置三向应变网络测点。由于壳面对称轴上剪应力等于零，主应力方向明确，所以只需布置二向应变测点[图5.30(b)]。有时为了查明应力在壳体厚度方向的变化规律，则在壳体内表面的相应位置上也对称布置应变测点。

如果是加肋双曲壳，还必须测量肋的工作状况，这时壳面挠曲变形可在肋的交点上布置。由于肋主要是单向受力，所以只需沿其走向布置单向应变测点，通过与壳面平行与肋向的测点配合，即可确定其工作性质。

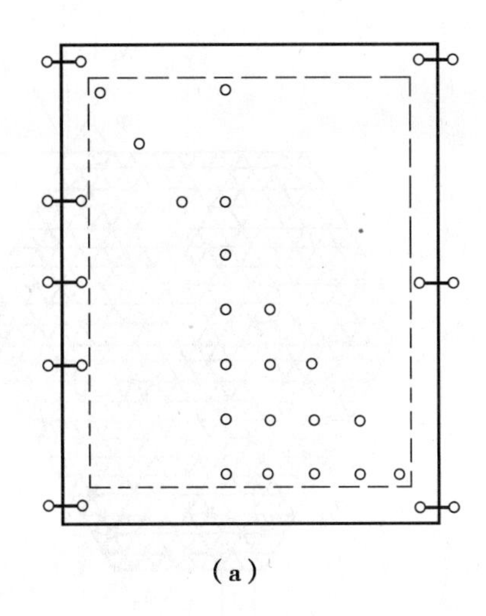

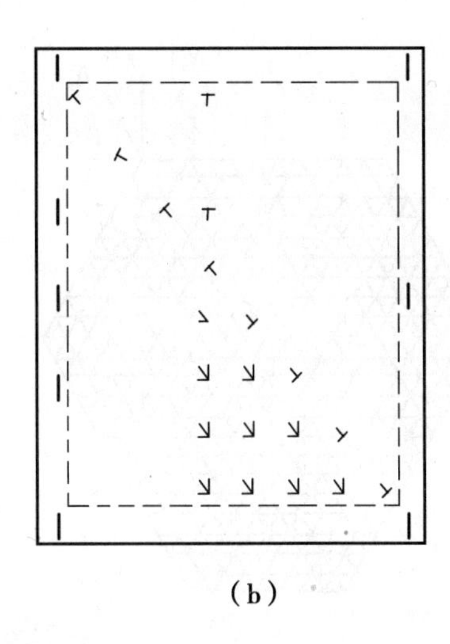

图 5.30 双曲扁壳的测点布置

网架结构是杆件体系组成的空间结构,它的形式多种,有双向正交、双向斜交和三向正交等,由于可看作为桁架梁相互交叉组成,所以其测点布置的特点也类似于平面结构中的桁架。

网架的挠度测点可沿个桁架梁布置在下弦节点。应变测点布置在网架的上下弦杆、腹杆、竖杆及支座竖杆上、由于网架平面体型较大,同样可以利用荷载和结构对称性的特点。对于仅有一个对称平面的结构,可在1/2区域内布点;对于有两个对称轴的平面,可在1/4或1/8区域内布点;对于三向正交网架,可在1/6或1/12区域内布点。与壳体结构一样,主要测点应尽量集中在某一区域内,其他区域仅布置少量校核测点(图5.31)。

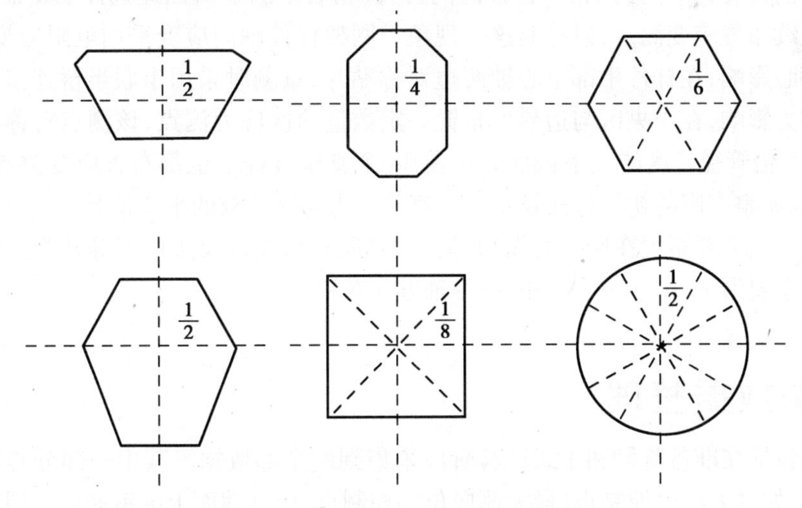

图 5.31 按网架平面体型特点分区布置测点

上海游泳馆如图5.32所示,平面为不等边六边形三向折形板空间网架1/20模型试验的测点布置图。由于网架平面体型仅有一对称轴$y—y$,故测点不要布置在1/2区域内并以网架的右半区为主,考虑到加工制作的不均匀性和测量误差等因素在网架左半区亦布置少量测点,以资校核。

杆件应变测点考虑到三向网架的特点,布置时沿具有代表性的x,N_1和N_2轴走向的桁架梁布置,在网架中央分区内力最大的区域内布点,边界区域的杆件内力虽然不大,但由于受支座约

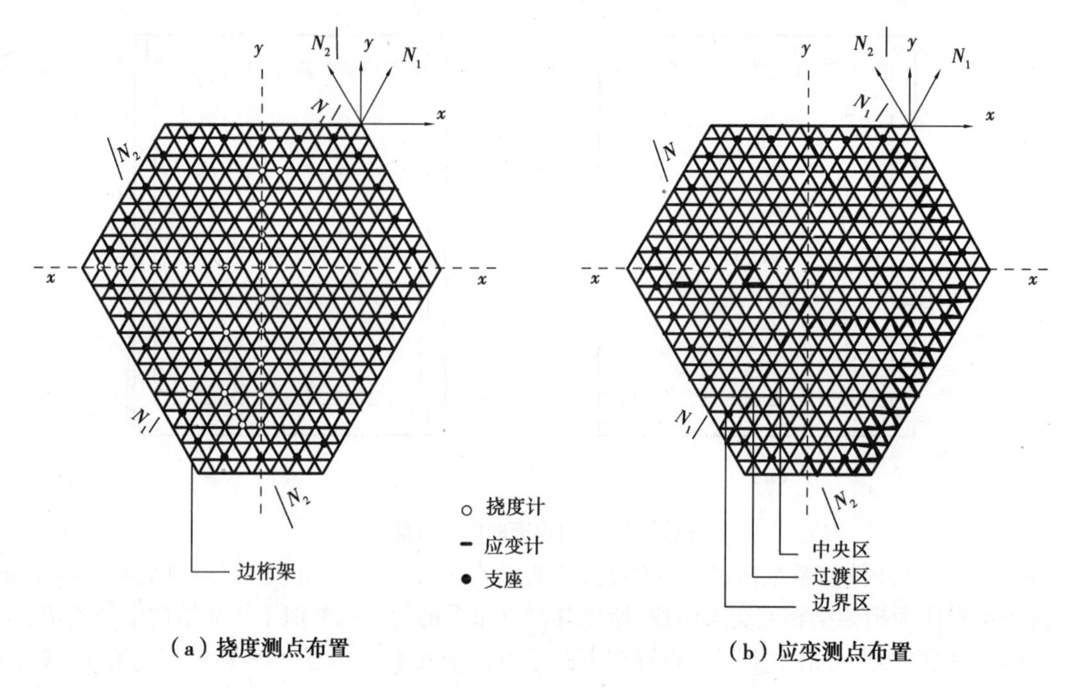

（a）挠度测点布置

（b）应变测点布置

图 5.32　上海游泳馆 1/20 模型试验的测点布置

束的干扰,内力分布甚为复杂,故也布置较多测点,同时在从中央到边界的过渡区中适当布置一批测点,以观测及查明受力过渡的规律。由于在计算中发现在同一节点的两个杆件中 N_2 轴方向的桁架杆件内力要比 N_1 方向桁架杆件的内力大(指右半网架),因此选择了 x 轴方向某一节间的上弦杆连续布置应变测点,以检验这一现象。网架杆件轴向应变采用电阻应变计测量,为了消除弯曲偏心影响,在杆件中部重心轴两边对称贴片,量测时采用串联半桥连接。为研究钢球节点的次应力影响,在中央区与边界处布置一定数量的次应力测点,该测点对称布置在离钢球节点边缘 1.5 倍管径长度的上下截面处。在 28 个支座竖杆上也都布置应变测点,以量测其内力,同时用以调整支座的初始标高及检验支座总反力与外荷载的平衡情况。

网架变位测点主要布置在网架的纵轴、横轴,斜向对角线以及边桁架等几个方向。游泳馆网架挠度测点主要沿 x—x,y—y,N_1 和 N_2 等轴方向布置。

5.5　量测数据整理

量测数据包括在准备阶段和正式试验阶段采集到的全部数据。其中一部分是对试验起控制作用的数据,如最大挠度控制点、最大侧向位移控制点、控制截面上的钢筋应变屈服点及混凝土极限拉、压应变等。这类起控制作用的参数应在试验过程中随时整理,便于指导整个试验过程的进行。其他大量测试数据的整理分析工作,将在试验后进行。

对实测数据进行整理,一般均应算出各级荷载作用下仪表读数的递增值和累计值,必要时还要进行换算和修正,然后用曲线或图表给以表达。用方程式表达的方法将在后面章节叙述。

在原始记录数据整理过程中,应特别注意读数及读数值的反常情况,如仪表指示值与理论计算值相差很大,甚至有正负号颠倒的情况,这时应对出现这些现象的规律性进行分析,判断其原因所在。一般可能的原因有两方面:一是由于试验结构本身发生裂缝、节点松动、支座沉降或局部应力达到屈服而引起数据突变；另一方面也可能是测试仪表安装不当所造成。凡不属于差错或主观造成的仪表读数突变都不能轻易舍弃，待以后分析时再作判断处理。

本节仅对静载试验中部分基本数据的整理原则作简单介绍，更详细的内容具体参考第9章的有关章节。

5.5.1　整体变形量测结果整理

(1)简支构件的挠度

构件的挠度是指构件本身的挠曲程度。由于试验时受到支座沉降、构件自重和加荷设备、加荷图式及预应力反拱的影响，欲得到构件受荷后的真实实测挠度，应对所测挠度值进行修正。修正后的挠度计算公式为：

$$a_s^0 = (a_q^0 + a_g^0)\varphi \tag{5.1}$$

式中　a_q^0——消除支座沉降后的跨中挠度实测值；

a_g^0——构件自重和加载设备重产生的跨中挠度值。

$$a_g^0 = \frac{M_g}{M_b}a_b^0 \text{ 或 } a_g^0 = \frac{P_g}{P_b}a_b^0 \tag{5.2}$$

M_g——构件自重加载设备自重产生的跨中弯矩值；

M_b，a_b^0——分别为从外加试验荷载开始至构件出现裂缝前一级荷载的加载值产生的跨中弯矩值和跨中挠度实测值；

φ——用等效集中荷载代替均匀荷载时的加载图式修正系数，按表5.1采用。

表5.1　加载图式修正系数

名　称	加载图式	修正系数 φ
均布荷载	q；l	1.0
二集中力，四分点，等效加载	p p；l/4 l/2 l/4	0.91
二集中力，三分点，等效加载	p p；l/3 l/3 l/3	0.98

续表

名　称	加载图式	修正系数 φ
四集中力，八分点，等效加载	p p p p l/8 l/4 l/4 l/4 l/8	0.99
八集中力，十六分点，等效加载	p p p p p p p p l/8 l/8 l/8 l/8 l/8 l/4 l/8 l/16 l/16	1.0

由于仪表初读数是在构件和试验装置安装后进行，加载后量测的挠度值中不包括自重引起的挠度变化，因此在构件挠度值中应加上构件自重和设备自重产生的跨中挠度。a_g^0 的值可近似认为构件在开裂前是处在弹性工作阶段，弯矩-挠度为线性关系，如图 5.33 所示。

若等效集中荷载的加载图式不符合表 5.1 所列图式时，应根据内力图形用图乘法或积分法求出挠度，并与均布荷载下的挠度比较，从而求出加荷图式修正系数 φ。

当支座处因遇障碍，在支座反力作用线上不能安装位移计时，可将仪表安装在离支座反力作用线内侧 d 距离处，在 d 处所测挠度比支座沉降为大，因而跨中实测挠度值将偏小，应对式(5.1)中的 a_q^0 乘以支座测点偏移修正系数 φ_a。

对预应力钢筋混凝土结构，当预应力钢筋松弛后，对混凝土产生预压作用而使结构产生反拱，构件越长反拱值越大。因此实测挠度中应扣除预应力反拱值 a_p，即式(5.1)可写作：

$$a_{s,p}^0 = (a_q^0 + a_g^0 - a_p)\varphi \tag{5.3}$$

式中　a_p——预应力反拱值，对研究性试验取实测值 a_p^0，对检验性试验取计算值 a_p^0，不考虑超张拉对反拱的加大作用。

上述修正方法的基本假设认为构件刚度 EI 为常数。对于钢筋混凝土构件，裂缝出现后沿全长各截面的刚度为变量，仍按上述图式修正将有一定误差。

(2)悬臂构件的挠度(图 5.34)

计算悬臂构件自由端在各荷载作用下的短期挠度实测值，应考虑固定端的支座转角、支座沉降、构件自重和加载设备重力的影响。在试验荷载作用下，经修正后的悬臂构件自由端短期挠度实测值可表达为：

$$a_{s,ca}^0 = (a_{q,ca}^0 + a_{g,ca}^0)\varphi_{ca} \tag{5.4(a)}$$

$$a_{q,ca}^0 = v_1^0 - v_2^0 - L\cdot\tan\alpha \tag{5.4(b)}$$

$$a_{g,ca}^0 = \frac{M_{g,ca}}{M_{b,ca}}a_{b,ca}^0 \tag{5.4(c)}$$

式中　$a_{q,ca}^0$——消除支座沉降后，悬臂构件自由端短期挠度实测值；

v_1^0, v_2^0——分别为悬臂端和固定端竖向位移；

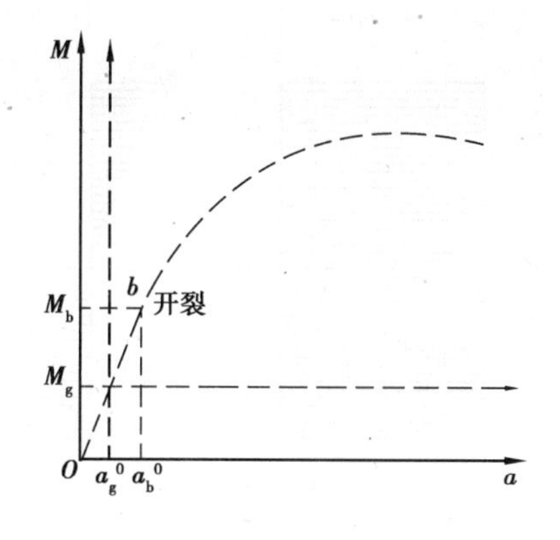

图 5.33 自重挠度计算

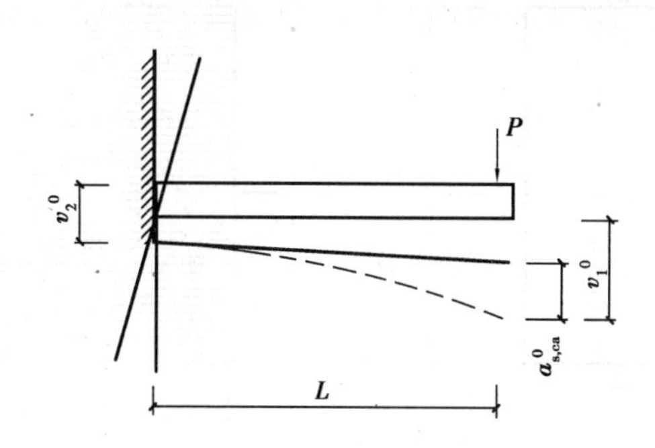

图 5.34 悬臂构件的挠度

$a_{g,ca}^0, M_{g,ca}$——分别为悬臂构件自重和设备重力产生的挠度值和固端弯矩；

$a_{b,ca}^0, M_{b,ca}$——分别为从外加试验荷载开始至悬臂构件出现裂缝前一级荷载为止的自由端挠度实测值和固端弯矩；

α——悬臂构件固定端的截面转角；

L——悬臂构件的外伸长度；

φ_{ca}——加载图式修正系数，当在自由端用一个集中力作等效荷载时 $\varphi_{ca}=0.75$，否则应按图乘法找出修正系数 φ_{ca}。

5.5.2 截面内力

(1)轴向受力构件

$$N = \sigma A = \varepsilon EA = \frac{\varepsilon_1 + \varepsilon_2}{2} EA \tag{5.5}$$

式中 N——轴向力；

E, A——分别为受力构件材料弹性模量和截面面积；

$\varepsilon_1, \varepsilon_2$——分别为截面实测应变。

由上式可知，受轴向拉伸或压缩构件的内力，不论截面形状如何，只要将应变计安装在截面形心轴上测得轴向应变后，代入上式即可求得。但要找到形心轴的位置有一定的困难，且绝对的轴向力几乎不存在，因而常用两个应变计安装在形心轴的对称位置上，取其平均值作为轴向应变。

(2)压弯构件或拉弯构件

压弯或拉弯构件的内力有轴向力 N 和受力平面内的弯矩 M_x。有两个内力时，应变计数量不得少于欲求内力的种类数，因而必须安装两个应变计。当截面为矩形时应变测点，如图 5.35 所示。以轴向力为主的压弯或拉弯构件的内力计算公式为：

$$\sigma_1 = \frac{N}{A} - \frac{M_x y_1}{I_x} \tag{5.6}$$

$$\sigma_2 = \frac{N}{A} + \frac{M_x y_2}{I_x} \tag{5.7}$$

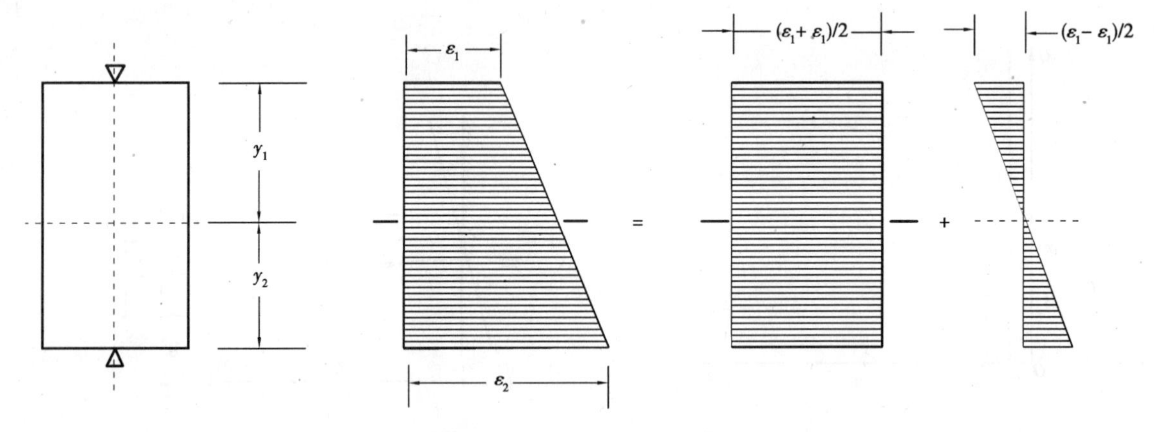

图 5.35　压弯构件测点、内力

当 $y_1+y_2=h,\sigma_1=\varepsilon_1E,\sigma_2=\varepsilon_2E$ 时，可得

$$M_x=\frac{1}{h}EI_x(\varepsilon_2-\varepsilon_1) \tag{5.8}$$

$$N=\frac{1}{h}AE(\varepsilon_1y_2+\varepsilon_2y_1) \tag{5.9}$$

式中　A,I——分别为构件截面的面积矩和惯性矩；

$\varepsilon_1,\varepsilon_2$——分别为截面上、下边缘的实测应变；

y_1,y_2——分别为截面上、下边缘测点至截面中和轴的距离。

(3)双向弯曲构件

构件受轴向力 N、双向弯矩 M_x 和 M_y 作用时，在工字形截面上的测点布置如图 5.36 所示。因而可以同时测得 4 个应变值即 $\varepsilon_1,\varepsilon_2,\varepsilon_3,\varepsilon_4$。再用外插法可求出截面 4 个角的外边缘处的纤维应变 $\varepsilon_a,\varepsilon_b,\varepsilon f_c,\varepsilon_d$，利用下列方程组中 3 个方程，即可求解 N、M_x 和 M_y 等内力值。

若构件除受轴向力 N 和弯矩 M_x 及 M_y 作用外，还有扭转力矩 B 时，则上列各项中再加一项 $\sigma=B\omega/I_\omega$。关于型钢的各边缘点的扇性惯性矩 I_ω 和主扇形面积 ω 可查阅有关型钢表。

$$\left.\begin{aligned}
\varepsilon_aE&=\frac{N}{A}+\frac{M_x}{I_x}y_1+\frac{M_y}{I_y}x_1\\
\varepsilon_bE&=\frac{N}{A}+\frac{M_x}{I_x}y_1+\frac{M_y}{I_y}x_2\\
\varepsilon_cE&=\frac{N}{A}+\frac{M_x}{I_x}y_2+\frac{M_y}{I_y}x_1\\
\varepsilon_dE&=\frac{N}{A}+\frac{M_x}{I_x}y_2+\frac{M_y}{I_y}x_2
\end{aligned}\right] \tag{5.10}$$

解上述式(5.10)方程组，即可求出 N、M_x、M_y 和扭转力矩 B。由此可以发现，利用数解法求内力，当内力多于 2 个时就比较麻烦，手工计算工作量较大。因而在结构试验中，对于中和轴位置不在截面高度 1/2 处的各种非对称截面，或应变测点多于 3 个以上时可以采用图解法来分析内力。

【例题 5.1】　已知 T 形截面形心 $y_1=200$ mm，高度 $h=700$ mm，实测上、下边缘的应变分别为 $\varepsilon_1=-100\ \mu\varepsilon,\varepsilon_2=-360\ \mu\varepsilon$，试用图解法分析截面上存在的内力，及其在各测点产生的应变值。

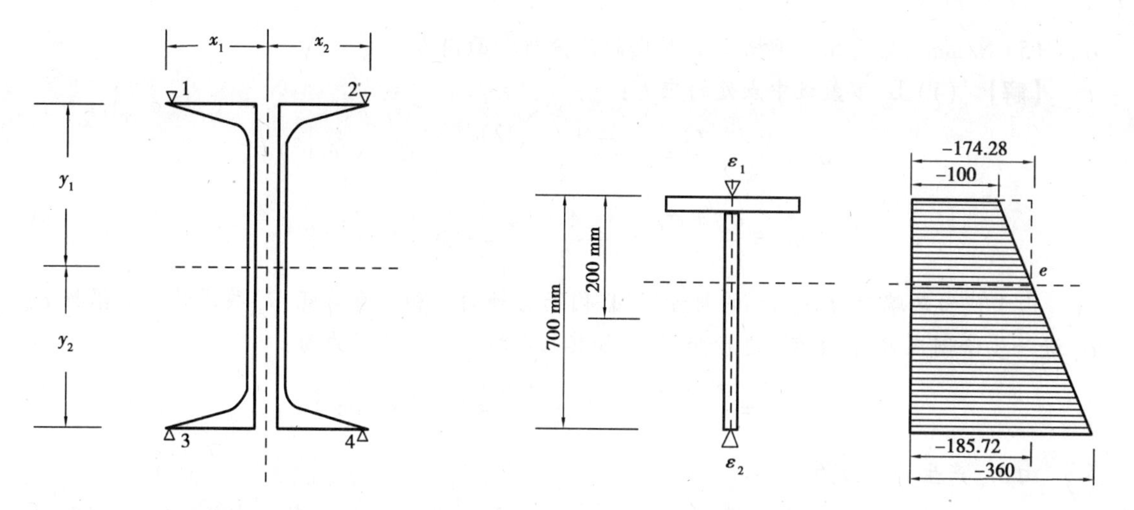

图 5.36 双向弯曲构件测点、内力

1~4—电阻应变片测点编号

图 5.37 *T* 截面应变分析

【解】 先按一定比例画出截面几何形状如图 5.37 所示，并画出实测应变图。通过水平中和轴与应变图的交点 e 作一条垂直线，得到轴向应变 ε_{N} 和弯曲应变 $\varepsilon_{\mathrm{M_x}}$，其值计算如下：

$$\varepsilon_0 = -\left(\frac{\varepsilon_2 - \varepsilon_1}{h} y_1\right) = -\left(\frac{360 - 100}{700}\right) 200 = -74.28\ (\mu\varepsilon)$$

$$\varepsilon_{\mathrm{N}} = \varepsilon_1 + \varepsilon_0 = -100 - 74.28 = -174.28\ (\mu\varepsilon)$$

$$\varepsilon_{\mathrm{M_x}}^{1} = -\varepsilon_0 = 74.28\ (\mu\varepsilon)$$

$$\varepsilon_{\mathrm{M_x}}^{2} = \varepsilon_2 - \varepsilon_{\mathrm{N}} = -360 - (-174.28) = -185.72\ (\mu\varepsilon)$$

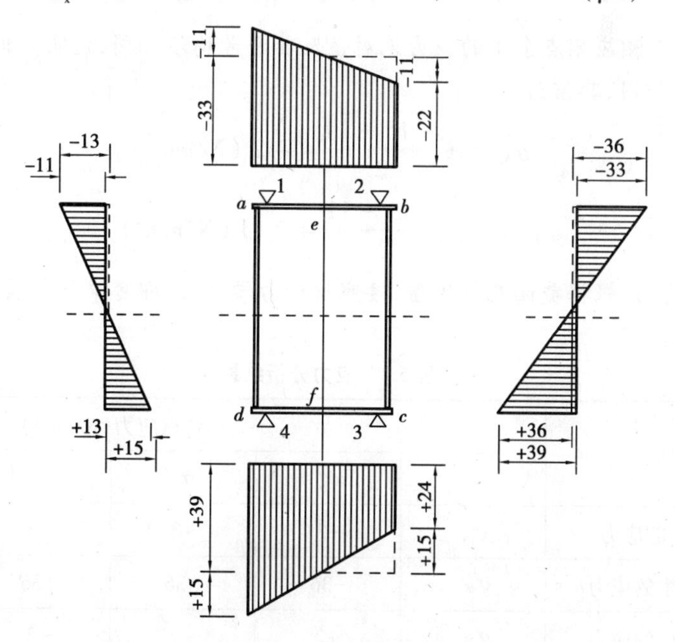

图 5.38 对称截面应变分析

【例题 5.2】 一对称箱型截面，截面上布置 4 个测点，测得应变后换算成应力，画出应力图并延长至边缘，得边缘应力为：$\sigma_{\mathrm{a}} = -44\ \mathrm{N/mm^2}$，$\sigma_{\mathrm{b}} = -22\ \mathrm{N/mm^2}$，$\sigma f_{\mathrm{c}} = +24\ \mathrm{N/mm^2}$，

$\sigma_d = +54\ N/mm^2$，如图 5.38 所示。试用图解法分析截面内力。

【解】 (1)上、下盖板中点处的应力：

$$\sigma_e = \frac{\sigma_a + \sigma_b}{2} = \frac{-44 + (-22)}{2} = -33\ (N/mm^2)$$

$$\sigma_f = \frac{\sigma_c + \sigma_d}{2} = \frac{+24 + 54}{2} = +39\ (N/mm^2)$$

由于截面两端应力 σ_e、σ_f 的符号不同，因而有轴向力和垂直弯矩 M_x 共同作用。根据 σ_e、σ_f 进一步绘制应力图(右侧)进行分解，可知其轴向拉力产生的应力为：

$$\sigma_N = \frac{\sigma_e + \sigma_f}{2} = \frac{-33 + 39}{2} = +3\ (N/mm^2)$$

由 M_x 产生的应力为：

$$\sigma_{M_x} = \pm\frac{\sigma_f - \sigma_e}{2} = \pm\frac{39 - (-33)}{2} = \pm 36\ (N/mm^2)$$

因为上、下盖板应力分布图呈两个梯形，说明除了有轴向力 N 和 M_x 以外，还有其他内力作用，通过沿水平盖板的应力分布，在 y 轴上各引水平线(虚线)，则可得到除去 σ_N、σ_{M_x} 外的其余应力，从图中分解得左侧应力图。上盖板左右余下应力为：

$$\frac{\sigma_a - \sigma_b}{2} = \pm\frac{-44 - (-22)}{2} = \mp 11\ (N/mm^2)$$

下盖板左右余下应力为

$$\frac{\sigma_d - \sigma f_c}{2} = \pm\frac{54 - 24}{2} = \pm 15\ (N/mm^2)$$

由于截面上、下相应测点余下的应力绝对值及其符号均不相同，说明它们是有水平弯矩 M_y 和扭矩 M_r 所联合作用，其值为：

$$\sigma_{M_y} = \pm\frac{-15 + 11}{2} = \mp 2\ (N/mm^2)$$

$$\sigma_{M_T} = \mp\frac{-15 - 11}{2} = \mp 13\ (N/mm^2)$$

求得 4 种应力后，根据截面几何性质，按照材料力学公式，即可求得各项内力值。实测应力分析结果见表 5.2。

表 5.2 应力分析结果

应力组成	符号	各点应力(N/mm^2)			
		σ_a	σ_b	σ_c	σ_d
轴向力产生的应力	σ_N	+3	+3	+3	+3
垂直弯矩产生的应力	σ_{M_x}	−36	−36	+36	+36
水平弯矩产生的应力	σ_{M_y}	+2	−2	−2	+2
扭矩产生的应力	σ_{M_T}	−13	+13	−13	+13
各点实测应力	$\sum$	−44	−22	+24	+54

5.5.3　平面应力状态下的主应力计算

解决平面应力状态问题，应在布置应变测点时予以考虑。比如当主应力方向已知时，只需量测两个方向的应变；当主应力方向未知时，一般需要量测三个方向的应变，以确定主应力的大小及方向。根据弹性理论得知其计算公式为：

$$\left.\begin{aligned}\sigma_x &= \frac{E}{1-\nu^2}(\varepsilon_x+\nu\varepsilon_y)\\ \tau_{xy} &= \nu_{xy}G\end{aligned}\right\} \tag{5.11}$$

式中　E,ν——分别为材料弹性模量和泊松比；

$\varepsilon_x,\varepsilon_y$——分别为 x 和 y 方向上的单位应变；

G——剪变模量，$G=E/2(1+\nu)$。

因而已知主应力方向（假定为 x、y 方向）时，可以测得 ε_1（x 方向）和 ε_2（y 方向），利用上述公式就足以确定主应力 σ_1、σ_2 和剪应力 τ 值：

$$\left.\begin{aligned}\sigma_1 &= \frac{E}{1-\nu^2}(\varepsilon_1+\nu\varepsilon_2)\\ \sigma_2 &= \frac{E}{1-\nu^2}(\varepsilon_2+\nu\varepsilon_1)\\ \tau_{max} &= \frac{E}{2(1+\nu)}(\varepsilon_1-\varepsilon_2)=\frac{\sigma_1-\sigma_2}{2}\end{aligned}\right\} \tag{5.12}$$

反之，若主应力方向未知，则必须量测 3 个方向的应变。假定第一应变片与 x 轴的夹角为 θ_1，第二应变片与 x 轴的夹角为 θ_2，第三应变片与 x 轴的夹角为 θ_3（图 5.39 所示），则在各 θ 方向上量测的应变值分别为 ε_{θ_1}、ε_{θ_2}、ε_{θ_3}，这些应变与正交应变 ε_x、ε_y 和剪应变 γ_{xy} 之间的关系为：

$$\varepsilon_{\theta_i} = \varepsilon_x\cos^2\theta_i + \varepsilon_y\sin^2\theta_i + \gamma_{xy}\sin\theta_i\cdot\cos\theta_i \tag{5.13}$$

或

$$\varepsilon_{\theta_i} = \frac{\varepsilon_x+\varepsilon_y}{2} + \frac{\varepsilon_x-\varepsilon_y}{2}\cos 2\theta_i + \frac{\gamma_{xy}}{2}\sin 2\theta_i$$

式中　θ_i——应变片与 x 轴的夹角，$i=1,2,3$。

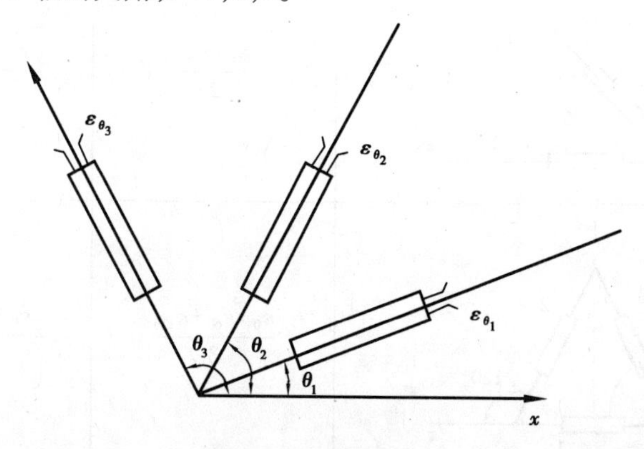

图 5.39　应变参考轴

式(5.13)是由 θ_1、θ_2、θ_3 组成的联立方程组，解方程组即可求得 ε_x、ε_y 和 γ_{xy} 值。再将之带入下列公式，即可求得主应变及其方向为：

$$\left.\begin{aligned}
\begin{matrix}\varepsilon_1\\ \varepsilon_2\end{matrix} &= \frac{\varepsilon_x+\varepsilon_y}{2} \pm \sqrt{\left(\frac{\varepsilon_x-\varepsilon_y}{2}\right)^2+\left(\frac{\gamma_{xy}}{2}\right)^2}\\
\tan 2\theta &= \frac{\gamma_{xy}}{\varepsilon_x-\varepsilon_y}\\
\gamma_{max} &= 2\sqrt{\left(\frac{\varepsilon_x-\varepsilon_y}{2}\right)^2+\left(\frac{\gamma_{xy}}{2}\right)^2}
\end{aligned}\right\} \tag{5.14}$$

令：$\frac{\varepsilon_x+\varepsilon_y}{2}=A$；$\frac{\varepsilon_x-\varepsilon_y}{2}=B$；$\frac{\gamma_{xy}}{2}=C$

则代入式(5.13)及(5.12)，得主应力的计算式为：

$$\left.\begin{aligned}
\begin{matrix}\sigma_1\\ \sigma_2\end{matrix} &= \left(\frac{E}{1-\nu}\right)A \pm \left(\frac{E}{1+\nu}\right)\sqrt{B^2+C^2}\\
\tan 2\theta &= \frac{C}{B}\\
\gamma_{max} &= \left(\frac{E}{1+\nu}\right)\sqrt{B^2+C^2}
\end{aligned}\right\} \tag{5.15}$$

式(5.15)中，A、B 和 C 诸参数随应变花的形式不同而已，见表 5.3。为便于计算，实际使用时常使应变花中的一片，方向与选定的参考轴重合，且将其余两片与此形成特殊夹角。当应变花的夹角为非特殊角时，必须将实际角度一一代入式中，求解 ε_x、ε_y 和 γ_{xy}。应变花数量较多时可编制程序借助计算机来完成，也可以用图解法进行分析。

表 5.3　应变花参数

测量平面上一点主应变时应变计的布置		A	B	C
应变花名称	应变花形式			
45°直角应变花	3, 2, 45°, 1, x	$\frac{\varepsilon_0+\varepsilon_{90}}{2}$	$\frac{\varepsilon_0-\varepsilon_{90}}{2}$	$\frac{2\varepsilon_{45}-\varepsilon_0-\varepsilon_{90}}{2}$
60°等边三角形应变花	3, 2, 60°, 120°, 1, x	$\frac{\varepsilon_0+\varepsilon_{60}+\varepsilon_{120}}{3}$	$\varepsilon_0-\frac{\varepsilon_0+\varepsilon_{60}+\varepsilon_{120}}{3}$	$\frac{\varepsilon_{60}-\varepsilon_{120}}{\sqrt{3}}$

续表

测量平面上一点主应变时应变计的布置		A	B	C
应变花名称	应变花形式			
伞形应变花		$\frac{\varepsilon_0+\varepsilon_{90}}{2}$	$\frac{\varepsilon_0-\varepsilon_{90}}{2}$	$\frac{\varepsilon_{60}-\varepsilon_{120}}{\sqrt{3}}$
扇形应变花		$\frac{\varepsilon_0+\varepsilon_{45}+\varepsilon_{90}+\varepsilon_{135}}{4}$	$\frac{\varepsilon_0-\varepsilon_{90}}{2}$	$\frac{\varepsilon_{135}-\varepsilon_{45}}{2}$

5.5.4 试验曲线的图表绘制

将各级荷载作用下取得的读数，按一定坐标系绘制成曲线，看起来一目了然，能充分表达参数之间的内在规律，也有助于用统计方法找出数学表达式。

适当选择坐标系及坐标轴的比例有助于确切地表达试验结果。直角坐标系只能表示两个变量间的关系。在试验研究中一般用纵坐标 y 表示自变量(荷载)，用横坐标表示因变量(变形或内力)，有时也会遇到因变量不止一个的情况，这时可采用"无量纲变量"作为坐标。例如为了研究钢筋混凝土矩形单筋受弯构件正截面的极限弯矩

$$M_u = A_s f_y\left(h_0 - \frac{A_s f_y}{2bf_{cm}}\right) \tag{5.16}$$

的变化规律，需要进行大量的试验研究，而每一个时间的含钢率 $\mu=\frac{A_s}{bh_0}$、混凝土强度等级 f_{cu}、断面形状和尺寸 bh_0 都有差别，若以每一个试件的实测极限弯矩 M_u 逐个比较，就无法反映一般规律。但若将纵坐标改为无量纲变量，以 $\frac{M_u}{f_{cm}bh_0^2}$ 来表示，横坐标分别以 $\frac{\mu f_g}{f_{cm}}$ 和 $\frac{\sigma_s}{f_y}$ 表示(图 5.40)，即使相差较大的梁，也能揭示梁随配筋率不同的性能变化规律。

选择试验曲线时，应尽可能用比较简单的曲线形式，并使曲线通过较多的试验点，或使曲线两边的点数相差不多。一般靠近坐标系中间的数据点更好些，两端的数据可靠性稍差些。具体的方法将在后面数据统计分析有关内容中作进一步讨论。下面对常用试验曲线的特征作简要说明。

(1)荷载-变形曲线

荷载变形曲线有结构构件的整体变形曲线,控制节点或截面上的荷载转角曲线,铰支座和滚动支座的荷载侧移曲线,以及荷载时间曲线、荷载挠度曲线等。

变形时间曲线表明结构在某一恒定荷载作用下变形随时间增长的规律。变形稳定的快慢程度与结构材料及结构形式等特点有关。如果变形不能稳定,说明结构有问题,它可能是钢结构的局部大到流限,也可能是钢筋混凝土结构的钢筋发生滑动等,具体情况应作进一步分析。

(2)荷载-应变曲线

在绘制截面应变图时,选择控制截面,沿其高度布置测点,用一定的比例尺将某一级荷载下的各测点的应变值连接起来,即为截面应变分布图。截面应变图可用来研究截面应力的实际状况及中和轴的位置等。对于线弹性材料,截面的应变即反映了截面应力的分布规律。对于非弹性材料,则按材料的 σ-ε 曲线相应查取应力值。

若对某一点描绘各级荷载下的应变图,则可以看出该点应变变化的全过程。图 5.40(b)是梁跨中截面上各级荷载下截面应变分布曲线,图 5.40(d)是钢筋应变与荷载关系曲线。

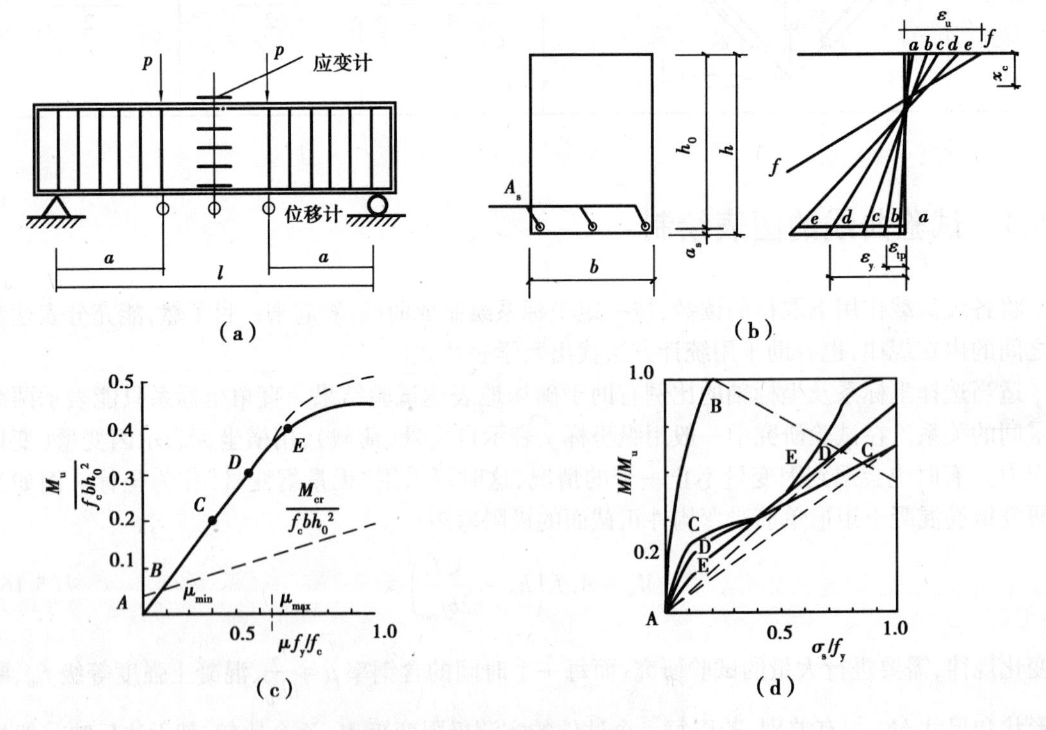

图 5.40　不同配筋率梁的性能变化

(3)构件裂缝及破坏特征图

试验过程中,应在构件上按裂缝开展迹线画出裂缝开展过程,并标注出现裂缝时的荷载等级及裂缝的走向和宽度。待试验结束后,用方格纸按比例描绘裂缝和破坏特征,必要时应照相记录。

根据试验研究的结构类型、荷载性质及变形特点等,还可描绘出一些其他的特征曲线,如静定结构的荷载反力曲线,某些特定结构上的局部挤压和滑移曲线等。

5.6 结构性能的评定

根据试验研究的任务和目的的不同,试验结果的分析和评定方式也有所不同。为了探索结构内在的某种规律或者检验某一计算理论的准确性或适用性,则需对试验结果进行综合分析,找出诸变量之间的相互关系,并与理论计算对比,总结出数据、图形或数学表达式作为试验研究结论。为了检验某种结构构件的某项性能,则应根据对其进行的试验结果,依照国家现行标准规范的要求对所进行的某项结构性能作出评定。

作为结构性能检验的预制构件主要是混凝土构件。被检验的构件必须从外观检查合格产品中选取。其抽样率为:生产期限不超过 3 个月的构件抽样率为 1/1 000;若抽样构件的结构性能检验连续 10 批均为合格,则抽样率可改为 1/2 000。该抽样率适用于正规预制构件厂。

结构性能检验的方法有两种:一是以结构设计规范规定的允许值做检验依据;另一种是以构件实际的设计值为依据进行检验。预制构件结构性能检验的项目和检验要求见表 5.4。下面以混凝土构件为例,讨论结构构件性能的评定问题。

表 5.4 结构性能检验要求

构件类型及要求	项　目			
	承载力	挠　度	抗　裂	裂缝宽度
要求不要出现裂缝的预应力构件	检	检	检	不检
允许出现裂缝的构件	检	检	不检	检
设计成熟、数量较少的大型构件	可不检	检	检	检
同上,并有可靠实践经验的现场大型异型构件	可免检			

5.6.1 构件的承载力检验

为了检验结构构件是否满足承载力极限状态,对做承载力检验的构件应进行破坏性试验,以判定达到极限状态标志时的承载力试验荷载值。

(1)按混凝土结构设计规范的允许值检验

当按混凝土结构设计规范的允许值进行检验时,应满足下式要求:

$$\gamma_u^0 \geqslant \gamma_0[\gamma_u] \tag{5.17}$$

或

$$S_u^0 \geqslant \gamma_0[\gamma_u]S$$

式中 γ_u^0——构件的承载力检验系数实测值,即承载力检验荷载实测值与承载力检验荷载设计值(均含自重)的比值,或表示为承载力荷载效应实测值 S_u^0 与承载力检验荷载效应设计值 S(均含自重)之比值;

γ_0——结构构件的重要性系数,按表 5.5 采用;

表 5.5 结构重要性系数

结构安全等级	γ_0
一级	1.0
二级	1.0
三级	0.9

$[\gamma_u]$——构件的承载力检验系数允许值，与构件受力状态有关，具体见表5.5。

(2)按构件实配钢筋的承载力检验

当按构件实配钢筋的承载力进行检验时，应满足下式要求：

$$\gamma_u^0 \geqslant \gamma_0 \eta [\gamma_u] \tag{5.18}$$

或

$$S_u^0 \geqslant \gamma_0 \eta [\gamma_u] S$$

式中 η——构件的承载力检验修正系数，其计算式为 $\eta = \dfrac{R(f_c, f_s, A_s^0, \cdots)}{\gamma_0 S}$；

S——荷载效应组合设计值；

$R(\cdot)$——根据实配钢筋面积确定的构件承载力计算值，应按钢筋混凝土结构设计规范有关承载力计算公式的右边项进行计算。

(3)承载力极限标志

结构承载力的检验荷载实测值是根据各类结构达到各自承载力检验标志时作出的。结构构件达到或超过承载力极限状态的标志，主要取决于结构受力状况、受力钢筋的种类和观察到的承载力检验标志，见表5.6。

表5.6　承载力检验指标$[\gamma_u]$值

受力情况	轴心受拉、偏心受拉、受弯、大偏心受压							轴心受压、小偏心受压	受弯构件的受剪	
标志编号	①			②			③	④	⑤	⑥
承载力检验标志	主筋处裂缝宽度达到1.5 mm或挠度达到跨度的1/50			受压区混凝土破坏			受力主筋拉断	混凝土受压破坏	腹部斜裂缝宽度达到1.5 mm或斜裂缝末端混凝土剪压破坏	斜截面混凝土斜压破坏或受拉主筋端部滑脱、其他锚固破坏
	Ⅰ～Ⅲ级钢筋、冷拉Ⅰ、Ⅱ级钢筋	冷拉Ⅲ～Ⅳ级钢筋	热处理钢筋、钢丝、钢绞线	Ⅰ～Ⅲ级钢筋、冷拉Ⅰ、Ⅱ级钢筋	冷拉Ⅲ～Ⅳ级钢筋	热处理钢筋、钢丝、钢绞线				
$[\gamma_u]$	1.20	1.25	1.45	1.25	1.30	1.40	1.50	1.45	1.35	1.50

①轴心受拉、偏心受拉、受弯、大偏心受压构件。当采用有明显屈服点的热轧钢筋时，处于正常配筋的上列构件，其极限标志通常是受拉主筋先达到屈服，进而受拉主筋处的裂缝宽度达到1.5 mm，或挠度达到$l/50$的跨度。对超筋受弯构件，受压混凝土破坏比受拉钢筋屈服早，此时最大裂缝宽度小于1.5 mm，挠度也小于$l/50$(l为跨度)，因此受压区混凝土压坏便是构件破坏的标志。在少筋的受弯构件中，则可能出现混凝土一开裂钢筋即被拉断的情况，此时受拉主筋被拉断是构件破坏的标志。用无屈服台阶的钢筋，钢丝及钢绞线配筋的构件，受拉主筋拉断

或构件挠度达到跨度 l 的 1/50 是主要的极限标志。

②轴心受压或小偏心受压构件。这类构件主要是柱类构件，当外荷载达到最大值时，混凝土将被压坏或被劈裂，因此混凝土受压破坏是承载能力的极限标志。

③受弯构件的剪切破坏。受弯构件的受剪和偏心受压及偏心受拉构件的受剪，其极限标志是腹筋达到屈服，或斜向裂缝宽度达到 1.5 mm 或 1.5 mm 以上，沿斜截面混凝土斜压或斜拉破坏。

5.6.2 构件的挠度检验

(1)按混凝土结构设计规范定的挠度允许值检验

当混凝土结构设计规范规定的挠度允许值进行检验时，应满足下列要求：

$$a_s^0 \leqslant [a_s] \tag{5.19}$$

$$[a_s] = \frac{M_s}{M_l(\theta - 1) + M_s}[a_f]$$

或

$$[a_s] = \frac{Q_s}{Q_l(\theta - 1) + Q_s}[a_f]$$

式中 a_s^0，$[a_s]$——分别为在正常使用短期检验荷载作用下，构件的短期挠度实测值和短期挠度允许值；

M_s，M_l——分别为按荷载效应短期组合和长期组合计算的弯矩值；

Q_s，Q_l——分别为荷载短期组合值和长期效应组合值；

θ——考虑荷载长期效应组合对挠度增大的影响系数，对桁架可取 $\theta=2.0$，其他的按规范有关条文取用；

$[a_f]$——构件的挠度允许值，按结构规范有关规定采用。

(2)按实配钢筋确定的构件挠度检验

当按实配钢筋确定的构件挠度进行检验，或仅作刚度、抗裂或裂缝宽度的构件，应满足下列要求：

$$a_s^0 = 1.2a_s^c \text{ 且 } a_s^0 \leqslant [a_s] \tag{5.20}$$

式中 a_s^c——在正常使用的短期检验荷载作用下，按实配钢筋确定的构件短期挠度计算值。

5.6.3 构件的抗裂检验

在正常使用阶段不允许出现裂缝的构件，应对其进行抗裂检验。构件的抗裂性检验应符合下列要求：

$$\gamma_{cr}^0 \geqslant [\gamma_{cr}]$$

$$[\gamma_{cr}] = 0.95\frac{\gamma f_{tk} + \sigma_{pc}}{f_{tk}\sigma_{sc}} \tag{5.21}$$

式中 γ_{cr}^c——构件抗裂检验系数实测值，即构件的开裂荷载实测值与正常使用短期检验荷载值之比；

$[\gamma_{cr}]$——构件的抗裂检验系数允许值,由设计标准图给出;

γ——受压区混凝土塑性影响系数,按混凝土规范有关规定取用;

σ_{sc}——荷载短期效应组合下,抗裂验算边缘的混凝土法向应力;

σ_{pc}——检验时在抗裂验算边缘的混凝土预压应力计算值,应考虑混凝土收缩徐变造成预应力损失 σ_{15} 随时间变化的影响系数 β, $\beta=4j(120+3j)$, j 为施工预应力后的时间(d);

f_{tk}——检验时混凝土抗拉强度标准值。

5.6.4 构件裂缝宽度检验

对正常使用阶段允许出现裂缝的构件,应限制其裂缝宽度。构件的宽度应满足下列要求:

$$w_{s,max}^{0} \leqslant [w_{max}] \tag{5.22}$$

式中 $w_{s,max}^{0}$——在正常使用短期检验荷载作用下,受拉主筋处最大裂缝宽度的实测值;

$[w_{max}]$——构件检验的最大裂缝宽度允许值,按规范有关规定采用。

5.6.5 构件结构性能评定

根据结构性能检验的要求,对被检验的构件,应按表 5.7 所列项目和标准进行性能检验,并按下列规定进行评定:

表 5.7 复式抽样再检的条件

检验项目	标准要求	二次抽样检验指标	相对放宽
承载力	$\gamma_0[\gamma_u]$	$0.95\gamma_0[\gamma_u]$	5%
挠度	$[a_s]$	$1.10[a_s]$	10%
抗裂	$[\gamma_{cr}]$	$0.95[\gamma_{cr}]$	5%
裂缝宽度	$[w_{max}]$		

①当结构性能检验的全部检验结果均符合表 5.7 规定的标准要求时,该批构件的结构性能评定为合格。

②当第 1 次构件检验结果不能全部符合表 5.7 的标准要求,但能符合第 2 次检验要求时,可再抽 2 个试件进行检验。第 2 次检验时,对承载力和抗裂检验要求降低 5%;对挠度检验提高 10%;对裂缝不允许再作第 2 次抽样,因为原规定已较松,且可能的放松值就在观察误差范围之内。

③对第 2 次抽取的第 1 个试件检验时,若都能满足标准要求,则可直接评为合格。若不能满足标准要求,但又能满足第 2 次检验标准时,则应继续对第 2 次抽取的另一个试件进行检验,检验结果只要满足第 2 次检验的要求,该批试件的结构性能仍可评为合格。

应该指出,对每一个试件,均应完整地取得 3 项检验标准。只有 3 项指标均合格时,该批构件的性能才能评为合格。在任何情况下,只要出现低于第 2 次抽样检验指标的情况,即判为不合格。

【例题5.3】 预应力圆孔板,板长3 510 mm,跨度为3 400 mm;板宽1 180 mm;灌缝宽20 mm。板自重7.8 kN,抹面0.4 kPa,灌缝0.1 kPa,活荷载4.0 kPa。实配钢筋为低碳冷拔丝$16\phi^{b}5$。裂缝控制等级二级。混凝土强度为C30。在荷载短期效应组合下,按实际配筋计算的板底混凝土拉应力$\sigma_{sc}=5.0$ MPa,预应力计算值$\sigma_{pc}=3.0$ MPa,计算挠度值$a_{sc}=5.3$ mm。试按均布加载和三分点加载计算正常使用短期荷载检验值Q_s、F_s以及相应于承载力检验指标时的检验荷载值和抗裂检验荷载值。

【解】 由题知$L_0=3.4$ m,$b=1.2$ m,$Q_k=4.0$ kPa,$\gamma_Q=1.4$,荷载包括构件自重G_{k1}和装修质量G_{k2},$\gamma_G=1.2$。

(1)结构自重

$$G_k = G_{k1} + G_{k2} = \frac{7.8}{3.51 \times 1.2} + (0.4 + 0.1) = 1.85 + 0.5 = 2.35\ (\text{kPa})$$

构件自重折算成三分点荷载:

$$F_{G_k} = \frac{3}{8}G_{k1}bL_0 = \frac{3}{8} \times 1.85 \times 1.2 \times 3.4 = 2.83\ (\text{kN})$$

(2)正常使用短期荷载检验值

均布加载:$Q_s=G_k+Q_k=2.35+4.0=6.35\ (\text{kPa})$

三分点加载:$F_s=\frac{3}{8}(G_k+Q_k)bL_0=\frac{3}{8}\times6.35\times1.2\times3.4=9.72\ (\text{kN})$

(3)承载力校验荷载值

均布加载:$Q=\gamma_0[\gamma_u]Q_d-G_{k1}$

三分点加载:$F=\gamma_0[\gamma_u]F_d-F_{Gk1}$

式中 γ_0——结构安全等级,一般预制构件按二级考虑$\gamma_0=1.0$;

Q_d,F_d——分别为承载力检验系数设计值,按下式计算:

均布加载:$Q_d=\gamma_G G_k+\gamma_Q Q_k=1.2\times2.35+1.4\times4.0=8.42\ (\text{kPa})$

三分点加载:$F_d=\frac{3}{8}Q_d bL_0=\frac{3}{8}\times8.42\times1.2\times3.4=12.88\ (\text{kN})$

具体计算结果见表5.8。

表5.8 承载力检验荷载计算

检验标志		⑤	②	①	③	⑥
$\gamma_0[\gamma_u]$		1.35	1.40	1.45	1.50	1.50
均布加载(kPa)	荷载值	11.37	11.79	12.23	12.65	12.65
	加载值	9.52	9.94	10.36	10.78	10.78
三分点加载(kN)	荷载值	17.39	18.03	18.68	19.33	19.33
	加载值	14.56	15.20	15.85	16.49	16.49

注:检验标志见表5.5

(4)抗裂检验荷载值

$$[\gamma_{cr}] = 0.95\frac{\gamma f_{tk} + \sigma_{pc}}{\sigma_{sc}} = \frac{(1.75 \times 2) + 3.0}{5.0} \times 0.95 = 1.24$$

均布加载:$[\gamma_{cr}]Q_s - G_{k1} = 1.24 \times 6.35 - 1.85 = 6.02$ (kPa)

三分点加载:$[\gamma_{cr}]F_s - F_{Gk1} = 1.24 \times 9.72 - 2.83 = 9.22$ (kN)

在上述抗裂检验荷载作用下,持续 10 min 未观察到裂缝,则抗裂检验合格。

本章小结

(1)结构静载试验是用物理力学方法,测定和研究结构在静载作用下的反应,分析、判定结构的工作状态与受力情况。静载试验分析方法在研究结构、设计和施工中仍起着主导作用,是结构试验的基本方法。结构静载试验项目多种多样,其中最大量最基本的试验是单调加载试验,主要用于研究结构承受静荷载作用下构件的承载力、刚度、抗裂性等基本性能和破坏机制。《混凝土结构试验方法标准》是我国第一本完整反应钢筋混凝土和预应力混凝土结构试验方法的国家标准。

(2)结构试验是一项细致复杂的工作,任何疏忽大意都会影响实验的结果或实验的正常进行与成败,甚至危及人身安全。因此在实验前需要完成足够的准备工作,包括:调查研究、收集资料,制订试验大纲,准备试件,对所需的材料的物理力学性能进行测定,准备试验设备与试验场地,试件的安装就位,加载设备和量测仪表安装,试验控制特征值的计算这九项工作。

(3)正确地选择静载试验的加载方法及量测方案,对顺利地完成试验工作和保证实验的质量有很大影响。通常结构静载试验的加载程序分为预载、正式加载(加正常使用荷载)、卸载三个阶段;而在正式加载阶段则需要进行静载分级,同时考虑满载时间及空载时间,以保证结构变形充分。量测方案则根据受力结构的变性特征和控制界面上的变形参数来制订。根据试验的目的和要求,确定观测项目,选择量测区段,布置测点位置;按照确定的量测项目,选择合适的仪表;根据试验方案和加载程序,确定试验观测方法。

(4)工程结构中常见结构构件静载试验主要有:受弯构件的试验、压杆和柱的试验、屋架试验、薄壳和网架结构实验等。对于不同的静载试验,应根据结构特点选择合适的试件安装和加载方法,在加载条件受限时还可以采用等效加载图式。不同的静载试验的试验项目和测点布置亦有所不同。对于受弯构件的试验,除承载力、抗裂度、挠度和裂缝的量测外,还需要量测局部区域单向应力、平面应力、钢筋应力、翼缘与孔边应力等,以分析构件中的应力分布。对于压杆与柱的试验,一般观测其破坏荷载、各级荷载下侧向挠度值及变形曲线、控制界面或区域的应力变化规律,以及裂缝开展情况。对于屋架,则需要进行挠度和节点位移量测、杆件内力量测、端节点应力分析、预应力锚头性能量测、预应力筋张拉应力量测。对于薄壳和网架结构,则主要观测内容位移和应变两大类,其量测主要依据结构形状和受力特性来确定。

(5)量测数据包括在准备阶段和正式试验阶段采集到的全部数据。其中,基本数据整理主要有构件挠度的修正、截面内力的换算、平面应力状态下主应力的计算、试验曲线的图表绘制等方面。在计算挠度时,通常需要考虑支座沉降、构件自重和加载设备、加荷图式及预应力反拱、固定端的支座转角等影响因素。通过应变计算轴向受力、压弯、拉弯、双向弯曲构件内力,可利用胡克定理或者图解法进行。同样,根据弹性理论,利用某位置三个方向的应变可以确定主应力的大小及方向。将各级荷载作用下取得的数据绘制成曲线能充分表达参数之间的内在规律，有助于进一步用统计方法找出数学表达式。常用的能反映结构试验特性的曲线主要有：荷载-变形曲线、荷载-应变曲线、构件裂缝及破坏特征图等。

(6)鉴定性试验主要是通过试验来检验结构构件是否符合结构设计规范及施工验收要求，并对试验结果作出技术结论，即通过构件承载力检验、构件的挠度检验、构件的抗裂检验、构件的裂缝宽度检验这四项内容，对构件的结构性能作出评定。

思考题

5.1 什么是试验大纲？为什么要制订试验大纲？试验大纲的内容包括哪些？

5.2 为什么要在试验前做好准备工作？试验前准备工作大致有哪些？

5.3 试验的原始资料中包括哪些内容？

5.4 静载试验的加载程序分为哪几个阶段？在各阶段应注意哪些事项？为什么要采用分级加(卸)载？

5.5 试验量测方案主要考虑哪些问题？测点的布置和选择的原则是什么？

5.6 什么是加载图式和等效加载？采用等效加载时应注意哪些问题？

5.7 梁、板、柱的鉴定试验及科研性试验中观测项目有哪些？

5.8 梁、板、屋架、桁架等受弯构件试验时，应考虑哪些因素对挠度的影响？

5.9 确定悬臂构件自由端挠度时，应考虑哪些因素的影响？

5.10 结构试验中，常见的试验曲线有哪些？有何特征？

6 结构动力试验

6.1 概 述

世界上的一切物质都是运动的，运动是物质的存在形式。各种类型的结构在服役期内，除承受静力荷载外，还经受各种动力作用。动力作用的主要特点是作用及作用效应随时间发生变化，因此考虑动力荷载作用下结构的性能，不仅要考虑荷载作用的大小和位置，还应考虑荷载作用的时间及结构响应随时间变化的关系，例如在有吊车的厂房，即使吊车荷载（吊车重）不大，但由于吊车的往复运动，也有可能造成结构的疲劳破坏；有汽车或列车高速驶过的桥梁，可能由于汽车或列车的运动造成桥梁的振动引起桥梁的破坏；地震发生时由于地面的运动引起建筑物的振动而造成建筑物的破坏等。因此，若需要了解结构在整个服役期内的工作状态，有必要了解结构在动荷载作用下的工作性能，而结构动力试验是结构试验的重要组成部分。

动力荷载作用下，结构的响应不仅与动力荷载的大小、位置、作用方式、变化规律有关，还与结构自身的动力特性有关。因此一般将结构动力试验分为结构动力特性试验和结构动力响应试验两大类。

结构动力特性试验主要是研究与外荷载无关的结构自身动力学特性，内容包括结构的自振频率、振型、阻尼特性等。由于结构的振动特性与结构质量、刚度的分布及阻尼特性有关，因此可以进一步实现结构的质量或刚度识别，这就是动力学的参数识别问题。

结构动力响应试验主要是研究结构在动力荷载作用下位移、速度、加速度及变形、内力的变化情况。

工程中的振动形式也可分为确定性振动和不确定性振动两大类。确定性的振动是指激励及结构的响应可以用确定的函数进行描述的有规律振动；不确定性的振动（又称随机振动）是指激励及结构的响应难以用确定的函数进行描述的振动，通常用统计方法进行描述。工程中的大多数情况属于随机振动。

动载是指大小、位置和方向随时间变化的荷载。动载可分为确定性荷载和不确定性荷载（通常称为随机荷载或随机激励）。

6.2　工程结构动力特性测试试验

结构在动力荷载作用下的响应不仅与荷载的大小与荷载的形式有关，而且与结构自身特性关系密切。例如在受到冲击荷载作用时，结构开始振动，荷载停止作用后，结构仍然会继续振动很长时间，振动的形式与结构自身特性密切相关。因此，研究结构在动力荷载作用下的响应必须首先研究结构的自身动力特性。

结构自身动力特性包括结构的自振周期、自振频率、振型、阻尼等特性，这些特性是结构自身固有的振动参数，它们取决于结构的组成形式、质量及刚度分布、构造及连接方式等。虽然结构的自振周期和振型可以通过计算得到，但是由于真实结构的组成、材料性质和连接方式等因素与理论计算时采用的数值有一定的误差，故理论计算结果与实际结构有较大的出入。而阻尼则一般只能通过试验来测定。因此，通过试验手段来研究结构的动力特性具有重要的意义。

用试验法测定结构动力特性，首先应设法使结构起振，通过分析记录到的结构振动形态，获得结构动力特性的基本参数。结构动力特性试验方法有迫振方法和脉动试验方法两大类。迫振方法是对被测结构施加外界激励，强迫结构起振，根据结构的响应获得结构的动力特性。常用的迫振方法有：自由振动法和共振法。脉动试验方法是利用地脉动对建筑物引起的振动过程进行记录分析以得到结构动力特性的试验方法，这种试验方法不需要对结构另外施加外界激励。

1）自由振动法

自由振动法通过设法使结构产生自由振动，通过分析记录仪记录下的有衰减的自由振动曲线，获得结构的基本频率和阻尼系数。

使结构产生自由振动的方法较多，通常可采用突加荷载法和突卸荷载法。在现场试验中还可以使用反冲激振器对结构产生冲击荷载，使结构产生自由振动。例如，在有吊车的工业厂房中，可以利用吊车的纵横向制动使厂房产生自由振动；在测量桥梁的动力特性时，可以使用载重汽车越过障碍物或突然制动产生冲击荷载，引起桥梁的自由振动。

采用自由振动法测量结构的动力特性时，拾振器一般布置在振幅较大处，同时要避免某些结构构件的局部振动。最好在结构中多布置几点，以便观察结构的整体振动情况。

应用自由振动法量测结构自由振动时间历程曲线的量测系统如图 6.1 所示，记录曲线如图 6.2 所示。

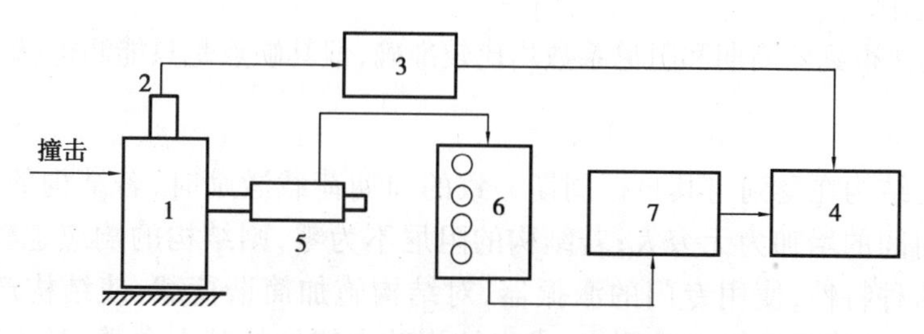

图 6.1　自由振动衰减量测系统

1—结构物；2—拾振器；3—放大器；4—光线示波器；
5—应变位移传感器；6—应变仪桥盒；7—动态电阻应变仪

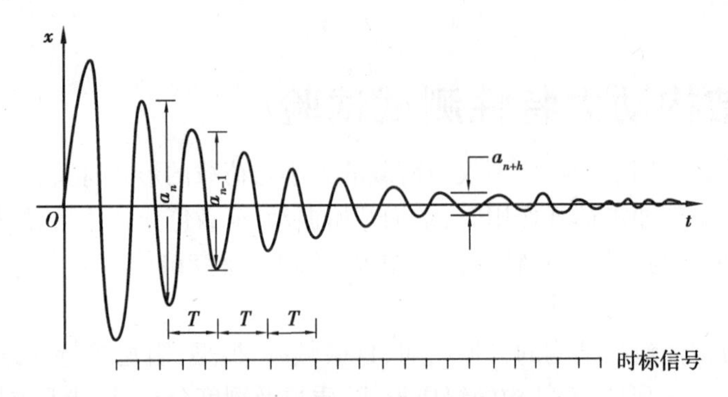

图 6.2　自由振动时间历程曲线

从实测得到的有衰减的结构自由振动时间历程曲线上,可以根据时间信号直接量测出基本频率,两个相位相同的相邻点的时间间隔即为一个周期。为了消除荷载的影响,一般不用最初的一两个波。同时,为了提高精度,可以取若干个波的总时间除以波数得出平均数作为基本周期,其倒数即为基本频率。

结构的阻尼特性用对数衰减率或临界阻尼比表示,由于实测得到的振动记录一般没有零线,因此在测量阻尼时采用从峰到峰的方法,这样比较方便且精度较高。

由结构动力学可知,有阻尼自由振动的运动方程解为:

$$x(t) = x_m e^{-\eta t}(\sin \omega t + \varphi) \tag{6.1}$$

若其中振幅 a_n 对应的时间为 t_n,a_{n+1}对应的时间为 t_{n+1}($t_{n+1}=t_n+T, T=2\pi/\omega, T=2\pi/\omega$),分别代入上式,并取对数,则得:

$$\ln \frac{a_n}{a_{n+1}} = \eta T \tag{6.2}$$

$$\eta = \frac{\ln \dfrac{a_n}{a_{n+1}}}{T} \tag{6.3}$$

$$\xi = \frac{\eta}{T} = \frac{\ln \dfrac{a_n}{a_{n+1}}}{2\pi} \tag{6.4}$$

式中　η——衰减系数;

　　　ξ——阻尼比。

用自由振动法得到的周期和阻尼系数均比较准确,但其缺点是只能测得基本频率。

2) 共振法

共振现象是结构在受到与其自振周期一致的周期荷载激励时,若结构的阻尼为零,则结构的响应随着时间的增加为无穷大;若结构的阻尼不为零,则结构的响应也较大。共振法就是利用结构的这种特性,使用专门的激振器,对结构施加简谐荷载,使结构产生稳态的强迫简谐振动,借助对结构受迫振动的测定,求得结构动力特性的基本参数,其工作原理如图 6.3 所示。

测量时,连续改变激振器的频率(频率扫描),使结构产生共振的频率即为结构的固有频率。

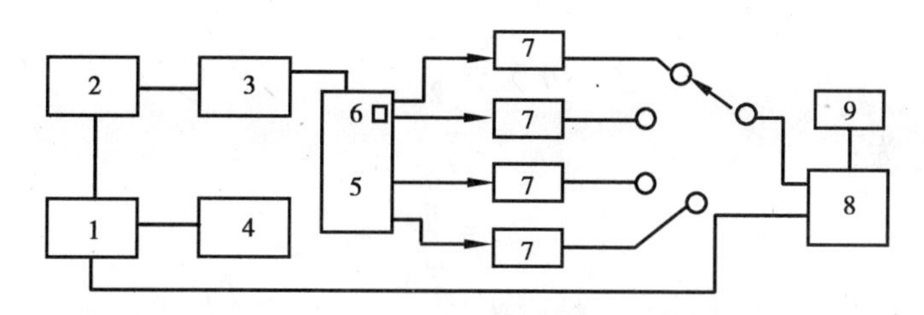

图 6.3　共振法测量原理

1—信号发生器;2—功率放大器;3—激振器;4—频率仪;
5—拾振器;6—放大器;8—相位仪;9—记录仪

采用共振法进行动荷载试验时,连续改变激振器的频率,使结构产生第一次共振、第二次共振、第三次共振……就可以得到结构的第一阶频率、第二阶频率、第三阶频率等,如图 6.4 所示。由于工程结构都是具有连续分布质量的系统,从理论上讲其固有频率有无限多个,但频率越高输出越小,受到检测仪器灵敏度的限制,一般仅能测到有限阶的自振频率。对于一般的动力学问题,了解若干个固有频率即可满足工程要求。

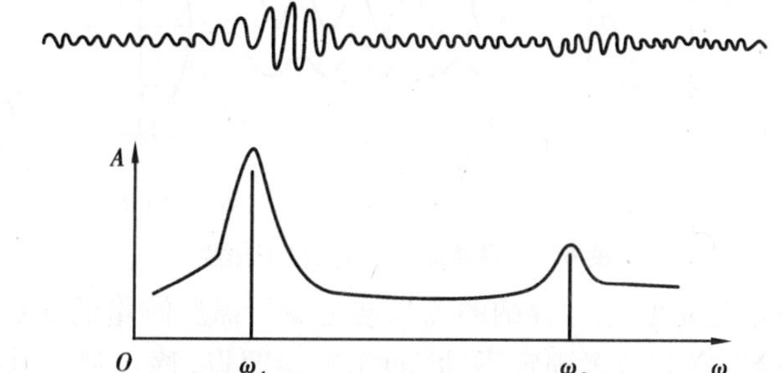

图 6.4　共振时的振动图形和共振

当使用偏心式激振器时,激振力会随着转速的改变而改变,激振力的大小与激振器转速的平方成正比。为了使得在不同激振力作用下的结果具有可比性,将测得的振幅折算为单位激振力下的振幅或将振幅换算为相同激振力下的振幅。通常使用的方法是将实测振幅 A 除以激振器的圆频率的平方 ω^2,以$\dfrac{A}{\omega^2}$为纵坐标,ω 为横坐标绘制出共振曲线,如图 6.5 所示,图中 $x=\dfrac{A}{\omega^2}$。曲线上峰值对应的频率值即为结构的固有频率。

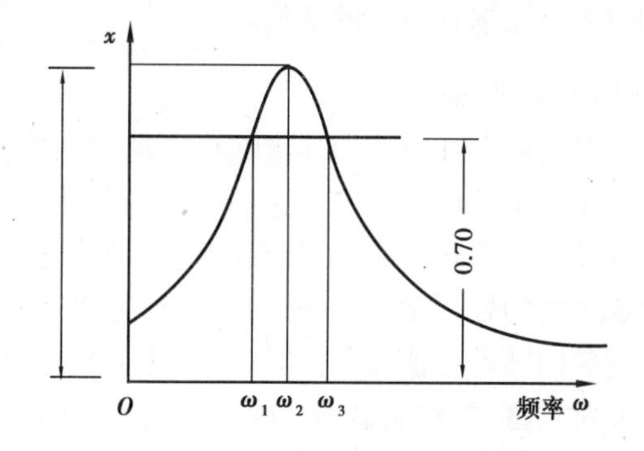

图 6.5　由共振曲线求阻尼系数和阻尼比

由于作简谐振动结构的频率反应曲线受到阻尼的影响,因此可以从振幅—频率曲线的特性求得阻尼系数。求阻尼的最简便方法是半带宽法(也称半功率法)。具体步骤为:在纵坐标最大值 x_{max} 的$\dfrac{\sqrt{2}}{2}$处作一水平线,与共振曲线相交于 A、B 两点,对应的横坐标为 ω_1、ω_2,则阻尼系数 η 为:

$$\eta = \frac{\omega_2 - \omega_1}{2} \tag{6.5}$$

临界阻尼比 ξ_c 为：

$$\xi_c = \frac{\eta}{\omega} \tag{6.6}$$

应用共振法还可测量结构的振型。结构按某一固有频率作振动时形成的弹性曲线称为对应于此频率的振型。用共振法测量振动时，将若干拾振器布置在结构的相应部位，当激振器使结构发生共振时，同时记录下结构各部位的振动时程，通过比较各点的振幅和相位，也可以得到与共振频率相应的振型，如图 6.6 所示为共振法测量某建筑物振型的具体情况。

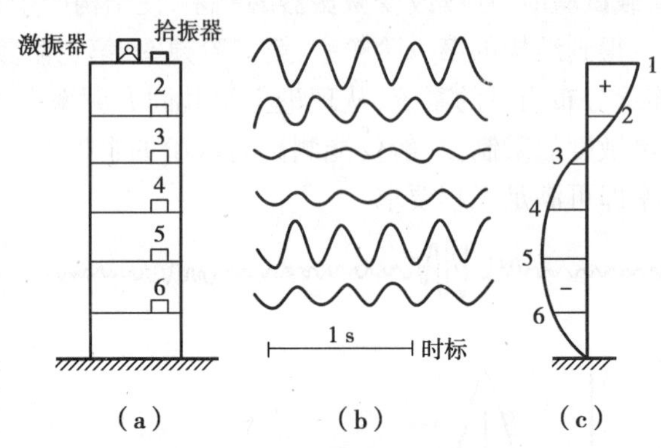

图 6.6　用共振法测建筑物振型

当拾振器数量较少或记录装置可容纳的测量通道少于需要测量的测点数量时，可以采用跑点法进行测量，将一个拾振器的位置固定不动，即作为参照点，逐步移动其他拾振器的位置，使拾振器跑过其他所有测量点，将各次测量的结果与参照点的结果进行对比分析。应注意参照点的位置不能取在节点的部位。

3）脉动试验法

脉动试验法也称为环境随机振动试验法，试验时即使不对建筑物施加外界激励，建筑物也会处于微小的振动之中。这种微小的振动来源于微小的地震动以及机器运转、车辆来往等人为扰动使地面存在连续不规则的运动。地面运动的幅值极为微小，故称为地面脉动。由地面脉动激起建筑物处于微小的振动，通常称为建筑物脉动。一般建筑物的脉动幅值在 10 μm 以下，高耸建筑的脉动幅值较大，如烟囱可达 1 cm。建筑物的脉动有一个重要的性质，就是它包含的频谱非常丰富，能够明显地反映出建筑物的固有频率。

用这种方法进行实测，不需要激振设备，简便易行，而且不受结构形式和大小的限制，适用于各种结构，因而得到广泛应用。

在应用脉动试验法分析结构的动力特性时，应注意以下问题：

①由于建筑物的脉动是由于环境随机振动引起的，可能带来各种频率分量，因此为了得到足够精度的数据，要求记录仪器有足够宽的频带，使所需要的频率不失真。

②脉动记录中不应有规则的干扰，因此测量时应避免其他有规则振动的影响，以保持记录信号的“纯净”。

③为使每次记录的脉动均能够反映建筑物的自振特性，每次观测应持续足够长的时间，且重复几次。

④为使高频分量在分析时能满足要求的精度,减小由于时间间隔带来的误差,记录设备应有足够快的记录速度。

⑤布置测点时为得到扭转频率,应将结构视为空间体系,应在高度方向和水平方向同时布置传感器。

⑥每次观测最好能记录当时附近地面振动以及天气、风向风速等情况,以便分析误差。

测量仪器的选择应使用低噪声、高灵敏度的拾振器和放大器,并应有记录仪器和信号分析仪。

脉动信号的分析通常有以下几种方法:频谱分析法、主谱量法、统计法。

(1)频谱分析法

将建筑物脉动记录图看成是各种频率的谐量合成。由于其主要成分为建筑物固有频率的谐波分量和脉动源频率的谐波分量,因此用傅立叶级数将脉动图分解并作出其频谱图,则在频谱图上出现的峰值点所对应的频率就是建筑物固有频率及脉动源的频率,若脉动源中没有规则的振动信号,则就是建筑物固有频率,如图 6.7 所示。

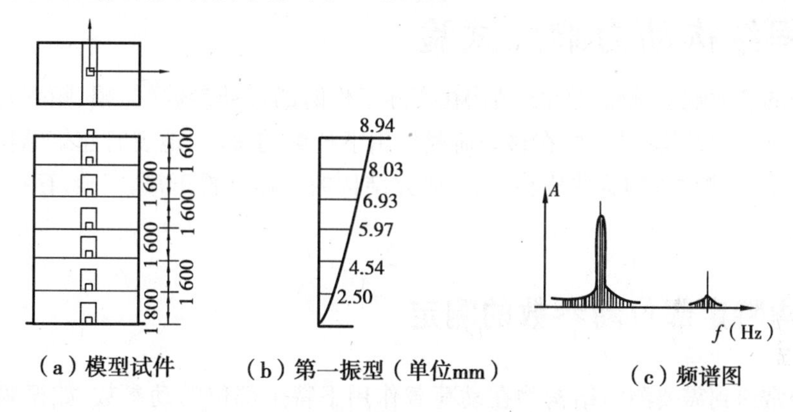

图 6.7 频谱分析法确定结构固有频率

(2)主谐量法

建筑物固有频率的谐波分量是脉动信号中的主要成分,在脉动记录图上可以直接量测出来。凡是振幅大、波形光滑(即有酷似“拍”的现象)处的频率总是多次重复出现,如图 6.8 所示,如果建筑物各部位在同一频率处的相位和振幅符合振型规律,那么就可以确定此频率就是建筑物的固有频率。通常基频出现的机会最多,比较容易确定。对一些较高的建筑物,有时第二、第三频率也可能出现。若记录时间能放长些,分析结果的可靠性就会大一些。若欲画出振型图,应将某一瞬时各测点实测的振幅变换为实际振幅绝对值(或相对值),然后画振型曲线。

(3)统计法

由于弹性体受随机因素影响而产生的振动必定是自由振动和强迫振动的叠加,具有随机性的强迫振动在任意选择的多数时刻的平均值为零,因而利用统计法即可得到建筑物自由振动的衰减曲线。

具体做法是:在脉动记录曲线上任意取 $y_1,y_2,\cdots,y_n$,当 y_i 为正值时记为正,且 y_i 以后的曲线不变号;当 y_i 为负值时也变为正,且 y_i 以后的曲线全部变号。在 y 轴上排齐起点,绘出 y_i 曲线后,用这些曲线的平均值画出另一条曲线。这条曲线便是建筑物自由振动时的衰减曲线,利

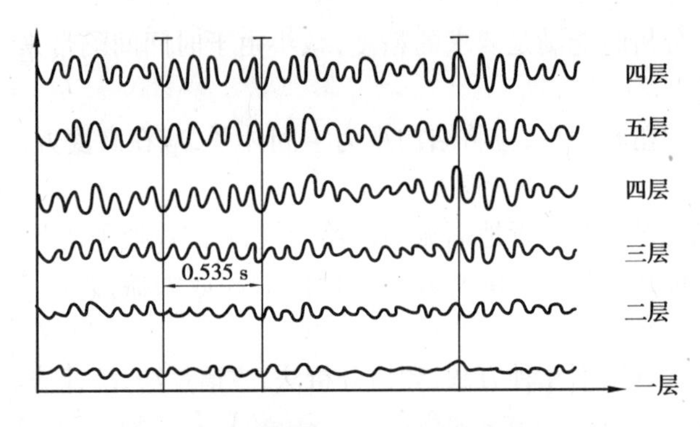

图 6.8　用主谱量法分析脉动记录曲线的结果

用它便可求得基本频率和阻尼。用统计法求阻尼时，必须有足够多的曲线取其平均值，一般不得少于 40 条。

6.3　工程结构动力响应试验

工程结构的动力响应试验是测定结构在实际工作时的振动参数（振幅、频率）及性状，例如动力机器作用下厂房结构的振动、在移动荷载作用下桥梁的振动、地震时建筑结构的动力反应（强震观测）等。量测得到的这些资料，用来研究结构的工作是否正常、安全，存在何种问题，薄弱环节在何处。

6.3.1　结构特定部位动参数的测定

实践中经常遇到需要测定结构物在动荷载作用下特定部位的动参数，如振幅、频率（或频率谱）、速度、加速度、动变形等。这种情况下，只要在结构振动时布置适当的拾振器（如位移传感器、速度传感器、加速度传感器等）记录下振动图即可。测点布置根据结构情况和试验目的而定。例如，为了校核结构承载力就应将测点布置在最危险的部位即控制断面上；如果是测定振动对精密仪器的影响，一般应在精密仪器基座处测定振动参数；多层厂房常需要测定某个振源（如机床扰力）引起的振动在结构内传布和衰减的情况。在图 6.9 所示的实例中，振源为动力

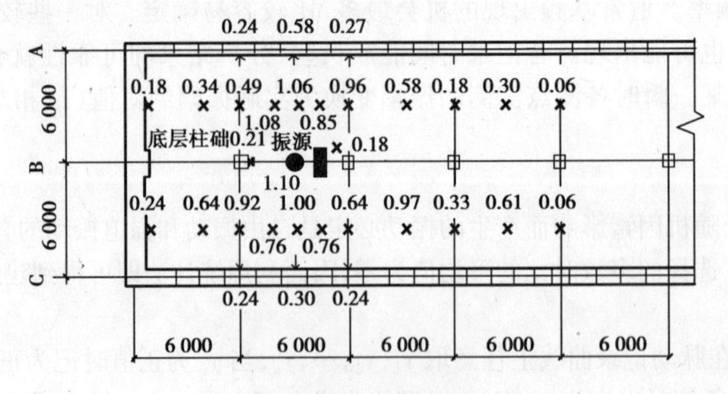

图 6.9　楼层振动传布图

×—表示测点位置；●—基点实测振幅

机床,将振源处测得的振幅定为1,其余各点测得的振幅与振源处的振幅之比称为该点的传布系数,将各点传布系数标在图上就可明显地看出此振源产生的振动情况在楼层内的影响范围和衰减情况。

6.3.2 结构振动位移图测定

为了确定结构在动荷载作用下的振动状态和动应力大小,往往需要测定结构在一定动荷载作用下的振动位移图。图6.10表示振动位移图的测量方法,将各测点的振动图用记录仪器同时记录下来,根据相位关系确定位移的正负号,再按振幅(即位移)大小以一定比例画在位移图上,最后连成结构在实际动荷载作用下的振动位移图。这种测量和分析方法与前面讲过的确定振型的方法类似。但结构的振动位移图是结构在特定荷载作用下的变形曲线,一般说来并不和结构的某一振型相一致。确定了振动位移图后,即有可能按结构力学的理论近似地确定结构由于动荷载作用所产生的内力。

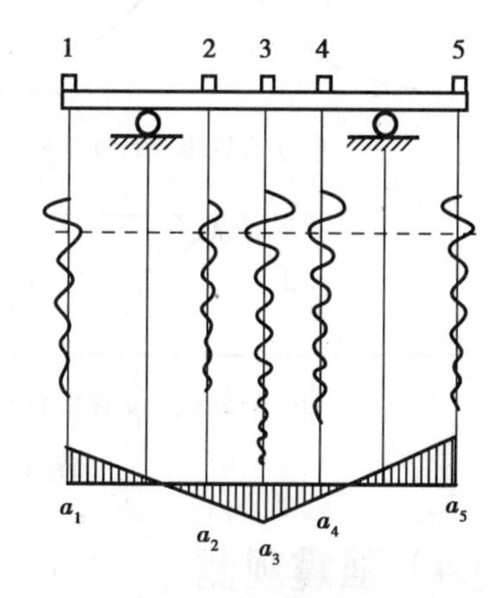

图6.10 结构振动变位图

1—时间信号;2—结构(梁);3—拾振器;4—记录曲线;5—$t=t_1$ 时结构变位图

设振动弹性曲线方程为

$$y = f(x) \tag{6.7}$$

这一方程可以根据实测结果按数学分析的方法做出,则有

$$M = EIy'' \tag{6.8}$$

$$Q = EIy''' \tag{6.9}$$

实际上,弹性曲线方程可以给定为某一函数,只要这一函数的形态与振动位移图相似,而且最大位移与实测位移相等,用它来确定内力就不致有过大误差。这样确定的结构内力,可与直接测定应变得出的内力相比较。

6.3.3 结构动力系数的试验测定

承受移动荷载的结构如吊车梁、桥梁等,常常需要确定其动力系数,以判定结构的工作情况。

移动荷载作用于结构上所产生的动挠度,往往比静荷载时产生的挠度大。动挠度和静挠度的比值称为动力系数。结构动力系数一般用试验方法实测确定。为了求得动力系数,先使移动荷载以最慢的速度驶过结构,测得挠度图如图6.11(a)所示,然后使移动荷载按某种速度驶过,这时结构产生最大挠度 y_d(采取以各种不同速度驶过的方法),如图6.11(b)所示。从图上量得最大静挠度 y_j 和最大动挠度 y_d,即可求得动力系数。

$$\mu = \frac{y_j}{y_d} \tag{6.10}$$

上述方法只适用于一些有轨的动荷载,对无轨的动荷载(如汽车)不可能使两次行驶的路线完全相同。有的移动荷载由于生产工艺上的原因,用慢速行驶测最大静挠度也有困难,这时可以采取一次高速行驶测试,记录图形如图6.11(c)所示。取曲线最大值为 y_d,同时在曲线上绘出中线,相应于 y_d 处中线的纵坐标(即 y_j),按上式即可求得动力系数。

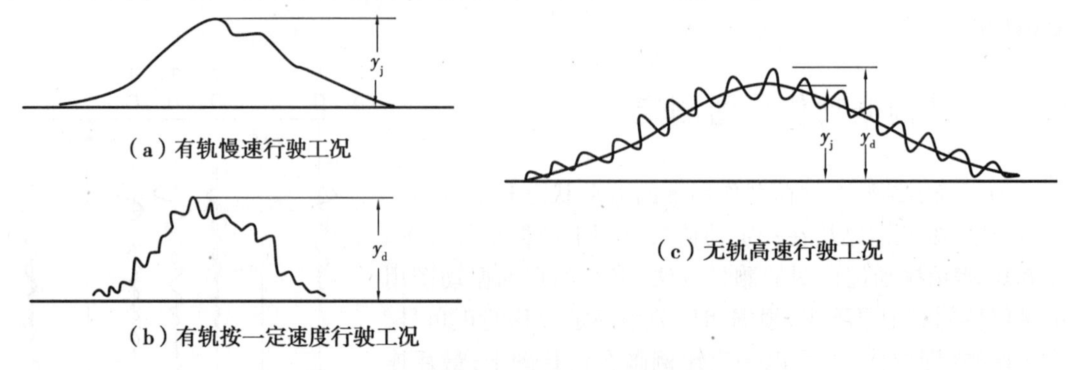

图6.11 移动荷载作用下荷载变形结构图

6.3.4 强震观测

地震发生时(特别是发生强地震时),以仪器为手段记录地面运动过程和工程结构的动力反应的工作称为强震观测。

强震观测能够为地震工程科学研究和结构抗震设计提供确切数据,并用来验证结构抗震理论和抗震措施是否符合实际。强震观测的基本任务是:

①取得地震时地面运动过程的记录,为研究地震影响场和烈度分布规律提供科学资料。

②取得结构物在强震作用下振动过程的记录,为结构抗震分析与试验研究以及设计方法提供客观的数据。

目前,很多国家已逐步形成强震观测台网,其中尤以美国和日本领先。例如美国洛杉矶明确规定,凡新建6层以上、面积超过6 000 m^2(5 581.5 m^2)的建筑物必须设置强震仪3台。各国在仪器研制、记录处理和数据分析等方面已有很大发展,强震观测工作已成为地震工程研究中最活跃的领域之一。

由于工程上习惯用加速度来表示地震反应,因此大部分强震仪都测量线加速度值(国外有少数强震观测站是测应变、应力、层间位移、土压力等物理量的)。强震不是经常发生,而且很难预测其发生时刻,所以强震仪设计了专门的触发装置,平时仪器不运转,无需专人看管,地震发生时,强震仪的触发装置便自动触发启动,仪器开始工作并将振动过程记录下来。考虑到地震时可能中断供电,仪器一般采用蓄电池供电。在建筑物底层和上层同时布置强震仪,地震发生时底层记录到的是地面运动过程,上层记录到的即为结构的加速度反应。

6.4 工程结构疲劳性能试验

建筑物或构件在重复荷载作用下破坏时,达到的应力值比其静力状态下的强度值低得多,这种破坏现象称为疲劳破坏。工程结构中遇到的疲劳破坏很多,如工业厂房中承受吊车作用的吊车梁等。疲劳破坏是结构或构件应力未达到其设计强度值下的脆性破坏,危害较大。近年来,国内外对结构构件,特别是钢筋混凝土构件的疲劳性能的研究比较重视。疲劳试验就是要了解结构或构件在重复荷载作用下的性能及变化规律。

6.4.1 工程疲劳试验的内容

根据工程结构疲劳试验的目的可以将试验分为研究性试验和检验性试验两类。对于科研性的疲劳试验,按研究目的要求而定。如果是正截面的疲劳性能试验,一般应包括:

①应力随荷载重复次数的变化情况。

②抗裂性及开裂荷载。

③裂缝宽度、长度、间距及其发展与荷载重复次数的关系。

④最大挠度及其变化规律。

⑤疲劳强度的确定。

⑥破坏特征分析。

对于鉴定性疲劳试验,满足现行设计规范要求的条件下,在重复荷载标准值作用下,控制疲劳次数内应检测以下内容:

①抗裂性及开裂荷载。

②裂缝宽度及其发展。

③最大挠度及其变化幅度。

④疲劳强度。

6.4.2 工程结构疲劳试验

工程结构构件疲劳试验一般均在专门的疲劳试验机上进行,大部分采用脉冲千斤顶施加重复荷载,也有采用偏心轮式振动设备的。国内对结构构件的疲劳试验大多采用等幅匀速脉动荷载,借以模拟结构构件在使用阶段不断反复加载和卸载的受力状态。

下面以钢筋混凝土结构为例介绍疲劳试验的主要内容和方法。

1)*疲劳试验荷载*

(1)疲劳试验荷载取值

疲劳试验的上限荷载 Q_{max} 是根据构件在最大标准荷载最小利组合下产生的弯矩计算而得,荷载下限根据疲劳试验设备的要求而定。如 AMSLER 脉冲试验机取用的最小荷载不得小于脉冲千斤顶最大动负荷的 3%。

(2)疲劳试验荷载速度

疲劳试验荷载在单位时间内重复作用的次数称为荷载频率,荷载频率的大小将会影响材料的塑性变形和徐变,另外频率过高时也将对疲劳试验附属设施带来较多的问题。目前,国内外尚无统一的频率规定,主要依据疲劳试验机的性能而定。荷载频率不应使构件及荷载架发生共振,同时应使构件在试验时与实际工作时的受力状态一致,为此荷载频率 θ 与构件固有频率 ω 之比应满足下列条件:

$$\frac{\theta}{\omega} < 0.5 \text{ 或 } > 1.3$$

(3)疲劳试验的控制次数

构件经受下列控制次数的疲劳荷载作用后,抗裂性(即缝宽度)、刚度、承载力必须满足现行规范中有关规定。

中级工作制吊车梁:$n=2\times10^6$ 次;

重级工作制吊车梁:$n=4\times10^6$ 次。

2)疲劳试验加载程序

疲劳试验的加载程序可分为两种:一种是从试验开始到试验结束施加重复荷载;另一种是交替施加静载和重复荷载。

交替施加静载和重复荷载可以先使构件在静载下产生裂缝,再施加重复荷载;也可以先施加重复荷载再用静载试验检验结构在重复荷载作用后的承载能力,以及重复荷载对结构变形、强度和刚度的影响。

对于检验性疲劳试验,可根据“混凝土结构试验方法标准”(GB 50152—2012)中推荐的等幅稳定的多次重复荷载作用下正截面和斜截面的疲劳性能试验加载程序进行试验。

构件疲劳试验的过程,可归纳为以下几个步骤:

(1)疲劳试验前预加静载试验

对构件施加不大于上限荷载20%的预加静载1~2次,消除松动及接触不良,压牢构件并使仪表运动正常。

(2)正式疲劳试验

第一步先作2次或3次加载卸载循环的静载试验,其目的主要是为了对比构件经受反复荷载后受力性能有何变化。荷载分级可采取最大荷载值 Q_{max} 的20%为一级。加载时宜分5级加到最大荷载,但在经过荷载最小值时应增加一级;卸载时宜分5级卸载到零,但在经过最小荷载值时应增加一级;对于允许出现裂缝的试验结构构件,在第一循环加载过程中,裂缝出现前,应适当加密荷载等级。

第二步进行疲劳试验,疲劳试验宜按下列次序加载:调节计数器→开动试验机(待机器达到正常状态)→加最小荷载→调节加载频率→加最大荷载→反复调节最大、最小荷载至规定值。根据试验要求宜在重复加载到 10×10^3,100×10^3,500×10^3,1×10^6,2×10^6 及 4×10^6 次时,停机进行一个循环的静载试验,读仪表读数和观测裂缝等;加卸载方法同前。且宜在加载到 10×10^3,20×10^3,50×10^3,100×10^3,200×10^3,500×10^3,1×10^6,1.5×10^6,2×10^6,3×10^6,4×10^6 次时,读取动应变和动挠度。

第三步做破坏试验。达到要求的疲劳次数后进行破坏试验时有两种情况:一种是继续施加疲劳荷载直至破坏,得了承受疲劳荷载的次数;另一种是作静载破坏试验,这时方法同前,荷载分级可以加大。应该注意,不是所有疲劳试验都采取相同的试验步骤,随试验目的和要求的不同,可有多种多样,如带裂缝的疲劳试验,静载可不分级缓慢地加到第一条可见裂缝出现为止,然后开始疲劳试验;还有在疲劳试验过程中变更荷载上限。提高疲劳荷载的上限,可以在达要求疲劳次数之前,也可在达到要求疲劳次数之后。

3)混凝土受弯构件疲劳破坏标志

①正截面疲劳破坏的标志是某一根纵向受拉钢筋疲劳断裂,或受压区混凝土疲劳破坏。

②斜截面疲劳破坏的标志是某一根与临界斜裂缝相交的腹筋(箍筋或弯筋)疲劳断裂,或混凝土剪压疲劳破坏,或与临界斜裂缝相交的纵向钢筋疲劳断裂。

③在锚固区钢筋与混凝土的粘结锚固疲劳破坏。

④在停机进行一个循环的静载试验时，出现下列情况之一：

a.结构构件受力情况为轴心受拉、偏心受拉、受弯、大偏心受压时：

- 对有明显物理流限的热轧钢筋，其受拉主钢筋应力达到屈服强度，受拉应变达到 0.01；对无明显物理流限的钢筋，其受拉主钢筋的受拉应变达到 0.01；
- 受拉主钢筋拉断；
- 受拉主钢筋处最大垂直裂缝宽度达到 1.5 mm；
- 挠度达到跨度的 1/50；对悬臂结构，挠度达到悬臂长的 1/25；
- 受压区混凝土压坏。

b.结构构件受力情况为轴心受压或小偏心受压时，其标志是混凝土受压破坏。

c.结构构件受力情况为受剪时：

- 斜裂缝端部受压区混凝土剪压破坏；
- 沿斜截而混凝土斜向受压破坏；
- 沿斜截面撕裂形成斜拉破坏；
- 箍筋或弯起钢筋与斜裂缝交会处的斜裂缝宽度达到 1.5 mm。

d.对于钢筋和混凝土的粘结锚固，其标志为钢筋末端相对于混凝土的滑移值达到 0.2 mm。

4）疲劳试验的观测

（1）疲劳强度

构件所能承受疲劳荷载作用次数，取决于最大应力值 σ_{max}（或最大荷载 Q_{max}）及应力变化幅度 ρ（或荷载变化幅度）。试验应按设计要求取最大应力值 σ_{max} 及疲劳应力比值 $\rho=\sigma_{min}/\sigma_{max}$。依据此条件进行疲劳试验，在控制疲劳次数内，构件的强度、刚度、抗裂性应满足现行规范要求。

当进行科研性疲劳试验时，构件是以疲劳极限强度和疲劳极限荷载作为最大的疲劳承载能力。构件达到疲劳破坏时的荷载上限值为疲劳极限荷载。构件达到疲劳破坏时的应力最大值为疲劳极限强度。为了得到给定 ρ 值条件下的疲劳极限强度和疲劳极限荷载，一般采取的办法是：根据构件实际承载能力，取定最大应力值 σ_{max}，做疲劳试验，求得疲劳破坏时荷载作用次数 n，从 σ_{max} 与 n 双对数直线关系中求得控制疲劳极限强度，作为标准疲劳强度，它的统计值作为设计验算时疲劳强度取值的基本依据。

（2）疲劳试验的应变测量

一般采用电阻应变片测量动应变，测点布置按照试验具体要求而定。测试方法有：

①以动态电阻应变仪和记录器（如光线示波器）组成测量系统，这种方法的缺点是测点数量少。

②用静动态电阻应变仪（如 YJD 型）和阴极射线示波器或光线示波器组成测量系统，这种方法简便且具有一定精度，可多点测量。

（3）疲劳试验的裂缝测量

由于裂缝的开始出现和微裂缝的宽度对构件安全使用具有重要意义，因此，裂缝测量在疲劳试验中是重要的。目前测裂缝的方法还是利用光学仪器目测或利用应变传感器电测裂缝。

（4）疲劳试验的挠度测量

疲劳试验中动挠度测量可采用接触式测振仪、差动变压器式位移计和电阻应变式位移传感器等。

5)疲劳试验试件安装

构件的疲劳试验不同于静载试验,它连续进行的时间长,试验过程振动大,因此试件的安装就位以及相配合的安全措施均须认真对待,否则将会产生严重后果。具体安装时应注意:

①严格对中。荷载架上的分布梁、脉冲千斤顶、试验构件、支座以及中间垫板都要对中。特别是千斤顶轴心一定要同构件断面纵轴在一条直线上。

②保持平稳。疲劳试验的支座最好是可调的,即使构件不够平直也能调整安装水平。另外千斤顶与试件之间、支座与支墩之间、构件与支座之间都要确实找平,用砂浆找平时不宜铺厚,因为厚砂浆层易酥。

③安全防护。疲劳破坏通常是脆性断裂,事先没有明显预兆。为防止发生事故,对人身安全、仪器安全均应很好注意。

6.5 工程结构其他动力荷载试验

6.5.1 模拟地震振动台试验

地震对结构的作用是由于地面运动而引起的一种惯性力。通过振动台对结构输入正弦波或地震波,可以再现各种形式地震波输入后的结构反应和地震震害发生的过程,观测试验结构在相应各个阶段的力学性能,进行随机振动分析,使人们对地震破坏作用进行深入的研究。通过振动台模型试验,研究新型结构计算理论的正确性,有助于力学计算模型的建立。

1)试验模型的基本要求

在振动台上进行模型试验,由于振动台面尺寸限制,一般采用缩尺模型来进行试验。试验模型要按相似理论考虑模型的设计问题,要使原型与模型保持相似,两者必须在时间、空间、物理、边界和运动条件等各方面都满足相似条件的要求。例如,实际结构为60层210 m高,采用1∶30的结构模型,结构模型的高度为7 m。实际结构的标准层层高为3 m,在振动台试验的结构模型中,层高只有100 mm。由于结构模型的缩尺比例大,对模型设计和制作工艺都必须仔细考虑。

(1)模型结构应与原型结构的几何相似

振动台试验的模型结构必须与原型结构几何相似。这个要求可以直观地理解为:类似于一张照片的放大或缩小,尽管放大或缩小的照片使其物体的尺寸发生了变化,但照片的放大或缩小不改变照片上物体的基本特征。按照相似性原理,几何相似是保证模型结构与原型结构在力学性能方面相似的基本要求。因此,在设计制作振动台模型时,模型结构各个部位的尺寸按同一比例缩小。但是,几何相似并不能保证模型结构的性能与原型结构都相似。例如,框架结构梁、柱、板的尺寸按比例缩小后,其体积按该比例的3次方缩小,这使得与结构质量相关的惯性力发生变化。在振动台试验模型设计时,要根据相似理论对模型结构和原型结构的关系进行分析,保证结构的主要力学性能得到准确模拟。另外,受结构性能(特别是结构局部性能)的限制,有些结构的模型尺寸不能太小。

(2)采用与实际结构性能相近的材料制作模型

目前,工程中最常见的结构类型主要为混凝土结构、钢结构、砌体结构和由这几种结构组合而成的组合结构。从模型材料来看,最理想的是模型材料性能与原型材料性能相同。因此,钢结构模型仍采用钢材制作,模型材料与实际结构材料可以完全相同。但原型结构常采用标准尺寸的热轧型钢制造,尺寸缩小后,一般很难找到正好各个部位尺寸完全满足几何相似要求的小尺寸型钢,必须专门加工制作。对于混凝土结构和砌体结构,很难找到满足要求的模型材料。例如普通砖砌体的水平灰缝厚度约为 10 mm,按 1 ∶ 5 的模型缩小,灰缝厚度只有 2 mm,因此,砌筑砂浆中砂的最大粒径一般应不大于 0.2~0.3 mm,调整砂浆最大粒径后,还要通过试配保证砂浆的强度及弹性模量与原型结构的基本相同。混凝土结构也存在同样的问题,混凝土结构的振动台试验可能采用很大的缩尺比例模型,模型结构尺寸只有原型结构的几十分之一,这时由于骨料粒径的限制,不可能采用与原型结构相同的混凝土制作模型结构,也不能够简单地将最大骨料粒径缩小几十倍来配制模型结构的混凝土。通常,按强度和弹性模量接近的原则,采用砂浆或特制的微粒混凝土制作模型,钢筋则用不同直径的钢丝或铁丝替代。一般而言,仔细设计和制作的砌体结构或混凝土结构的振动台模型,在非弹性性能方面与原型结构的非弹性性能有一些差别,但弹性性能基本相近,结构的破坏特征也可以做到基本相似。

(3)振动台试验模型制作工艺应严格要求

模型制作是结构地震模拟振动台试验的关键环节,与实际结构遭遇地震的情形相类似,需要花几个月甚至更长的时间制作的模型。在振动台试验中,模型在几十秒钟的时间内就结束了它的使命,我们在这几十秒的时间内获取的数据的准确程度,很大程度上就取决于模型制作的精度。

对于钢结构模型,制作工艺包括两个方面:钢构件的加工和钢构件的连接。受节点部位的尺寸限制,有些钢结构的振动台试验不宜采用太小的结构模型。例如,钢结构节点的残余应力对节点的抗震性能有较大的影响,而对残余应力影响较大的热应力影响区很难在模型制作加工时得到模拟。混凝土结构模型的加工误差应严格控制,例如原型结构中柱的边长为 600 mm,模板安装误差为±6 mm,相对误差为 1%,缩小 30 倍后,模型结构中柱的边长 20 mm,如果控制相对误差不变,模板安装的误差就只有±0.2 mm。混凝土结构模型的制作还要考虑钢筋骨架的稳定、模板的拆除、砂浆或微粒混凝土的流动性、浇灌龄期对材料性能的影响等因素。

事实上,要做到原型和模型完全相似是很困难的。因此,只能抓住主要因素,以便模型试验既能反映事物的真实情况,又不致太复杂太困难就可以了。

2)加载过程及试验方法

在模拟地震振动台试验前,要重视加载过程的设计及试验方法的制订。因为不适当的加载设计,可能会使试验结果与试验目的相差甚远。如所选荷载过大,试件可能会很快进入塑性阶段乃至破坏倒塌,难以完整地量测到结构弹性和塑性阶段的全过程数据,甚至发生安全事故;所选荷载过小,可能无法达到预期的试验效果,产生不必要的重复试验,且多次重复试验对试件会产生损伤积累。因此,为获得系统的试验资料,必须周密地设计加载程序。

(1)加载程序设计的基本要求

①振动台台面输出能力的选择。主要考虑振动台台面输出的频率范围、最大位移、速度和加速度、台面承载力等性能,在试验前应认真核查振动台台面特性曲线是否满足试验要求。

②输入地震波。地震时地面运动是一个宽带的随机震动过程，一般持续时间在15~30 s，强度可达0.1g~0.6g，频率在1~25 Hz。为了真实模拟地震时地面运动，对输入给振动台的波形有一定的要求。

选择适当的地震记录或人工地震波，使其占主导分量的周期与结构周期相似。这样能使结构产生多次瞬时共振，从而得到清晰的变化和破坏形式。

选择与之相适应的场地土地震记录，使选择的地震记录的频谱特性尽可能与场地土的频谱特性相一致，并应考虑地震烈度和震中距离的影响。这一条件的满足，在对实际工程进行模拟地震振动台模型试验是尤为重要。常见输入波有下面几种：

a.强震实测记录，在这方面国内外都已取得一些较完整记录可供试验选用。

b.按需要的地质条件或参照相近的地震记录，做出人工地震波。

c.按规范的谱值构造人工地震波，这主要用于检验性试验。

(2)加载过程(loading procedure)

根据试验目的的不同，在选择和设计台面输入加速度时程曲线后，试验的加载过程可选择一次性加载及多次加载等不同的方案。

①一次性加载。所谓一次性加载就是在一次加载过程中，完成结构从弹性到弹塑性直至破坏阶段的全过程。在试验过程中，连续记录结构的位移、速度、加速度及应变等输出信号，并观察记录结构的裂缝形成和发展过程，从而研究结构在弹性、弹塑性及破坏阶段的各种性能，如刚度变化、能量吸收等，并且还可以从结构反应来确定结构各个阶段的周期和阻尼比。这种加载过程的主要特点是能较好地连续模拟结构在一次强烈地震中的整个表现及反应，但因为是在振动台台面运动的情况下对结构进行量测和观察，测试的难度较大。例如，在初裂阶段，很难观察到结构各个部位上的细微裂缝；在破坏阶段，观测有相当的危险。于是，用高速摄影机和电视摄像的方法记录试验的全过程不失为比较恰当的选择。可见，如果试验经验不足，最好不要采用一次性加载的方法。

②多次加载。与一次性加载方法相比，多次加载法是目前模拟地震振动台试验中比较常用的试验方法。多次加载法的试验步骤首先是在正式试验前，进行模型结构的动力特性试验，测试结构的动力特性。然后，开始逐级向振动台台面输入振动信号，记录结构微裂、中等程度的开裂、主要部位产生破坏和结构变成机动体系(接近破坏倒塌)时结构的地震反应。

3)量测方案

地震模拟振动台试验，一般需观测结构的位移、加速度、应变反应、结构的开裂部位、裂缝的发展、结构的破坏部位和破坏形式等。在试验中位移和加速度测点一般布置在产生最大位移或加速度的部位，对于整体结构的房屋模型试验，则在主要楼面和顶层高度的位置上布置位移和加速度传感器(要求传感器的频响范围为0~100 Hz)。当需要测量层间位移时，应在相邻两楼层布置位移或加速度传感器，将加速度传感器测到的信号，通过二次积分即可转化为位移信号。在结构构件的主要受力部位和截面，应测量钢筋和混凝土的应变、钢筋和混凝土的粘结滑移等参数。测得的位移、加速度和应变传感器的所有信号被连续输入计算机或专用数据采集系统进行数据采集和处理，试验结果可由计算机终端显示或利用绘图仪、打印机等外围设备输出。

4)安全措施

试件在模拟地震作用下将进入开裂和破坏阶段，为了保证试验过程中人员和仪器设备的安

全,振动台试验必须采取以下安全措施:

①试件设计时应进行吊装验算,避免试件在吊装过程中发生破坏。

②试件与振动台的安装应牢固,对安装螺栓的强度和刚度应进行验算。

③试验人员在上下振动台台面时应注意台面和基坑地面之间的间隙,防止发生坠人或摔伤事故。

④传感器应与试件牢固连接,并应采取预防掉落的措施,避免因振动引起传感器掉落或损坏。

⑤注意有可能发生倒塌的试件。应在振动台四周铺设软垫,并利用吊车通过绳索或钢丝绳进行防护,防止试件倒塌时损坏振动台和周围设备。进行倒塌试验时,应将传感器全都拆除,同时认真做好摄像记录工作。

⑥试验过程中应做好警戒标志,振动台开启和振动过程中任何人不得进入试验区。

6.5.2 风洞试验

风是由强大的热气流形成的空气动力现象,其特性主要表现在风速和风向。而风速和风向随时都在变化,风速有平均风速和瞬时风速之分,瞬时风速最大可达到 60 m/s 以上,对建筑物将产生很大的破坏力。我国将风力划分为 12 个等级,6 级以上的大风就要考虑风荷载对建筑物的影响。我国沿海地区的建筑物也经常遭受到强台风的袭击,造成房屋倒塌和人员伤亡。因此,很多专家学者致力于工程结构的抗风研究,并通过实测试验了解作用在工程结构上的风力特性。实测试验是对建筑物在自然风作用下的状态,包括位移、风压分布和建筑物的振动参数的测定。实测试验要等待有强风的情况下才能测量,耗时很长,一般要 1 年左右,而且需要大量的人力、物力和财力,难度较大。为此,科学家们为了系统地研究风力对各种结构的作用,除了实测试验之外,还采用缩小模型或相似模型在专门的试验装置内模拟风力试验,即风洞试验。

在多层房屋和工业厂房结构设计中,房屋的风载体形系数就是根据大量的风洞试验的结果归纳总结出来的。目前对超大跨径的桥梁、大跨度屋盖结构和超高层建筑等新型结构体系也常用风洞试验确定与风荷载有关的设计参数。

1)试验装置

结构风洞试验装置是一种能够产生和控制气流,以模拟建筑或桥梁等结构物周围的空气流动,并可量测气流对结构的作用,以及观察有关物理现象的一种管状空气动力学试验设备。

为适应各种不同结构形式的风洞试验,风洞的构造形式和尺寸也各不相同。目前,日本国立土木研究所拥有世界上最大的单回路铅直回流形式的风洞,风洞尺寸为 4 m×4 m×30 m,如图 6.12 所示,由 36 台直径 1.8 m 的风机组成,主要适用进行大型桥梁的缩小模型风洞试验。日本多多罗大桥(世界最大斜拉桥,主跨 880 m)和日本明石海峡大桥(世界最长悬索桥,主跨 1 990 m)建造前都进行了风环境缩小模型风洞试验。

我国同济大学风洞实验室拥有 3 座大、中、小配套的边界层风洞设施,其中 TJ—3 型试验风洞尺寸为 15 m×2 m×14 m。该风洞试验装置分别进行了上海国际金融大厦($H=226$ m)模型风洞试验和南京长江二桥南汉桥(斜拉桥,主跨 628 m)缩尺模型风洞试验。目前,哈尔滨工业大

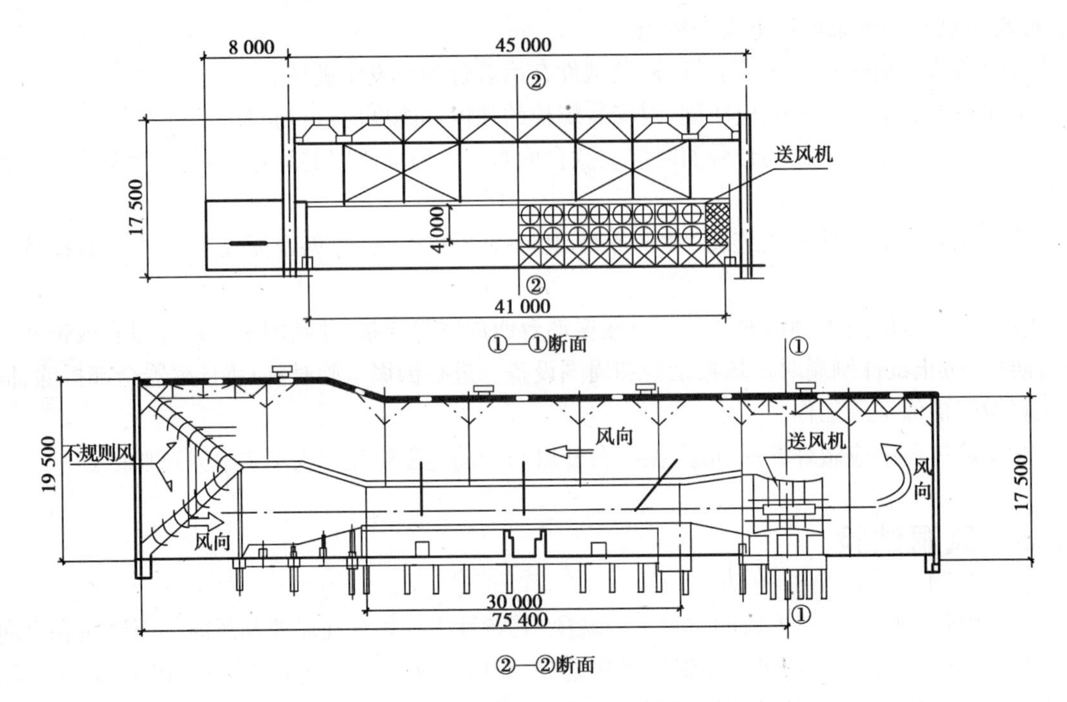

图 6.12　大型风洞试验构成图

1—一般气流试验位置;2—斜风试验位置;3—不规则风试验位置

学和大连理工大学等也分别建成了风洞试验室。

2)试验模型和量测系统

结构风洞试验模型可分为钝体模型和气弹模型两种。其中,钝体模型注意用于研究风荷载作用下,结构表面各个位置的风压,气弹模型则注意用于研究风致振动以及相关的空气动力学现象。风洞试验时主要的测试项目有:

①不同形式的风和不同风速作用下结构的应力、位移、变形等。

②不同形式的风和不同风速作用下结构的振动动力特性。

图 6.13 给出了风洞试验量测系统框图。

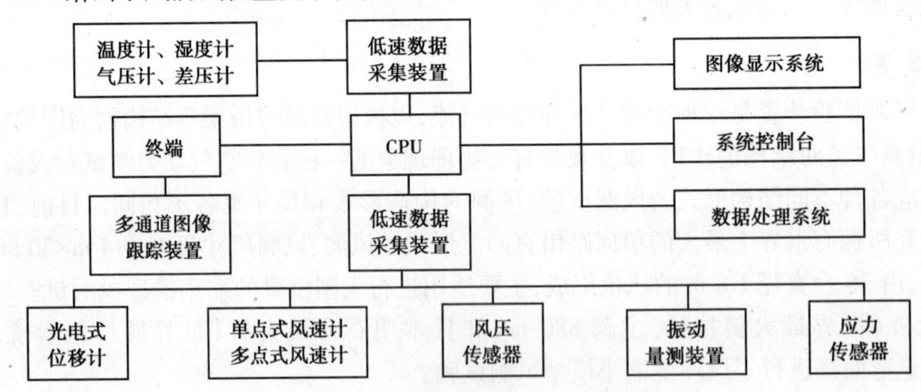

图 6.13　风洞试验量测系统框图

本章小结

(1)动力作用的主要特点是作用及作用效应随时间发生变化,因此考虑动力荷载作用下结构的性能,不仅应考虑荷载作用的大小和位置,还应考虑荷载作用的时间及结构响应随时间变化的关系。

(2)结构在动力荷载作用下的响应不仅与荷载的形式、大小、位置、作用方式、变化规律有关,而且与结构自身特性关系密切。因此,一般将结构动力试验分为结构动力特性试验和结构动力响应试验两大类。结构自身动力特性包括结构的自振周期、自振频率、振型、阻尼等,这些特性是结构自身固有的振动参数,它们取决于结构的组成形式、质量及刚度分布、构造及连接方式等。

(3)工程中的振动形式也可分为确定性振动和不确定性振动两大类。确定性的振动是指激励及结构的响应可以用确定的函数进行描述的有规律振动;不确定性的振动(又称随机振动)是指激励及结构的响应难以用确定的函数进行描述的振动,通常用统计方法进行描述。

(4)振动参数的量测系统通常由三部分组成:传感器、信号放大器和显示及记录仪器。拾振器感受结构的振动,将机械信号变换为电量信号,并将电量信号传给信号放大器。信号放大器将拾振器传来的电量信号放大并将其输入显示仪器及记录仪器中。显示仪器将放大器传来的被测振动信号转变为人眼可以直接观测的信号。常用的显示装置可分为图形显示和数字显示两大类,常用的图形显示装置为各种示波器。记录仪是将被测信号以图形、数字、磁信号等形式记录下来。常用的记录装置有笔式记录仪、电平记录仪及磁带记录仪等。

(5)惯性式拾振器根据$\frac{\omega}{\omega_n}$和ζ的不同可以设计成加速度计、速度计和位移计。

(6)测量结构动力特性的方法有:自由振动法、共振法、脉动试验法。

(7)建筑物或构件在重复荷载作用下破坏时,达到的应力值比其静力状态下的强度值低很多,这种破坏现象成为疲劳破坏。疲劳破坏是结构或构件应力未达到材料设计强度值下脆性破坏,危害较大。

(8)结构构件疲劳试验一般均在专门的疲劳试验机上进行,大部分采用脉冲千斤顶施加重复荷载,也有采用偏心轮式振动设备。国内对结构构件的疲劳试验大多采用等幅匀速脉动荷载,借以模拟结构构件在使用阶段不断反复荷载和卸载的受力状态。

思考题

6.1 结构动力试验的特点是什么?与静力试验相比有哪些不同?

6.2 振动信号的记录常用哪些方法?

6.3 检测动力特性的常用方法有哪些?

6.4 用脉动法得到的结构动力特性信号的常用分析方法有哪几种?

6.5 测振传感器有哪几类?各自技术指标有哪些?如何选择测振传感器?

6.6 测量放大器有哪几类?

6.7 疲劳试验的荷载上限和荷载下限是如何确定的?

6.8 如何使用共振法测定结构的阻尼?

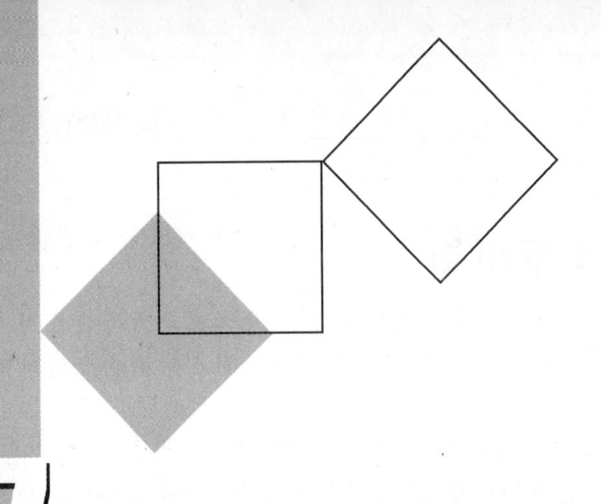

7 抗震性能试验

7.1 概　述

全世界每年大约发生500万次地震,其中能够造成严重破坏的地震,平均每年大约发生18次。我国是一个地震多发国家,全国大部分地区都发生过较强烈的破坏性地震。为了减轻或避免由于地震而造成的损失需要对工程结构进行理论分析和试验研究,为抗震设防和结构的抗震设计提供依据。

按结构抗震试验的方法可以分为结构抗震静力试验和结构抗震动力试验两大类。结构抗震静力试验包括低周反复荷载试验(又称拟静力试验)和计算机-电液伺服联机试验(又称拟动力试验),这两种方法都是使用静力加载的方法对试件施加荷载,因此实质上仍为静力试验。结构抗震静力试验能够研究结构在承受地震作用时的受力及变形性能。结构抗震动力试验包括地震模拟振动台试验、强震观测、人工爆破模拟地震试验等,这些方法是对结构原型或模型施加地震激励或模拟地震激励,来观测结构或模型的响应,属于结构动力试验。

7.2 工程结构抗震性能试验方法

7.2.1 拟静力试验

静力试验又称低周反复荷载试验,是指对结构或结构构件施加多次往复循环作用的静力试验,使结构或结构构件在正反两个方向重复加载和卸载的过程,用以模拟地震时结构在往复振动中的受力特点和变形特点。这种方法是用静力方法求得结构振动时的效果,因此称为拟静力试验,或伪静力试验。

工程结构的拟静力试验是目前研究结构或结构构件受力及变形性能时应用最广泛的方法之一。它采用一定的荷载控制或位移控制对试件进行低周反复循环的加载方法,使试件从开始受力到破坏的一种试验方法,由此获得结构或结构构件非弹性的荷载-变形特性,因此又称为恢复力特性试验。

该方法的加载速率很低,因此由于加载速率而引起的应力、应变的变化速率对于试验结果的影响很小,可以忽略不计。同时该方法为循环加载,也称为周期性加载。

进行结构拟静力试验的主要目的:首先是建立结构在地震作用下的恢复力特性,确定结构构件恢复力的计算模型,通过试验所得的滞回曲线和曲线所包围的面积求得结构的等效阻尼比,衡量结构的耗能能力,同时还可得到骨架曲线,结构的初始刚度及刚度退化等参数;由此可以进一步从强度、变形和能量等三个方面判断和鉴定结构的抗震性能;最后可以通过试验研究结构构件的破坏机制,为改进现行结构抗震设计方法及改进结构设计的构造措施提供依据。

1)拟静力试验的设备及装备

拟静力试验的设备一般包括:加载装置-双向作用加载器(千斤顶)、反力装置-反力墙或反力架、试验台座。

试验装置的设计应满足下列要求:

①试验装置与试验加载设备应满足设计受力条件和支承方式的要求。

②试验台、反力墙、门架、反力架等,其反力装置应具有刚度、强度和整体稳定性。试验台的质量不应小于结构试件最大质量的5倍。试验台应能承受垂直和水平方向的力。试台在其可能提供反力部位的刚度,应比试件大10倍。几种典型的试验加载装置如图7.1所示。

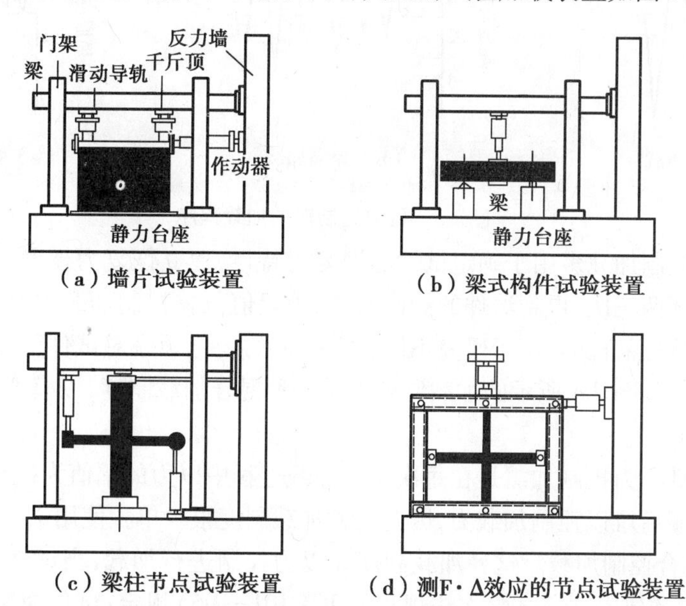

(a)墙片试验装置　(b)梁式构件试验装置

(c)梁柱节点试验装置　(d)测F·Δ效应的节点试验装置

图7.1　几种典型的试验加载装置

常用的电液伺服拟静力试验加载系统如图7.2所示。

2)加载制度

进行拟静力试验必须遵循一定的加载制度,在结构试验中,由于结构构件的受力不同,可以分为单方向加载和两方向加载两类加载制度。常用的单向加载制度主要有3种:位移控制加

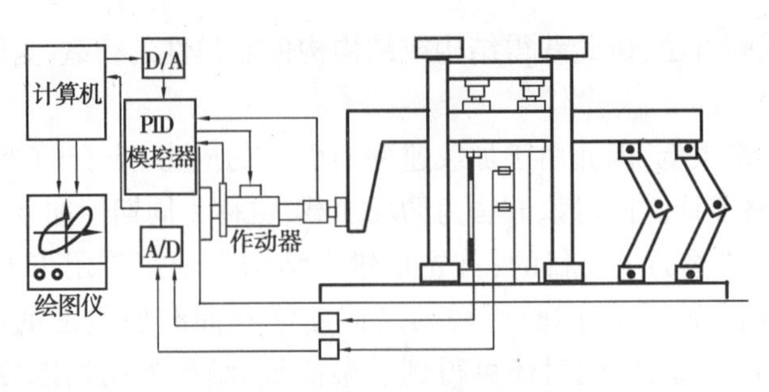

图 7.2　伪静力试验加载系统

载、力控制加载和力-位移混合控制加载。

(1)单向加载制度

①位移控制加载。位移控制加载是在每次循环加载过程中以位移为控制量进行循环加载。当结构有明确屈服点时,一般以屈服位移的倍数为控制值,根据位移控制的幅值不同又可分为:变幅加载、等幅加载和混合加载,加载程序如图 7.3 所示。变幅加载即在每周以后,位移的幅值都将发生变化;等幅加载即在试验的过程中,位移的幅值都不发生变化;混合加载是将等幅加载和变幅加载结合使用,综合研究试件的性能。

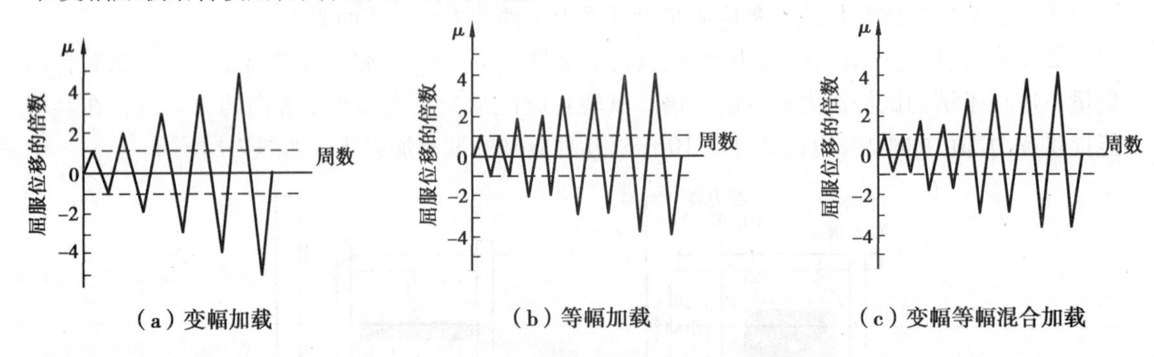

(a) 变幅加载　　(b) 等幅加载　　(c) 变幅等幅混合加载

图 7.3　位移控制时的加载程序

变幅值位移控制加载多用于确定试件的恢复力特性,建立恢复力模型,一般过程为在每一级位移幅值下循环两三次,得到试件的滞回曲线;等幅值位移控制加载主要应用于确定试件在特定位移下的性能;混合加载用于研究不同加载幅值的变化顺序对试件受力性能的影响,综合研究构件的性能。如图 7.4 所示的加载制度也是一种混合加载制度,以模拟构件承受两次地震的影响。

②力控制加载。力控制加载是在每次循环加载过程中以力的幅值为控制量进行循环加载。由于结构构件屈服后难以控制加载力,因此这种加载制度很少单独使用。

③力-位移混合控制加载。这种加载制度先以力控制进行加载,当试件达到屈服状态时再以位移控制加载。《建筑抗震试验方法规程》(JGJ 101—96)规定:试件屈服前,应采用载荷控制分级加载,接近开裂和屈服荷载前宜减小级差加载;试件屈服后应采用变形控制,变形值应取屈服时试件的最大位移值,并以该位移的倍数为级差进行控制加载;施加反复荷载的次数应根据试验目的确定,屈服前每级荷载可反复一次,屈服以后宜反复 3 次。图 7.5 为拟静力试验中被经常采用的一种力-位移混合加载制度。

(2)两方向加载制度

由于地震对结构的作用实际上是多维的作用,两个方向的相互耦合作用严重削弱结构的抗震能力,水平双向地震作用对结构的破坏作用比单向地震对结构的影响大,因此通过试验研究结构或结构构件在双向受力状态下的性能将是非常有必要的。通过试验研究,结构构件在两方向受力时反复加载可以分为同步加载和非同步加载。

①同步加载。当用两个加载器在两个方向同时加载时,两个主轴方向的分量是同步的,其加载制度与单向受力加载的加载制度相同。

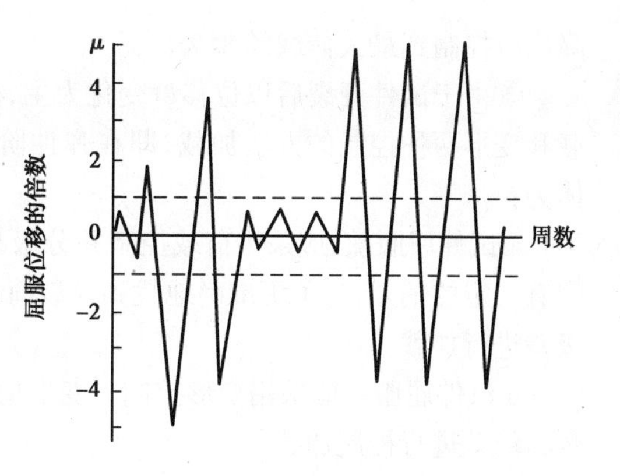

图 7.4 两次地震影响的混合位移加载制度

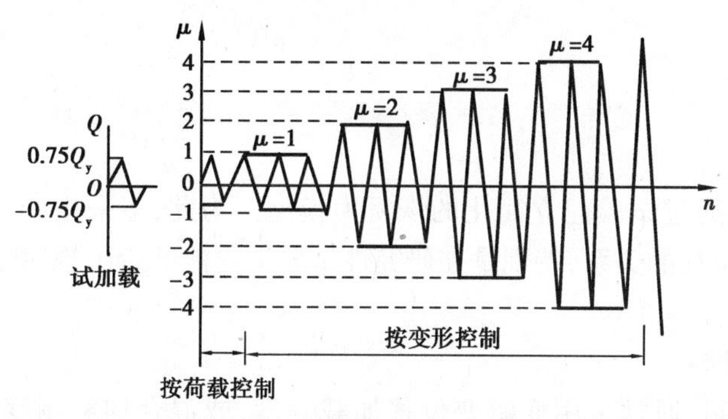

图 7.5 力-位移混合加载制度

②非同步加载。非同步加载要用两个加载器分别在截面两个主轴方向加载。此时,由于 X、Y 方向可以先后加载荷载,因而是不同步的。如图 7.6 所示为常用的仅有 X、Y 方向侧向力的加载途径,其中:(a)为单向加载;(b)为 X 方向恒载,Y 方向加载;(c)为 X、Y 方向先、后加载;(d)为 X、Y 方向交替加载;(e)为 8 字形加载;(f)为方形加载。

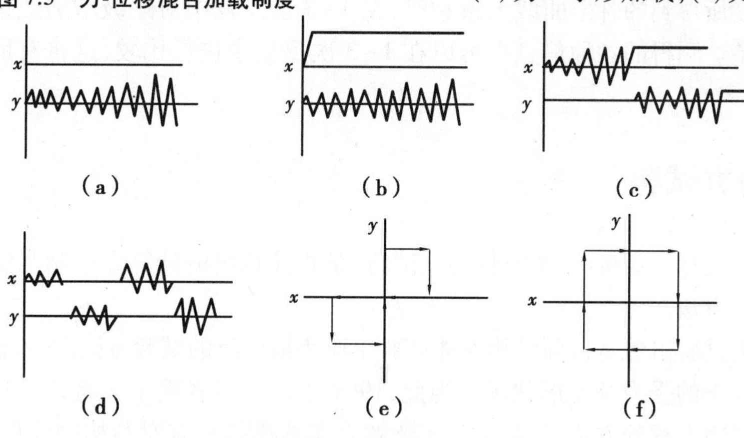

图 7.6 双向加载制度

3)加载方法

①正式试验前,应先进行预加反复荷载试验三次;混凝土结构试件加载值不宜超过开裂荷载计算值的 30%;砌体结构试件加载值不宜超过开裂荷载计算值的 20%。

②正式试验时的加载方法应根据试件的特点和试验目的确定,宜先施加试件预计开裂荷载的 40%~60%,并重复 2~3 次,再逐步加至 100%。

③试验过程中,应保持反复加载的连续性和均匀性,加载或卸载的速度宜一致。

④当进行承载能力和破坏特征试验时,应加载至试件极限荷载下降段;对混凝土结试件下

降值应控制到最大荷载的85%。

⑤由于试件开裂后以位移量变化为主，荷载无法控制，因此进行试验时，加载程序应采用荷载和变形两种控制的方法加载，即在弹性阶段用荷载控制加载，开裂后用变形量控制加载，具体为：

a.试件屈服前，应采用荷载控制并分级加载。由于试验时，试件的实际强度值与计算值之间有一定的偏差，为了更准确地找到开裂荷载和屈服荷载，因此接近开裂和屈服荷载前宜减小级差进行加载。

b.试件屈服后应采用变形控制。变形值应取屈服时试件的最大位移值，并以该位移值的倍数为级差进行控制加载。

c.施加反复荷载的次数应根据试验的目的确定。屈服前每级荷载可反复1次，屈服后宜反复3次。当进行刚度退化试验时，反复次数不宜少于5次。

4)试验目的

在拟静力试验中，研究的目的有：

(1)建立恢复力曲线

在非线性地震反应分析中，常常需要通过试验建立简化的恢复力模型。为此，多采用变幅变位移加载。它可以给出较明确的力和位移的关系，特别是在研究性试验中更能够给出规律性的结论。

(2)建立强度计算公式及研究破坏机制

为建立强度计算公式及研究破坏机制，通常采用变幅变位移加载制度，或混合加载制度。这两种加载制度所得到的骨架曲线大致相符，在1~3次反复中对逐级增加变位的破坏特征可以观察得更清楚。测得的各种信息也可以在1~3次反复中进行比较，这将有助于建立强度计算公式。

7.2.2 拟动力试验

拟动力试验又称计算机-电液伺服联机试验，是将计算机的计算和控制与结构试验有机结合在一起的实验方法。

结构拟静力试验虽然是目前结构性能试验中应用最广泛的试验方法之一，但是它不能反映结构在地震作用下的受力及变形状况。为此，1969年日本学者提出了将计算机与加载作动器联机求解结构动力方程的方法，目的是为了能够真实地模拟地震对结构的作用，后来成为拟动力试验方法或计算机-作动器联机试验方法。拟动力试验的基本思想源于结构动力计算的数值计算方法。对于一个离散的多自由度结构体系，其动力方程的表达式为：

$$[M]\{\ddot{X}\}+[C]\{\dot{X}\}+[K]\{X\}=-[M]\{\ddot{X}_g\} \tag{7.1}$$

式中 M,C,K——分别为结构的质量矩阵、阻尼矩阵和刚度矩阵；

$\ddot{X},\dot{X},X$——分别为结构的加速度、速度和位移；

$\ddot{X}_g$——地面运动加速度。

为了便于试验，通常将上式写成离散形式：

$$[M]\{\ddot{X}_i\} + [C]\{\dot{X}_i\} + [K]\{X_i\} = -[M]\{\ddot{X}_{gi}\} \tag{7.2}$$

时间步长为 Δt,为求解动力方程,可应用多种方法,如线性加速度法、中心差分法、Newmark-β 法等。

该方法不需要事先假定结构的恢复力特性,恢复力可以直接从试验对象所作用的加载器的荷载值得到。同时拟动力试验方法还可以用于分析结构弹塑性地震反应,研究目前描述结构或构件的恢复力特性模型是否正确,进一步了解难以用数学表达式描述恢复力特性的结构的地震响应。与拟静力试验和振动台试验相比,既有拟静力试验的经济方便,又具有振动台试验能够模拟地震作用的功能。

(1)加载的设备及装置

拟动力试验的设备由电液伺服加载器和计算机两大系统组成。

计算机的功能是根据某一时刻输入的地面运动加速度,以及上一时刻试验得到的恢复力,计算该时刻的位移反应,加载系统由此位移量施加荷载,从而测出在该位移下的力,此外还对试验中的应变、位移等其他数据进行处理。

加载控制系统包括电液伺服加载器及模控系统。电液伺服加载器施加荷载,模控系统根据该时刻由计算机传来的位移信号转化为电信号,输出到用于加载的伺服系统。

(2)试验的方法及步骤

拟动力试验的结构原理图如图 7.7 所示。

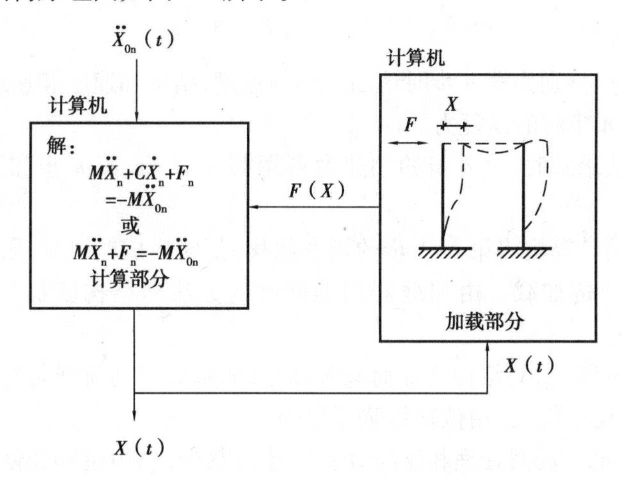

图 7.7 拟动力试验的结构原理图

联机加载系统的加载制度和加载流程是从输入地震运动加速度开始的。其工作流程为:

①在计算机系统中输入地震波(地震的地面运动加速度)。

②当计算机输入第 i 步地面运动加速度后,由计算机求得第 i+1 步的指令位移 X_{i+1}。

③按计算机求得第 i+1 步的指令位移 X_{i+1}对结构施加荷载。

④量测结构的恢复力 F_{i+1}和加载器的位移值 X_{i+1}。

⑤重复上述步骤,直到地震波输入完毕。

拟动力试验的加载流程框图如图 7.8 所示,整个试验加载连续循环进行,由于加载过程中用逐步积分求解运动方程的时间间隔较小,一般取时间间隔为 Δt = 0.01 s,而在试验加载过程中,每级加载的步长大约为 60 s,这样加载过程完全可以视为静态的。因此,试验时可以认为在

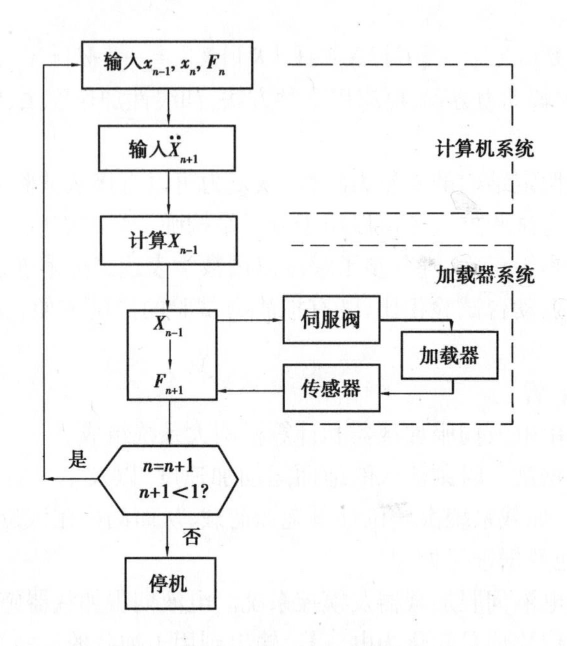

图 7.8 拟动力试验的加载流程框图

Δt 时间段内加速度是直线变化的,这样就可以用数值积分方法来求解运动方程:

$$m\ddot{X}_n + c\dot{X}_n + F_n = -m\ddot{X}_{0n} \tag{7.3}$$

式中 $\ddot{X}_{0n}$,$\ddot{X}_n$,$\dot{X}_n$—— 分别为第 n 步时地面运动加速度、结构加速度和速度;

F_n——结构第 n 步时的恢复力。

当采用中心差分法求解时,第 n 步的加速度可用第 $n-1$ 步、第 n 步和第 $n+1$ 步的位移量表示。

由加载控制系统的计算机将第 $n+1$ 步的指令位移 x_{i+1} 转换成输入电压,再通过电液伺服加载系统控制加载器对结构加载。由加载器用准静态的方法对结构施加与 x_{i+1} 位移相对应的荷载。

当加载器按指令位移 x_{i+1} 对结构施加荷载时,通过加载器上的荷载传感器测得此时的恢复力 F_{n+1},而结构的位移反应值 x_{i+1} 由位移传感器得到。

将 x_{i+1} 及 F_{n+1} 连续输入数据处理和反应分析计算机系统,利用位移和恢复力按同样方法重复,进行计算和加载,以求得下一步的位移值和恢复力,直到加速度输入完成。

拟动力试验的优点有:

①在整个数值分析过程中不需要对结构的恢复力特性进行假设。

②由于试验加载过程接近静态,因此可使试验人员有足够的时间观测结构性能的变化和结构损坏过程,获得较为详细的试验资料。

③可以对一些足尺模型或大比例模型进行试验。

④可以缓慢地再现地震的反应。

其主要缺点是:不能反映应变速率对结构的影响。

7.2.3 模拟地震振动台试验

动力试验比静力试验更能反映结构在地震作用下的真实动力特性,而模拟地震的试验更接近于结构在地震作用下的工作状态。因此,模拟地震激励下结构的受力性能与工作状态具有重要的意义。

模拟地震振动台试验可以很好地再现地震过程或者输入与地质状况有关的人工地震波,因此是在实验室中研究结构地震响应及结构在地震作用下破坏机理的最直接方法,由于便于控制,可以多次使用,较为经济,也是目前应用最多的模拟地震试验方法。具体内容见 6.5 章节。

7.3 工程结构抗震性能的评定

工程结构抗震试验的目的,最终是对结构或结构构件进行抗震性能和抗震能力的评定。在拟静力试验中,确定结构构件抗震性能的主要指标为其骨架曲线和滞回曲线。

在低周反复试验中,加载一周所得到的荷载-位移曲线(P-Δ 曲线)称为滞回曲线。根据恢复力特性试验结果,滞回曲线可以归纳为 4 种基本情况:梭形[图 7.9(a)]、弓形[图 7.9(b)]、反 S 形[图 7.9(c)]和 Z 形[图 7.9(d)]。在许多构件,往往开始是梭形,然后发展到弓形、反 S 形或最后达到 Z 形,后 3 种形式主要取决于滑移量的大小,滑移的大小将引起滞回曲线图形性质的变化。

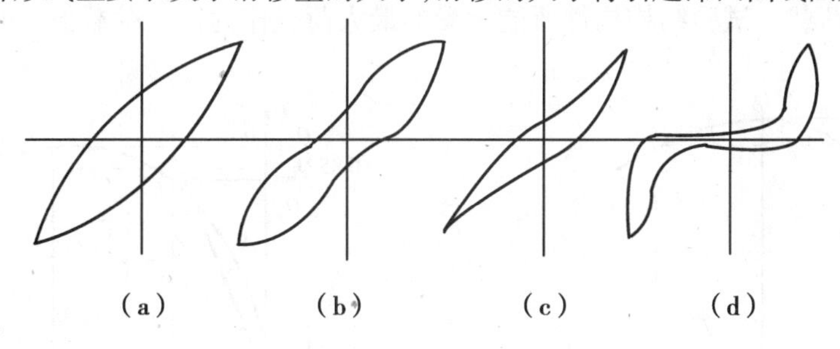

图 7.9 典型的滞回曲线

从滞回环的图形可以看到不同的构件具有不同的破坏机制:正截面的破坏一般是梭形曲线;剪切破坏和主筋粘结破坏由于产生"捏缩效应"而引起弓形等形式的破坏;随着主筋在混凝土中滑移量变大以及斜裂缝的张合向 Z 形曲线发展。

在变位移幅值加载的低周反复试验中,如果把荷载-位移曲线所有每次循环峰点(开始卸载点)连接起来的包络线,就得到骨架曲线,如图 7.10所示。从图上可以发现,骨架曲线的形状,大体上和单次加载曲线相似而极限荷载则略低一点。

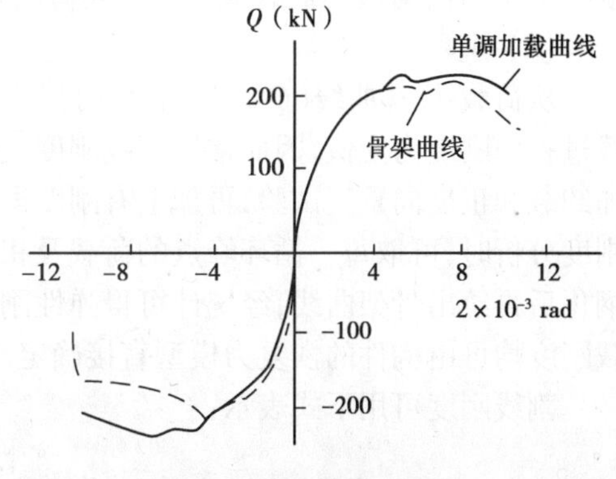

图 7.10 试件的骨架曲线

在研究非弹性地震反应时,骨架曲线是很重要的。它是每次循环的荷载-位移曲线达到最大的峰点的轨迹。同时,它反映了构件的强度、刚度、延性、耗能以及抗倒塌的能力。

骨架曲线和滞回曲线包括以下几个重要的控制指标:

(1)强度

在研究结构构件的非弹性地震反应时,骨架曲线表示每次循环的荷载-位移曲线达到最大峰点的轨迹,在任一时刻的运动中,峰点不能超越骨架曲线,只能在达到骨架曲线后,沿骨架曲线前进。同时在骨架曲线上还反映了构件的开裂强度(对应于开裂荷载)和极限强度(对应于极限荷载)。试件中承载力降低性能,应用同一级加载各次循环所得荷载降低系数 λ_i 进行比较,λ_i 应按下式计算

$$\lambda_i = \frac{Q_j^i}{Q_j^{i-1}} \tag{7.4}$$

对于钢筋混凝土构件来说,其工作性能大致上分为 3 个阶段,即弹性阶段、弹塑性阶段、塑性阶段。从骨架曲线可以看出,当构件或结构在开裂前,荷载与位移成线性(此时构件处于弹性阶段);构件开裂后,Q-Δ 曲线上出现了第一个转折点,由于构件开裂使构件刚度降低,此时构件处于弹塑性阶段;构件屈服后,Q-Δ 曲线上出现明显的第二个转折点,此时构件已处于塑性阶段。

对于有明显屈服点的构件,在试验过程中当试验荷载达到屈服荷载后,构件的刚度将会出现明显的变化,即构件的荷载-变形曲线上出现明显拐点。此时,相应于该点的试验荷载为屈服荷载,变形称为屈服变形,如图 7.11 所示。

对无明显屈服点的构件,可采用荷载-变形曲线的能量等效面积法近似确定屈服荷载。

具体方法是由最大荷载点 A 作水平线 AB,由原点 O 作割线 OD 与 AB 线交于 D 点,使面积 $ADCA$ 与面积 $CFOC$ 相等,由 D 点引垂线与曲线 OA 交于 E 点,取 E 点为构件屈服点,E 点对应的荷载 Q_y 为屈服荷载。试验结构构件所能承受的最大荷载作为极限荷载值,如图 7.12 所示。

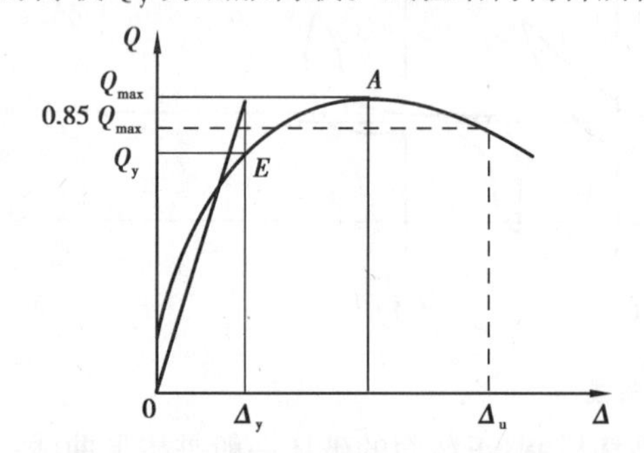

图 7.11 有明显屈服点构件的屈服荷载

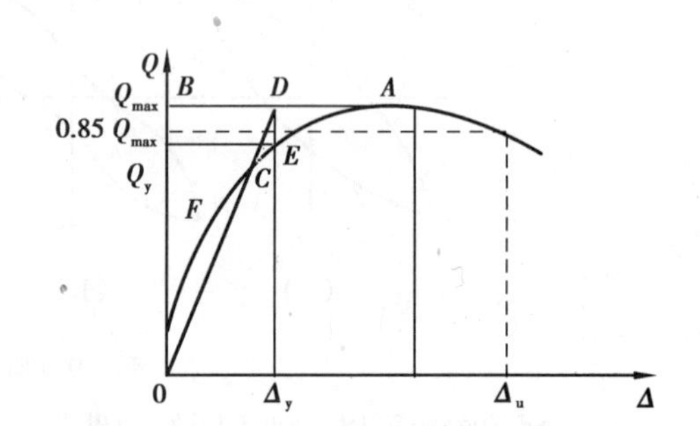

图 7.12 无明显屈服点构件的屈服荷载

在试验过程中。结构构件加载到极限荷载后,出现较大变形,进入下降段。宜取极限荷载下降 15%时所对应的荷载值作为破坏荷载。

(2)刚度

从荷载-位移曲线(Q-Δ 曲线)中可以看出,刚度与应力水平和加载的反复次数有关。在加载过程中刚度为变值,因而常用割线刚度代替切线刚度。在非线性恢复力特性试验中,由于有加卸载和正反向重复试验,再加上有刚度退化,因此刚度问题要比一次加载复杂得多。在进行刚度分析时,可取每一循环峰点的荷载及相应的位移与屈服荷载及屈服变形之比,即将其无量纲化后再绘出骨架曲线,经统计可得弹性刚度、弹塑性刚度以及塑性刚度。卸载刚度及反向加载刚度均可由构件的恢复力模型直接确定。

割线刚度可用下式表示:

$$K_i = \frac{|+Q_i| + |-Q_i|}{|+\Delta_i| + |-\Delta_i|} \tag{7.5}$$

式中 Q_i——第 i 次峰点荷载值；

Δ_i——第 i 次峰点位移值。

(3)延性

延性系数是反映结构构件塑性变形能力的指标，它表示了结构构件抗震性能的好坏，在结构分析中经常采用延性系数来表示，即

$$\mu = \frac{\Delta_u}{\Delta_y} \tag{7.6}$$

式中 Δ_u——试件的极限位移；

Δ_y——试件的屈服位移。

确定截面的塑性转动比较复杂，需要了解塑性区段长度、弯矩变化及弯矩-曲率关系。在实际工作中，采用挠度(或位移)和曲率延性系数表达结构构件的抗震性能比较方便。

(4)耗能能力

试件的耗能能力是指试件在地震反复作用下吸收能量的大小，以试件荷载变形滞回曲线所包围的面积来衡量。由滞回曲线的面积可以求得等效粘滞阻尼系数 h_e(见图 7.13)：

$$h_e = \frac{1}{2\pi}\frac{ABC\text{ 图形面积}}{OBD\text{ 三角形面积}} \tag{7.7}$$

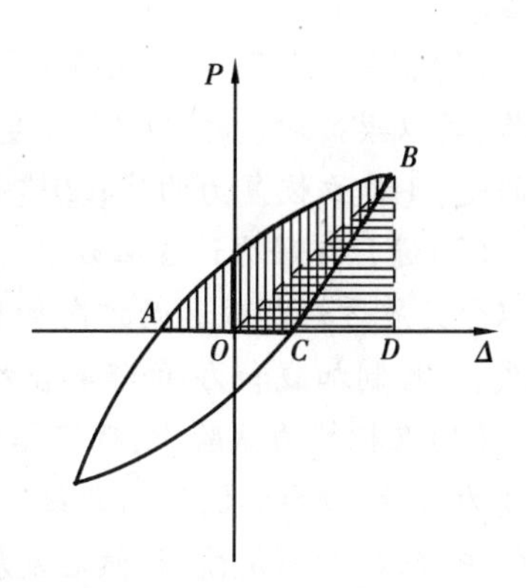

图 7.13 荷载-变形滞回曲线

(5)恢复力特性模型

进行非线性地震反应分析时，需要用到恢复力模型。恢复力模型的建立是结构及构件进行非线性地震反应分析的基础；目前地震反应分析中常用的恢复力模型有如图 7.14 所示几种形式。

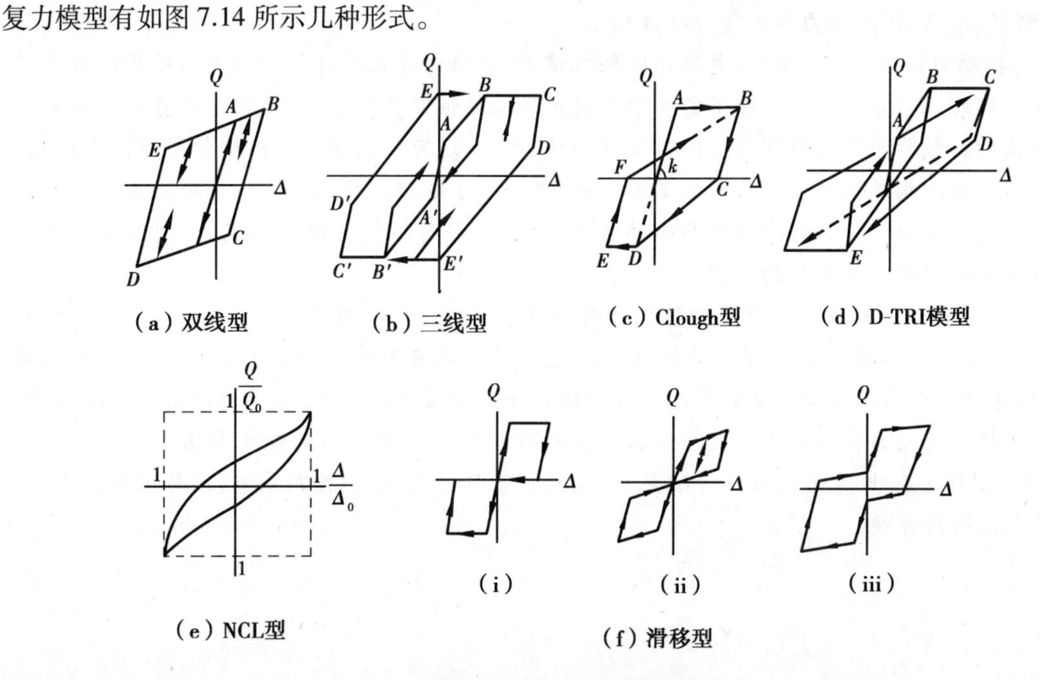

图 7.14 常用恢复力模型

如图 7.14(a)所示的双线型用来表达稳态的梭形滞回环；如图 7.14(b)所示的三线型也可

用来表达稳态的梭形滞回环,但在骨架曲线中考虑了混凝土开裂对刚度的影响;为了反应钢筋混凝土构件在地震作用下的刚度退化现象又有 Clough 模型[图 7.14(c)]和 D-TRI 模型[图 7.14(d)]。Clough 模型为表达刚度退化的一种双线型模型,D-TRI 模型为表达刚度退化的一种三线型模型。滑移型模型[图 7.14(f)]则能够部分反映弓形、反 S 形和 Z 形滞回曲线的特点。

本章小结

本章介绍了结构抗震试验中常用的几种方法:拟静力试验、拟动力试验和模拟地震振动台试验。

(1)拟静力试验又称低周反复试验,是指对结构或结构构件施加多次往复循环作用的静力试验,用以模拟地震时结构在往复振动中的受力特点和变形特点。进行结构拟静力试验的主要目的是:①建立恢复力曲线;②建立强度计算公式及研究破坏机制。

(2)进行拟静力试验必须遵守一定的加载制度,在结构试验中,由于结构构件的受力不同,可以分为单方向加载和两方向加载两类加载制度。常用的单向加载制度主要有三种:位移控制加载、力控制加载和力-位移混合控制加载。

(3)在拟静力试验中,确定结构构件抗震性能的主要指标为其骨架曲线和滞回曲线。根据恢复力特性试验结果,滞回曲线可以归纳为四种基本情况:梭形、弓形、反 S 形和 Z 形。在许多构件中,往往开始是梭形,然后发展到弓形、反 S 形或最后到 Z 形,后三种形式主要取决于滑移量的大小,滑移的大小将引起滞回曲线图形性质的变化。

(4)在变位移幅值的低周反复试验中,若果把荷载-位移曲线的所有每次循环的峰点(开始卸载点)连接起来的包络线,就得到骨架曲线。骨架曲线和滞回曲线包括重要的控制指标为:强度、刚度、延性、耗能能力和恢复力特性模型。

(5)拟动力试验又称计算机-电液伺服联机试验,是将计算机的计算和控制与结构试验有机结合在一起的试验方法。该方法不需要事先设定结构的恢复力特性,恢复力可以直接从试验对象说作用的加载器的荷载值得到。同时拟动力试验方法还可以用于分析结构弹塑性地震反应,研究目前描述结构或构件恢复力模型是否正确,进一步了解难以用数学表达式描述恢复力特性的结构的地震响应。与拟静力试验和振动台试验相比,即有拟静力试验的经济方便,又具有振动台试验能够模拟地震作用的功能。

(6)拟动力试验的设备由电液伺服加载器和计算机两大系统组成。

(7)模拟地震振动台试验可以很好地再现地震过程或者输入与地质状况有关的人工地震波,通过振动台台面的运动对试件或结构模型输入地面运动,模拟地震对结构作用的全过程,进行结构或模型的动力特性和动力反应试验。振动台作为一个完整的系统主要由以下几个部分组成,即:台面及基础、泵源及油压分配系统、电液伺服作动器、模拟控制系统、计算机控制系统、数据采集及处理系统。

思考题

7.1 常用的结构抗震试验方法有哪些？各有何优缺点？

7.2 简述拟静力试验的设备及对试验装置的基本要求。

7.3 简述拟静力试验中单向加载制度主要类别及其使用条件。

7.4 画出拟静力试验的四种典型滞回环，并指明其名称，说明其特点。

7.5 简述拟静力试验的基本步骤。

7.6 何谓结构的延性系数？如何确定？

7.7 滞回曲线的几个主要特征是什么？

7.8 简述地震反应分析中常用的恢复力模型有几种形式，各有何特点？

7.9 简述拟动力试验的基本步骤。

7.10 模拟地震振动台试验中，振动台由几个部分组成？试验时应注意哪些问题？

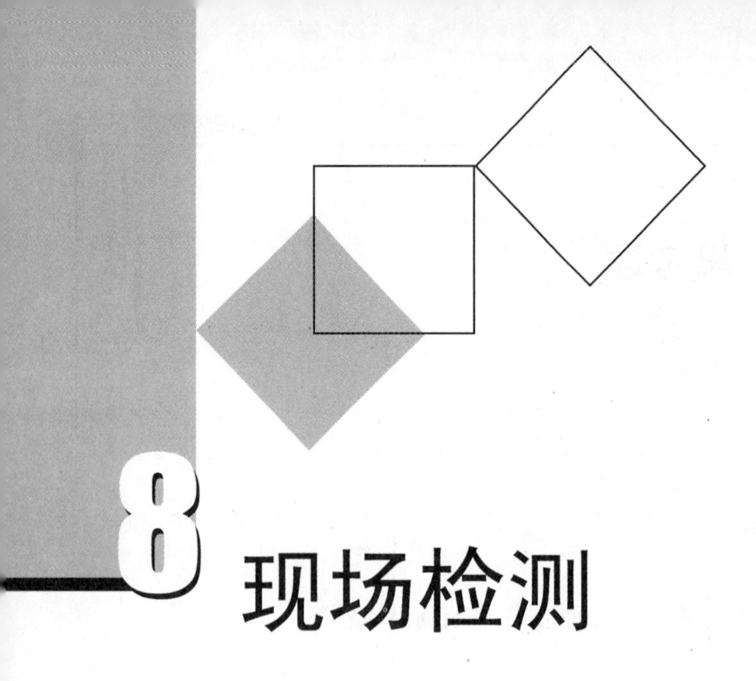

8 现场检测

8.1 概　述

现场结构试验大多数属于结构检验性质。它具有直接为生产服务的目的,经常用来验证和鉴定结构的设计与施工质量,为处理工程质量事故和受灾结构提供技术依据,为使用已久的旧建筑物普查、检测与鉴定,以及为其加固或改建提供合理的方案,作为现场预制构件产品检验合格与否的质量评定。

工程结构的设计与施工,都是以当时的社会经济环境、建造标准和设计施工规程等为依据。在结构设计时尽管考虑了多种因素的影响,但与实际使用情况总是有一定距离,结构在使用过程中会遇到各类难以预料的偶发事件而遭受损伤,如地基的不均匀沉降、结构的温度变形、长期超载使用和疲劳作用、工业事故,还有地震、台风、火灾、水灾等突发性灾害作用。这些因素的影响多数是随机的,而且是难以预测的,在设计中更难考虑,因此在使用中一旦发生了这类事件,都会影响生活和生产,从而影响工程结构的使用寿命,甚至危及整个结构的安全。

目前,世界各国对于工程结构使用寿命、灾害控制与预防极为重视和关注。这主要是因为现存的已建结构逐渐增多,很多已到了设计寿命期,结构存在不同程度的老化,抵御灾害的能力不断下降,有的则已进入危险期,使用功能接近失效,由此而引起建筑物的破损、倒塌事故不断。由于以上原因,近几十年来,工程结构使用寿命可靠性的评价和剩余寿命的预测技术有了很大的发展,这对于保证工程结构的安全使用、延长使用寿命和防止工程结构重大破坏以及倒塌事故起到了重大作用,也带来了明显的社会经济效益。

对已建结构或受灾结构的鉴定也可称为结构的可靠性诊断。可靠性诊断是指对结构的损伤程度和剩余抗力进行检测、试验、判断和分析研究,并取得结论的全部过程。这里除了对受损伤结构的检测与鉴定的理论研究和对各种结构检测鉴定的标准与规范的编制、研究并加强在工程实践中的应用外,作为主要诊断手段的工程结构现场检测技术的研究和发展,同样起到了重要的作用。

在目前的技术经济条件下,工程结构的现场检测技术以现场非破损检测技术(又称无损检测技术)为主,即在不破坏结构或构件的前提下,在结构或构件的原位上对结构或构件的承载力、材料强度、结构缺陷、损伤变形以及腐蚀情况等进行直接定量检测的技术。

非破损检测技术利用和依据物理学的力、声、电、磁和射线等的原理、技术和方法,测定与结构材料性能有关的各种物理量,并以此推定结构构件材料强度和内部缺陷。该技术可用于检测混凝土结构、钢结构和砖石砌体结构的材料强度和内部缺陷,目前在我国使用较多的是回弹法、超声法和回弹超声综合法;局部破损检测技术主要用于检测结构或构件的材料强度,目前使用较多的是钻芯法、拔出法和贯入法。

本章从结构检测的方法入手,重点阐述了混凝土结构、砌体结构、钢结构现场检测的内容、一般要求及相应的检测技术。

8.2 钢筋混凝土结构的检测试验

钢筋混凝土结构的检测可分为原材料性能、混凝土强度、混凝土构件外观质量与缺陷、尺寸偏差、变形与损伤和钢筋配置等项工作,必要时可进行结构构件性能的实荷检验或结构的动力测试。

8.2.1 原材料性能

混凝土是以水泥为主要胶结材料,拌和一定比例的砂、石和水,有时还加入少量的各种添加剂,经搅拌、注模、振捣、养护等工序后,逐渐凝固硬化而成的人工混合材料。各组成材料的成分、性质和相互比例,以及制备和硬化过程中的各种条件和环境因素,都对混凝土的力学性能有不同程度的影响,因此混凝土的强度、变形等性能较之其他材料离散性更大。又因混凝土结构中的钢筋品种、规格、数量及构造不能一目了然,因此,掌握混凝土结构的性能首先应该掌握混凝土和钢筋材料的力学性能。

1)**混凝土**

混凝土原材料的质量或性能可按下列方法检测:

①当工程尚有与结构中同批、同等级的剩余原材料时,可按有关产品标准和相应检测标准的规定对与结构工程质量问题有关联的原材料进行检验。

②当工程没有与结构中同批、同等级的剩余原材料时,可从结构中取样,检测混凝土的相关质量或性能。

2)**钢筋**

钢筋的质量或性能可按下列方法检测:

①当工程尚有与结构中同批的钢筋时,可按有关产品标准的规定进行钢筋力学性能检验或化学成分分析。

②需要检测结构中的钢筋时,可在构件中截取钢筋进行力学性能检验或化学成分分析;进行钢筋力学性能的检验时,同一规格钢筋的抽检数量应不少于一组。

③钢筋力学性能和化学成分的评定指标,应按有关钢筋产品标准确定。

既有结构钢筋抗拉强度的检测,可采用钢筋表面硬度等非破损检测方法与取样检验相结合的方法。

需要检测锈蚀钢筋、受火灾影响等钢筋的性能时，可在构件中截取钢筋进行力学性能检测。在检测报告中应对测试方法与标准方法的不符合程度和检测结果的适用范围等予以说明。

8.2.2 混凝土强度检测

混凝土强度是确定新建和已建混凝土结构或构件承载能力等力学性能的关键因素，混凝土强度检测技术是工程结构检测中非常重要的一项内容。对于混凝土结构或构件的强度检测，常用的方法有回弹法、钻芯法、超声法、超声回弹综合法、拔出法等方法。

1）回弹法

回弹法运用回弹仪通过测定混凝土表面的硬度来推算混凝土的强度，是混凝土结构现场检测中最常用的一种非破损检测方法。

（1）基本原理

回弹仪是1948年由瑞士人E · Schmidt（史密特）发明的，其构造原理如图8.1所示，主要由弹击杆、重锤、拉簧、压簧及读数标尺等组成。

回弹法的基本原理是使用回弹仪的弹击拉簧驱动仪器内的弹击重锤，通过中心导杆，弹击混凝土的表面，并测得重锤反弹的距离，以反弹距离与弹簧初始长度之比为回弹值 R，由它与混凝土强度的相关关系来推定混凝土强度。

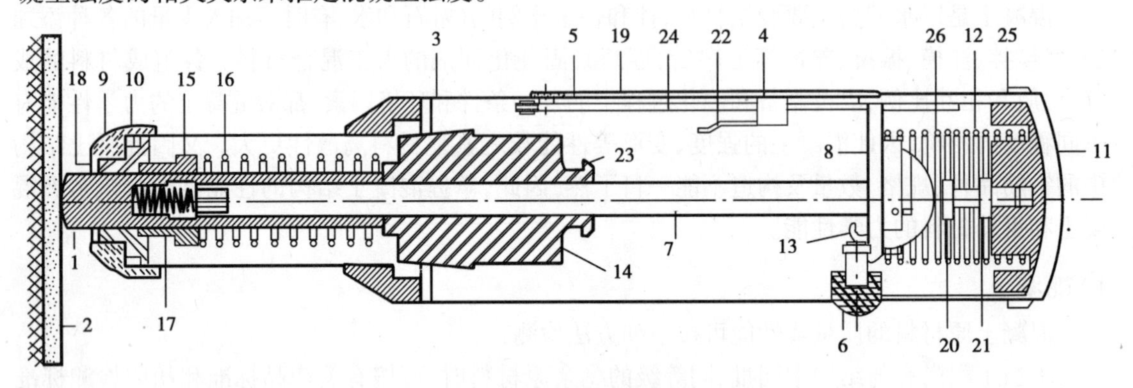

图8.1　回弹仪构造图

1—冲杆；2—试验构件表面；3—套筒；4—指针；5—刻度尺；6—按钮；7—导杆；8—导向板；9—螺丝盖帽；10—卡环；11—盖；12—压力弹簧；13—钩子；14—锤；15—弹簧；16—拉力弹簧；17—轴套；18—毡圈；19—护尺透明片；20—调整螺丝；21—固定螺丝；22—弹簧片；23—铜套；24—指针导杆；25—固定块；26—弹簧

（2）测试方法

回弹法测定混凝土的强度应遵循我国《回弹法检测混凝土抗压强度技术规程》（JGJ/T 23）有关规定。

测试时，打开按钮，弹击杆伸出筒身外，然后把弹击杆垂直顶住混凝土测试面使之徐徐压入筒身，这时筒内弹簧和重锤逐渐趋向紧张状态，当重锤碰到挂钩后即自动发射，推动弹击杆冲击混凝土表面后回弹一个高度，回弹高度在标尺上示出，按下按钮取下仪器，在标尺上读出回弹值。

测试应在事先划定的测区内进行，每一构件测区数不少 10 个，每个测区面积 200 mm×200 mm，每一测区设 16 个回弹点，相邻两点的间距一般不小于 30 mm，一个测点只允许回弹一次，然后从测区的 16 个回弹值中分别剔除 3 个最大值和 3 个最小值，取余下 10 个有效回弹值的平均值作为该地区的回弹值，即：

$$R_{m\alpha} = \sum_{i=1}^{10} \frac{R_i}{10} \tag{8.1}$$

式中 $R_{m\alpha}$——测试角度为 α 时的测区平均回弹值，精确到 0.1；

R_i——第 i 个测点的回弹值。

当回弹仪测试位置非水平方向时，考虑到不同测试角度，回弹值应按式(8.2)修正：

$$R_m = R_{m\alpha} + \Delta R_\alpha \tag{8.2}$$

式中 ΔR_α——测试角度为 α 的回弹修正值，按表 8.1 采用。

当测试面为浇注方向的顶面或底面时，测得的回弹值按式(8.3)修正：

$$R_m = R_{ms} + \Delta R_s \tag{8.3}$$

式中 ΔR_s——混凝土浇注顶面或底面测试时的回弹修正值，按表 8.2 采用；

R_{ms}——混凝土浇注顶面或底面测试时的平均回弹值，精确到 0.1。

表 8.1 不同测试角度 α 的回弹修正值 ΔR_α

$R_{m\alpha}$	α 向上				α 向下			
	+90°	+60°	+45°	+30°	-30°	-45°	-60°	-90°
20	-6.0	-5.0	-4.0	-3.0	+2.5	+3.0	+3.5	+4.0
30	-5.0	-4.0	-3.5	-2.5	+2.0	+2.5	+3.0	+3.5
40	-4.0	-3.5	-3.0	-2.0	+1.5	+2.0	+2.5	+3.0
50	-3.5	-3.0	-2.5	-1.5	+1.0	+1.5	+2.0	+2.5

表 8.2 不同浇筑面的回弹修正值 ΔR_s

R_{ms}	ΔR_s		R_{ms}	ΔR_s	
	顶面	底面		顶面	底面
20	+2.5	-3.0	40	+0.5	-1.0
25	+2.0	-2.5	45	0	-0.5
30	+1.5	-2.0	50	0	0
35	+1.0	-1.5			

测试时，如果回弹仪处于非水平状态，同时又在浇注顶面或底面，则应先进行角度修正，再进行顶面或底面修正。

(3)碳化深度的测量

对于旧混凝土，由于受到大气中 CO_2 的作用，使混凝土中一部分未碳化的 $Ca(OH)_2$ 逐渐形成碳酸钙 $CaCO_3$ 而变硬，因而在老混凝土上测试的回弹值偏高，应给予修正。

修正方法与碳化深度有关。鉴别与测定碳化深度的方法是：采用电锤或其他合适的工具，在测区表面形成直径为 15 mm 的孔洞，深度略大于碳化深度。吹去洞中粉末(不能用液体冲洗)后,立即用浓度1%的酚酞酒精溶液滴在孔洞内壁边缘处,未碳化混凝土变成紫红色,已碳化的则不变色。最后用钢尺测量混凝土表面至变色与不变色交界处的垂直距离,即为测试部位的碳化深度,取值精确到0.5 mm。

碳化深度必须在每一测区的两相对面上分别选择2~3个测点,如构件只有一个可测面,则应在可测面上选择2~3点量测其碳化深度,每一点应测试两次。每一测区的平均碳化深度按式(8.4)计算:

$$d_{\mathrm{m}} = \frac{\sum_{i=1}^{n} d_i}{n} \tag{8.4}$$

式中 n——碳化深度测量次数;

d_i——第 i 次量测的碳化深度,mm;

d_{m}——测区平均碳化深度,$d_{\mathrm{m}} \leqslant 0.4$ mm时,取 $d_{\mathrm{m}}=0$,$d_{\mathrm{m}}>6$ mm时,取 $d_{\mathrm{m}}=6$ mm。

有了各测区的回弹值及平均碳化深度,即可按规定的方法评定构件的混凝土强度等级。

2)钻芯法

(1)基本原理

钻芯法采用钻芯取样机(图8.2)在混凝土结构具有代表性的部位钻取圆柱状的混凝土芯样,并经切割、磨平加工后在试验机上进行压力试验,根据压力试验结果计算混凝土芯样的强度,并推测结构构件中混凝土强度。直接从构件上钻取的芯样比混凝土预留试块更能反映构件混凝土的质量,还可以由芯样及钻孔直接观察混凝土内部施工质量及其他情况。钻芯法的检测精度明显高于无损检测和其他半破损检测方法的精度。当采用回弹法、拉拔法等测试已有结构的混凝土强度时,一般需用芯样强度进行修正。但是,钻芯法对构件有一定损伤,不宜大范围使用。

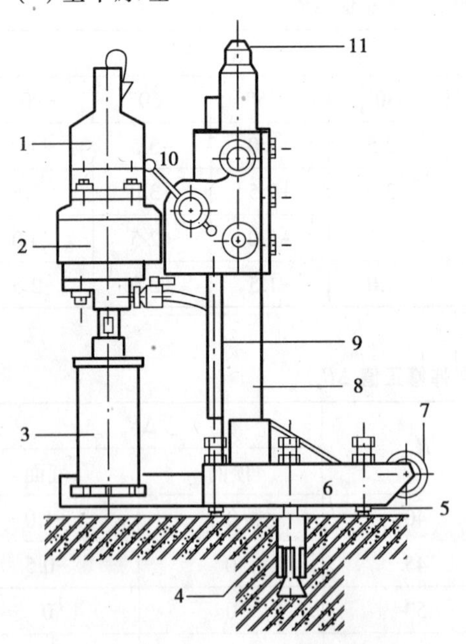

图8.2 混凝土钻孔取芯机示意图

1—电动机;2—变速箱;3—钻头;4—膨胀螺栓;5—支撑螺丝;6—底座;7—行走轮;8—立柱;9—升降齿条;10—进钻手柄;11—堵盖

钻芯法主要用于以下场合:

①对试块抗压强度测试结果有怀疑。

②因材料、施工或养护不良而发生质量问题。

③混凝土遭受冻害、火灾、化学侵蚀或其他损害。

④需检测多年使用的建筑物的混凝土强度。

在以下场合,不应采用钻芯法:

①预应力混凝土构件的最小尺寸不大于2倍的芯样直径。

②混凝土强度低于10 MPa。

由于钻芯检测的可靠性较高,应用广泛,许多国家都制定了专门的技术规程,我国则制定了《钻芯法检测混凝土强度技术规程》。

(2)测试方法

芯样应在构件的下列位置钻取:

①结构或构件受力较小的部位。

②在混凝土强度、质量方面具有代表性的部位。

③无裂缝和孔洞等缺陷的部位。

④能够避开主筋、预埋件和管线的位置,并尽量避开其他钢筋。

⑤用钻芯法和无损检测法综合测试时,取无损检测时的测区位置(以便形成对比)。

⑥便于固定和操作钻机的位置。

芯样直径一般不宜小于粗骨料最大粒径的 3 倍,任何情况下不应小于最大粒径的 2 倍,通常为 100 mm;芯样试件的高径比应在 1~2。芯样试件内不应含有钢筋,如不能满足此项要求,每个试样内最多只允许含有 2 根直径小于 10 mm 的钢筋,且钢筋应与芯样轴线基本垂直,并不得露出端面。

试验前应对芯样进行加工,保证两端面的平整度以及两端面与轴线的垂直度,可用砂轮磨平或在端面抹 1~3 mm 厚强度稍高于芯样试块强度的水泥净浆。芯样几何尺寸应按以下方法测量:

①平均直径:用游标卡尺在芯样中部的两个相互垂直的位置测量,取测量结果的算术。

平均值,精确到 0.5 mm。

②芯样高度:用钢卷尺或钢板尺进行测量,精确到 1 mm。

③垂直度:用游标量角器测量两个端面与母线的夹角,精确到 0.1°。

④平整度:用钢板尺或角尺紧靠在芯样端面上,一面转动钢板尺,一面用尺测量与芯样端面之间的缝隙,或用专用设备量测。

芯样的尺寸偏差及外观质量超过下列数值时,不得用作抗压强度试验:

①经端面补平后,芯样的高径比小于 0.95 或大于 2.05。

②沿芯样高度范围任一断面的直径与平均直径相差 2 mm 以上。

③芯样端面的不平整度在 100 mm 长度范围内超过 0.1 mm 时。

④芯样端面与轴线的不垂直度超过 2°。

⑤芯样有裂缝或有其他较大缺陷。

试验时芯样试件的湿度应与被检测结构构件的湿度基本一致。如结构工作条件比较干燥,芯样试件应以自然干燥状态进行试验,受压前芯样试件应在室内自然干燥 3 天;如结构工作条件比较潮湿,芯样试件应在潮湿状态进行试验,试验前芯样试件应在 20℃±5 ℃的清水中浸泡 40~48 h,从水中取出后应立即进行试验。抗压试验应遵守现行国家标准《普通混凝土力学性能试验方法》。

(3)强度推定

芯样强度的换算值指根据芯样强度所换算的龄期相同、边长为 150 mm 的立方体试块的抗压强度。对于直径为 100 mm 和 150 mm 的芯样,应按式(8.5)计算:

$$f_{cu}^{c} = \alpha \frac{4F}{\pi d^2} \tag{8.5}$$

式中 f_{cu}^{c}——芯样试件混凝土强度换算值,MPa;

F——芯样试件抗压试验的最大试验荷载,N;

d——芯样试件的平均直径,mm;

α——不同高径比的芯样试件混凝土强度换算系数,按表 8.3 取用。

表 8.3　芯样试件混凝土强度换算系数

高径比(h/d)	1.0	1.1	1.2	1.3	1.4	1.5	1.6	1.7	1.8	1.9	2.0
α	1.00	1.04	1.07	1.10	1.13	1.15	1.17	1.19	1.21	1.22	1.24

3)超声法

(1)基本原理

超声法利用混凝土的抗压强度 f_{cu} 与超声波在混凝土中的传播参数(声速、衰减等)之间的相关关系检测混凝土的强度。

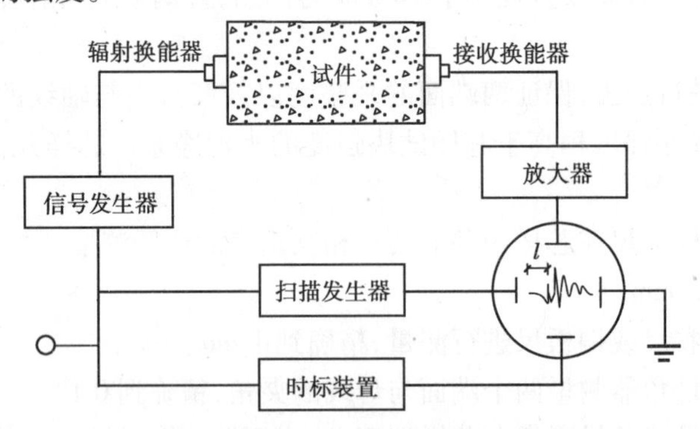

图 8.3　混凝土超声波检测系统

超声波脉冲实质上是超声检测仪的高频电振荡激励压电晶体发出的超声波在介质中的传播(图 8.3)。混凝土强度越高,相应超声波声速也越大,经试验归纳,这种相关性可以用反映统计相关规律的非线性数学模型来拟合,即通过试验建立混凝土强度与声速的关系曲线(f-v 线)或经验公式。目前常用的相关关系表达式有:

$$\text{指数函数方程:} f_{cu}^{c} = Ae^{Bv} \tag{8.6}$$

$$\text{幂函数方程:} f_{cu}^{c} = Av^{B} \tag{8.7}$$

$$\text{抛物线方程:} f_{cu}^{c} = A + Bv + Cv^{2} \tag{8.8}$$

式中　f_{cu}^{c}——混凝土强度换算值;

v——超声波在混凝土中传播速度;

A,B,C——常数项。

(2)测试方法

在现场进行混凝土强度检测时,应选择试件浇筑混凝土的模板侧面为测试面,一般以 200 mm×200 mm 的面积为一测区。每一试件上相邻测区间距不大于 2 m。测试面应清洁平整、干燥无缺陷和无饰面层。每个测区内应在相对测试面上对应布置 3 个测点,相对面上对应的辐射和接收换能器应在同一轴线上。测试时必须保持换能器与被测混凝土表面良好的耦合,并利用黄油或凡士林等耦合剂,以减少声能的反射损失。

测区声波传播速度:

$$v = \frac{l}{t_m} \tag{8.9}$$

$$t_m = \frac{t_1 + t_2 + t_3}{3} \tag{8.10}$$

式中　v——测区声速,km/s;

l——超声测距,mm;

t_m——测区平均声时值,μs;

t_1,t_2,t_3——分别为测区中3个测点的声时值。

当在混凝土试件的浇筑顶面或底面测试时,声速值应作修正:

$$v_u = \beta v \tag{8.11}$$

式中　v_u——修正后的测区声速值,km/s;

β——超声测试面修正系数。在混凝土浇注顶面及底面测试时,$\beta=1.034$;在混凝土浇注侧面测试时,$\beta=1$。

由试验量测的声速,按f_{cu}^c-v曲线求得混凝土的强度换算值。

超声法检测混凝土强度需要配置专门的设备,操作者的技术水平及经验都对测量精度有很大的影响。有关细则应按中国工程建设标准化委员会的标准《超声回弹综合法检测混凝土强度技术规程》(CECS 02:88)执行。

4)超声回弹综合法

(1)基本原理

超声回弹综合法是指采用超声检测仪和回弹仪,在结构或构件混凝土的同一测区分别测量超声声时和回弹值,再利用已建立的测强公式,推算该测区混凝土强度的方法。

测强曲线的建立与回弹法相似,只是增加了一个物理参量,一般选用二元回归幂函数方程作为测强曲线。

(2)测试方法

①在一个测区先进行回弹测试,之后进行超声测试。不是一个测区的回弹值及超声值不能混用,要求一定要有两个相对的测试面。

②回弹值测量与计算,从测区两个相对测试面的16个回弹值中,剔除3个最大值和3个最小值,余下10个回弹值按式(8.12)计算:

$$R_m = \sum_{i=1}^{10} \frac{R_i}{10} \tag{8.12}$$

式中　R_m——测区平均值,精确到0.1;

R_i——第i点回弹值,非水平状态下测得的回弹值应修正后取用。

③声速测量与计算,超声测点布置与回弹测试应为同一测区,在混凝土浇筑方向的侧面对测,测区混凝土中声速代表值应根据该测区中3个测点的混凝土中声速值,按下式计算:

$$v = \frac{1}{3}\sum_{i=1}^{3} \frac{l_i}{t_i - t_0} \tag{8.13}$$

式中　v——测区混凝土中声速值代表值,km/s;

l_i——第i个测点的超声测距,mm;

t_i——第i个测点的声时读数;

t_0——声时初读数。

(3)强度推定

①测区混凝土换算值$f^c_{cu,i}$,用修正后的测区回弹值R_{ai}及修正后的测区声速值v_{ai},优先采用专用或地区测强曲线推定。无该类曲线时,可查规程(CECS 02:2005)附录换算表确定,或按下式计算:

粗骨料为卵石时

$$f^c_{cu,i} = 0.003\,8(v_{ai})^{1.23}(R_{ai})^{1.95} \tag{8.14}$$

粗骨料为碎石时

$$f^c_{cu,i} = 0.008(v_{ai})^{1.72}(R_{ai})^{1.57} \tag{8.15}$$

式中 $f^c_{cu,i}$——第i个测区混凝土强度换算值,MPa,数值精确到0.1 MPa;

v_{ai}——第i个测区修正后的超声声速值,km/s,数值精确到0.01 km/s;

R_{ai}——第i个测区修正后的回弹值,数值精确到0.

②单个构件检测时,构件混凝土强度推定值$f^c_{cu,e}$,取该构件各测区中最小的混凝土强度换算值$f^c_{cu,min}$。

③当批量抽样检测时,按规程(CECS 02:2005)处理。

应当指出,与单一的回弹法或超声法相比,超声回弹综合法可以在一定程度上提高测试精度,但同时也增加了检测工作量。特别是与单一的回弹法相比,超声回弹综合法不再具有简便快速的优势。

(4)超声回弹综合法的特点

与单一的回弹法或超声法相比,超声回弹综合法具有以下优点:

①混凝土的龄期和含水率对回弹值和声速都有影响。混凝土含水率大,超声波的声速偏高,而回弹值偏低;另一方面,混凝土的龄期长,回弹值因混凝土表面碳化深度增加而增加,但超声波的声速随龄期增加的幅度有限。两者结合的综合法可以减少混凝土龄期和含水率的影响。

②回弹法通过混凝土表层的弹性和硬度反映混凝土的强度,超声法通过整个截面的弹性特性反映混凝土的强度。回弹法测试低强度混凝土时,由于弹击可能产生较大的塑性变形,影响测试精度,而超声波的声速随混凝土强度增长到一定程度后,增长速度下降,因此超声法对较高强度的混凝土不敏感。采用超声回弹综合法,可以内外结合,互相校正,消除一些不利因素的影响,提高检测精度。

5)拔出法

(1)基本原理

拔出法试验是用一金属锚固件预埋入未硬化的混凝土浇筑构件内,或在已硬化的混凝土构件上钻孔埋入一膨胀螺栓,然后测试锚固件或膨胀螺栓被拔出时的拉力,由被拔出的锥台形混凝土块的投影面积,确定混凝土的拔出强度,并由此推算混凝土的立方体抗压强度,也是一种半破损试验的检测方法。

在浇筑混凝土时预埋锚固件的方法,称为预埋法或称LOK试验。在混凝土硬化后再钻孔埋入膨胀螺栓作为锚固件的方法,称为后装法,或称CAPO试验。预埋法常用于确定混凝土的停止养护、拆模时间及施加后张法预应力的时间,按事先计划要求布置测点。后装法则较多用于已建结构混凝土强度的现场检测,检测混凝土的质量和判断硬化混凝土的现有实际强度。

拔出法试验用的锚固件膨胀螺栓如图 8.4 所示。其中预埋的锚固件拉杆可以是拆卸式的，也可以是整体式的。

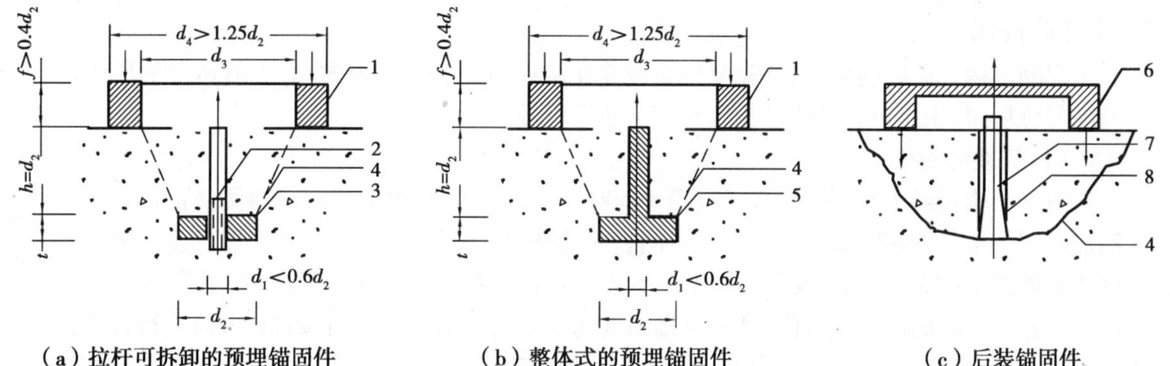

（a）拉杆可拆卸的预埋锚固件　（b）整体式的预埋锚固件　（c）后装锚固件

图 8.4　拔出法试验锚固件形式

1—承力环；2—可卸式拉杆；3—锚头；4—断裂线；5—整体锚固件；6—承力架；7—后装式锚固件；8—后装钻孔

(2)测试方法

拔出法试验的加荷装置是一专用的手动油压拉拔仪。整个加荷装置支承在承力环或三点支承的承力架上，油缸进油时对拔出杆均匀施加拉力，加荷速度控制在 0.5～1 kN/s，在油压表或荷载传感器上指示拔力。

单个构件检测时，至少进行三点拔出试验。当最大拔出力或最小拔出力与中间值之差大于5%时，在拔出力测试值的最低点处附近再加测两点。对同批构件按批抽样检测时，构件抽样数应不少于同批构件的 30%，且不少于 10 件，每个构件不应少于 3 个测点。

在结构或构件上的测点，宜布置在混凝土浇筑方向的侧面，应分布在外荷载或预应力钢筋压力引起应力最小的部位。测点应分布均匀并避开钢筋和预埋件。测点间距应大于 10 h，测点距离试件端部应大于 4h（h 为锚固件的锚固深度）。

(3)混凝土强度计算

采用拔出法作为混凝土强度的推定依据时，必须按已经建立的拔出力与立方体抗压强度之间的相关关系曲线，由拔出力确定混凝土的抗压强度。目前国内拔出法的测强曲线一般都采用一元回归直线方程

$$f_{cu}^{c} = aF + b \tag{8.16}$$

式中　f_{cu}^{c}——测点混凝土强度换算值，MPa，数值精确到 0.1 MPa；

F——测点拔出力，kN，数值精确到 0.1 kN；

a,b——回归系数。

当混凝土强度对结构的可靠性起控制作用时（如轴压、小偏心受压构件等），或者一种检测方法的检测结果离散性很大时，需用两种或两种以上方法进行检测，以综合确定混凝土强度。

8.2.3　混凝土构件外观质量与缺陷

混凝土构件外观质量与缺陷的检测可分为蜂窝、麻面、孔洞、夹渣、露筋、裂缝、疏松区和不同时间浇筑的混凝土结合面质量等项目。对于一般结构构件的破损及缺陷，可通过目测、敲击、卡尺及放大镜等进行测量。

对裂缝、内部空洞缺陷和表层损伤，可采用超声法、冲击反射法等非破损检测方法，必要时可采用局部破损的方法对非破损的检测结果进行验证。

1)裂缝检测

混凝土构件裂缝的检测，首先要根据裂缝在结构中的部位及走向，对裂缝产生的原因进行判断与分析，其次应对裂缝的形状及几何尺寸进行量测。

(1)浅裂缝检测

对于结构混凝土开裂深度小于或等于500 mm的裂缝，可用平测法或斜测法进行检测。平测法适用于结构的裂缝部位只有一个可测表面的情况。如图8.5所示，将仪器的发射换能器和接收换能器对称布置在裂缝两侧，其距离为l，超声波传播所需时间为t_c。再将换能器以相同距离L平置在完好的混凝土表面，测得传播时间为t，则裂缝的深度d可按式(8.17)进行计算：

$$d_c = \frac{L}{2}\sqrt{\left(\frac{t_c}{t}\right)^2 - 1} \tag{8.17}$$

式中 d_c——裂缝深度，mm；

t,t_c——分别代表测距为L时不跨缝、跨缝平测的声时值，μs；

L——平测时的超声传播距离，mm。

实际检测时，可进行不同测距的多次测量，取平均值作为该裂缝的深度值。

当结构的裂缝部位有两个相互平行的测试表面时，可采用斜测法检测。如图8.6所示，将两个换能器分别置于对应测点1,2,3,…的位置，读取相应声时值t_i、波幅值A_i和频率值f_i。

当两换能器连线通过裂缝时，则接收信号的波幅和频率明显降低。对比各测点信号，根据波幅和频率的突变，可以判定裂缝的深度以及是否在平面方向贯通。

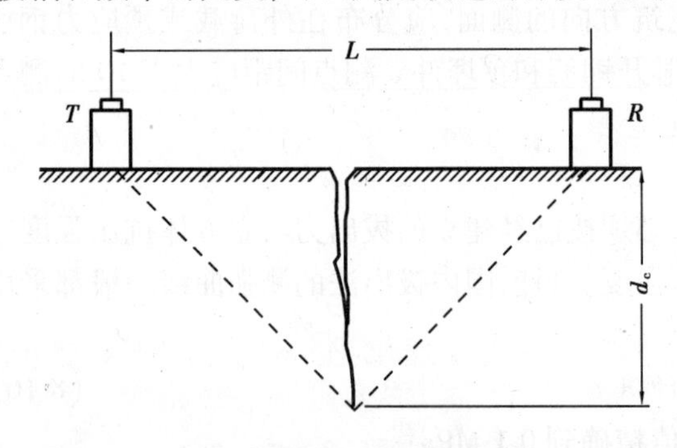

图8.5 平测法检测裂缝深度

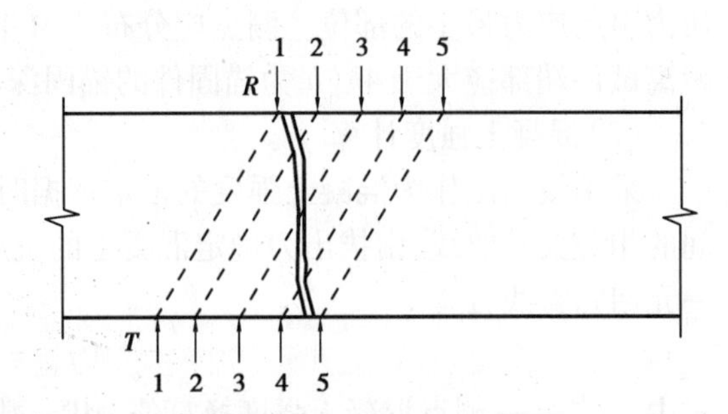

图8.6 斜测法检验裂缝

按上述方法检测时，在裂缝中不应有积水或泥浆。另外，当结构或构件中有主钢筋穿过裂缝且与两换能器连线大致平行时，测点布置时应使两换能器连线与钢筋轴线至少相距1.5倍的裂缝预计深度，以减少量测误差。

(2)深裂缝检测

对于在大体积混凝土中预计深度在500 mm以上的深裂缝，采用平测法和斜测法有困难时，可采用钻孔探测，如图8.7所示。

在裂缝两侧钻两孔，孔距宜为2 000 mm。测试前向测孔中灌注清水，作为耦合介质，将发射和接收换能器分别置入裂缝两侧的对应孔中，以相同高程等距自上向下同步移动，在不同的深度上进行对测，逐点读取声时和波幅数据。绘制换能器的深度和对应波幅值的d-A坐标图

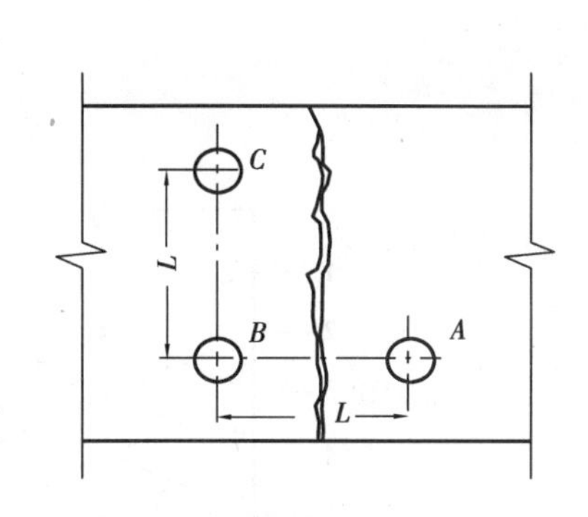

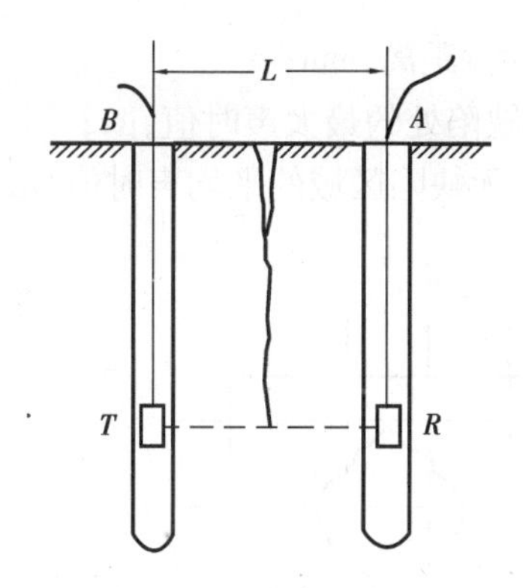

图 8.7 钻孔检测裂缝深度

(图 8.8)。波幅值随换能器下降的深度逐渐增大,当波幅达到最大并基本稳定的对应深度,便是裂缝深度 d_c。

测试时,可在混凝土裂缝测孔的一侧另钻一个深度较浅的比较孔(图 8.7),测试同样测距下无缝混凝土的声学参数,与裂缝部位的混凝土对比,进行判别。

钻孔探测方法还可用于混凝土钻孔灌注桩的质量检测。利用换能器沿预埋于桩内的管道做对穿式检测,由于超声传播介质的不连续使声学参数(声时、波幅)产生突变,借以可判断桩的混凝土灌注质量,检测混凝土的孔洞、蜂窝、疏松不密实和桩内泥沙或砾石夹层,以及可能出现的断桩部位。

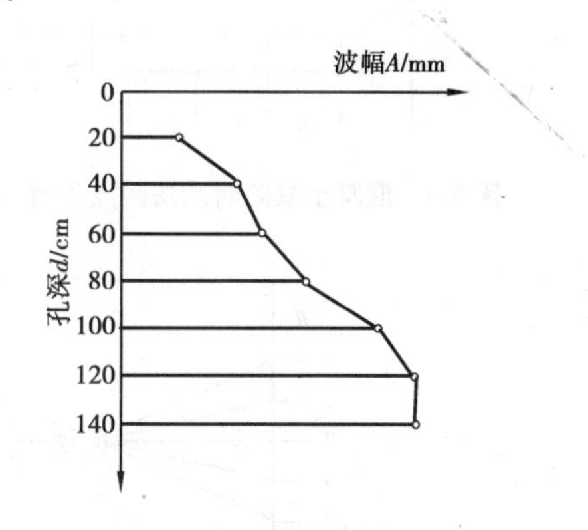

图 8.8 裂缝深度和波幅值的 d-A 坐标图

2)内部空洞缺陷的检测

超声检测混凝土内部的不密实区域或空洞是根据各测点的声时(或声速)、波幅或频率值的相对变化,确定异常测点的坐标位置,从而判定缺陷的范围。当结构具有两互相平行的测面时可采用对测法。在测区的两对相互平行的测试面上,分别画间距为 200~300 mm 的网格,确定测点的位置,如图 8.9 所示。对于只有一对相互平行的侧面时可采用斜测法。即在测区的两个相互平行的测试面上,分别画出交叉测试的两组测点位置,如图 8.10 所示。

当结构测试距离较大时,可在测区的适当部位钻出平行于结构侧面的孔洞,直径为 45~50 mm,其深度视测试需要决定。换能器测点布置如图 8.11 所示。

测试时,记录每一测点的声时、波幅、频率和测距,当某些测点出现声时延长,声能被吸收和散射,波幅降低,高频部分明显衰减的异常情况时,通过对比同条件混凝土的声学参数,可确定混凝土内部存在的不密实区域和空洞范围。

当被测部位混凝土只有一对可供测试的表面时,混凝土内部空洞尺寸可按式(8.18)方法估算(图 8.12)。

$$r = \frac{l}{2}\sqrt{\left(\frac{t_h}{t_{ma}}\right)^2 - 1} \tag{8.18}$$

式中 r——空洞半径,mm;

l——检测距离,mm;
t_h——缺陷处的最大声时值,μs;
t_{ma}——无缺陷区域的平均声时值,μs。

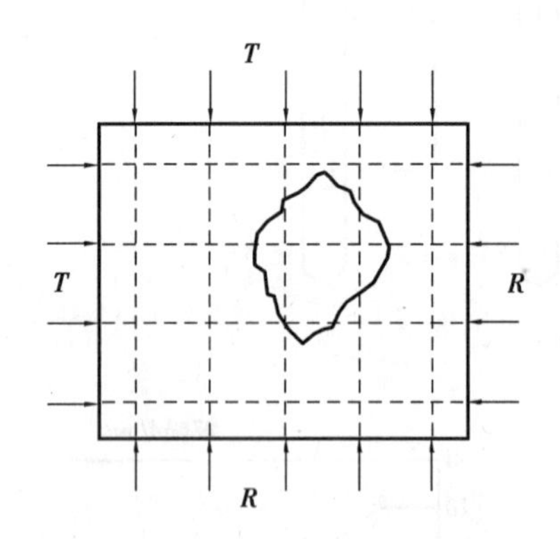

图 8.9 混凝土缺陷对测法测点位置

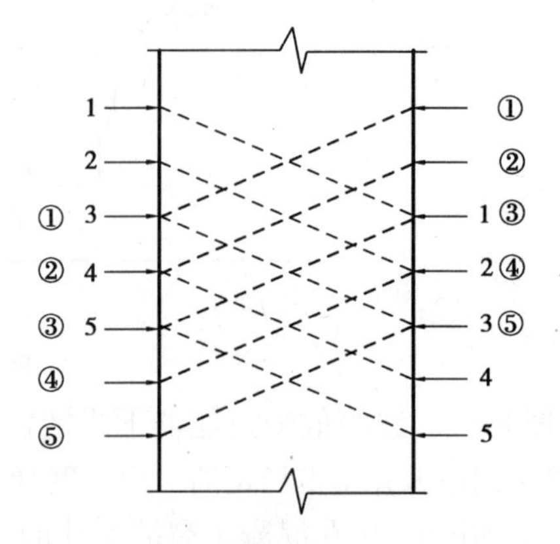

图 8.10 混凝土缺陷斜测法测点位置

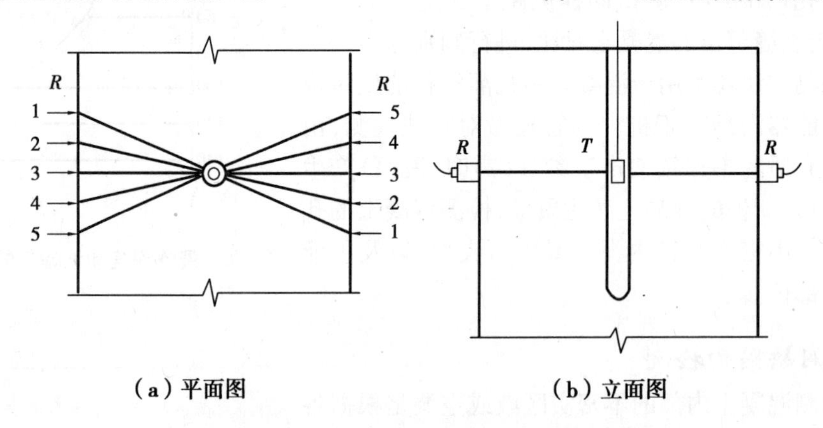

(a)平面图　　(b)立面图

图 8.11 混凝土缺陷对测法测点位置

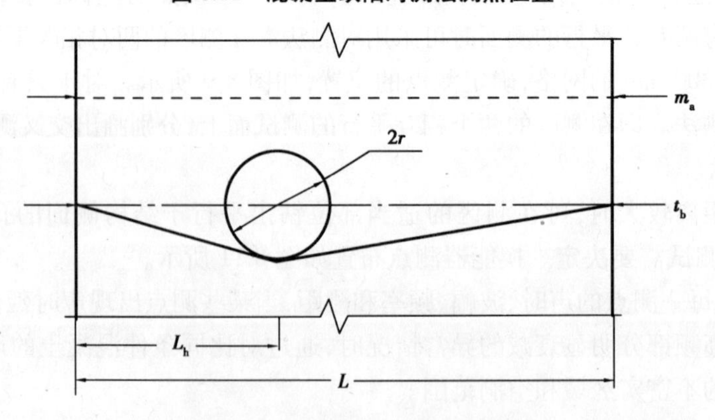

图 8.12 混凝土内部空洞尺寸估算

3)表层损伤的检测

混凝土结构受火灾、冻害和化学侵蚀等引起混凝土表面损伤,其损伤的厚度也可以采用表面平测法进行检测。检测时,换能器测点如图 8.13 布置。将发射换能器在测试表面 A 点耦合后保持不动，接收换能器依次耦合安置在 $B_1,B_2,B_3,\cdots$ 每次移动距离不宜大 100 mm，并测读响应的声时值 $t_1,t_2,t_3,\cdots$ 及两换能器之间的距离 $l_1,l_2,l_3,\cdots$ 每一测区内不得少于 5 个测点。按各点声时值及测距绘制损伤层检测“时-距”坐标图（图 8.14）。由于混凝土损伤后使声波传播速度变化，因此在时-距坐标图上出现转折点，并由此可分别求得声波在损伤混凝土与密实混凝土中的传播速度。

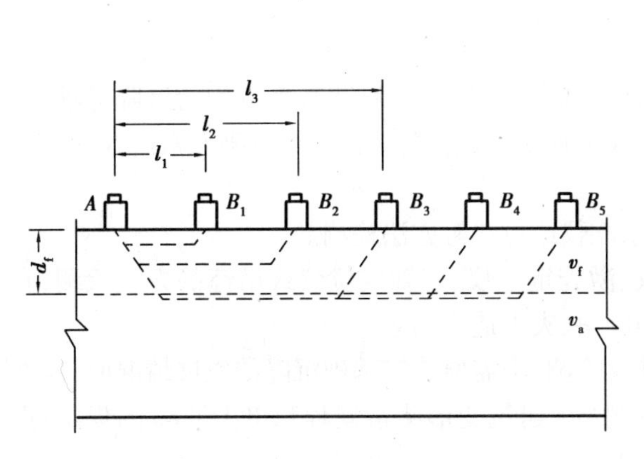

图 8.13　平测法检测混凝土

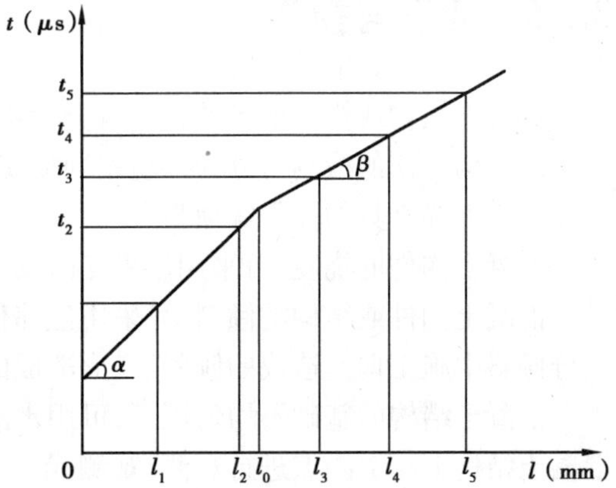

图 8.14　混凝土表层损伤检测“时-距”坐标

损伤表层混凝土的声速：

$$v_f = \cot\alpha = \frac{l_2 - l_1}{t_2 - t_1} \tag{8.19}$$

未损伤混凝土的声速：

$$v_a = \cot\beta = \frac{l_5 - l_3}{t_5 - t_3} \tag{8.20}$$

式中　$l_1,\ l_2,\ l_3,\ l_5$——分别为转折点前后各测点的测距，mm；

$t_1,\ t_2,\ t_3,\ t_5$——分别为相对于测距 l_1,l_2,l_3,l_5 的声时，μs。

混凝土表面损伤层的厚度：

$$d_f = \frac{l_0}{2}\sqrt{\frac{v_a - v_f}{v_a + v_f}} \tag{8.21}$$

式中　d_f——表层损伤厚度，mm；

l_0——声速产生突变时的测距，mm；

v_a——未损伤混凝土的声速，km/s；

v_f——损伤层混凝土的声速，km/s。

按照超声法检测混凝土缺陷的原理，尚可应用于检测混凝土二次浇筑所形成的施工缝和加固修补结合面的质量以及混凝土各部位的相对均匀性的检测。

8.2.4　尺寸偏差

现浇混凝土结构及预制构件的尺寸，应以设计图纸规定的尺寸为基准确定尺寸的偏差，尺寸的检测方法和尺寸偏差的允许值应按《混凝土结构工程施工质量验收规范》（GB 50204）确定。

混凝土结构构件的尺寸与偏差的检测项目主要有:构件截面尺寸、标高、轴线尺寸、预埋件位置、构件垂直度和表面平整度。

对于受到环境侵蚀和灾害影响的构件,其截面尺寸应在损伤最严重部位量测,在检测报告中应提供量测的位置和必要的说明。

8.2.5 变形与损伤

混凝土结构或构件变形的检测可分为构件的挠度、结构的倾斜和基础不均匀沉降等项目;混凝土结构损伤的检测可分为环境侵蚀损伤、灾害损伤、人为损伤、混凝土有害元素造成的损伤以及预应力锚夹具的损伤等项目。

混凝土构件的挠度,可采用激光测距仪、水准仪或拉线等方法检测。

混凝土构件或结构的倾斜,可采用经纬仪、激光定位仪、三轴定位仪或吊锤的方法检测,宜区分倾斜中施工偏差造成的倾斜、变形造成的倾斜、灾害造成的倾斜等。

混凝土结构的基础不均匀沉降,可用水准仪检测;当需要确定基础沉降的发展情况时,应在混凝土结构上布置测点进行观测,观测操作应遵守《建筑变形测量规程》(JGJ/T 8)的规定;混凝土结构的基础累计沉降差,可参照首层的基准线推算。

对于不同原因造成混凝土结构的损伤,可按下列规定进行检测:

①环境侵蚀,应确定侵蚀源、侵蚀程度和侵蚀速度。

②混凝土的冻伤,可按《建筑结构检测技术标准》附录 A 的规定进行检测,并测定冻融损伤深度、面积。

③火灾等造成的损伤,应确定灾害影响区域和受灾害影响的构件,确定影响程度。

④人为的损伤,应确定损伤程度。

⑤宜确定损伤对混凝土结构的安全性及耐久性影响的程度。

8.2.6 混凝土结构钢筋检测

混凝土结构钢筋检测内容主要包括钢筋的配置、钢筋的材质和钢筋的锈蚀。有相应检测要求时,可对钢筋的锚固与搭接、框架节点及柱加密区箍筋和框架柱与墙体的拉结筋进行检测。

1)钢筋配置的检测

钢筋配置的检测可分为钢筋位置、保护层厚度、直径、数量等项目。钢筋位置、保护层厚度和钢筋数量,宜采用非破损的雷达法或电磁感应法进行检测,必要时可凿开混凝土进行钢筋直径或保护层厚度的验证。

对已建混凝土结构做施工质量诊断及可靠性鉴定时,要求确定钢筋位置、布筋情况、正确测量混凝土保护层厚度和估测钢筋的直径。当采用钻芯法检测混凝土强度时,为在钻芯部位避开钢筋,也须作钢筋位置的检测。

钢筋位置测试仪是利用电磁感应原理进行检测的。混凝土是带弱磁性的材料,而结构内配置的钢筋是带有强磁性的。混凝土中原来是均匀磁场,当配置钢筋后,就会使磁力线集中于沿钢筋的方向。检测时,当钢筋测试仪的探头接触结构混凝土表面,探头中的线圈通过交流电时,在线圈周围产生交流磁场。该磁场中由于有钢筋存在,线圈电压和感应电流强度会发生变化,同时由于钢筋的影响，产生的感应电流的相位会相对原来交流电的相位产生偏移。

该变化值是钢筋与探头的距离和钢筋直径的函数。钢筋愈近探头，钢筋直径愈大时，感应强度愈大，相位差也愈大。

电磁感应法检测，比较适用于配筋稀疏与混凝土表面距离较近（即保护层不太大）的钢筋检测，同时钢筋又布置在同一平面或不同平面内距离较大时，可取得较满意效果。

2）钢筋材质检测

对已埋置在混凝土中的钢筋，目前还不能用非破损检测方法来测定材料性能，也不能从构件的外观形态来推断，应注意收集分析原始资料（包括原产品合格证及修建时现场抽样试验记录等）。当原始资料能充分证明所使用的钢筋力学性能及化学成分合格时，方可据此作出处理意见。当无原始资料或原始资料不足时，则需在构件内截取试样试验。取样应特别注意尽量在受力较小的部位或具有代表性的次要构件上截取试样，必要时应采取临时支护措施，取样完毕立即按原样修复。对钢筋取样所作的力学性能试验、化学分析结果或搜集到的修建时所作的检验记录，均以现行建筑用钢筋国家标准所列指标来作为评定是否合格的依据。

3）钢筋锈蚀的检测

水泥在水化过程中生成大量氢氧化钙、氢氧化钾和氢氧化钠等产物，使硬化水泥的 pH 值达到 12~13 的强碱性状态，其中氢氧化钙为主要成分。此时，混凝土中的水泥石对钢筋有一定的保护作用，使钢筋处于碱性纯化状态。由于混凝土长期暴露于空气中，混凝土表面受到空气中二氧化碳的作用会逐渐形成碳酸钙，使水泥石的碱度降低，这个过程称为混凝土的碳化，或叫中性化或老化。当混凝土碳化深度达到钢筋表面时，水泥石失去对钢筋的保护作用。当然并非所有失去混凝土保护作用的钢筋都会发生锈蚀，只有受有害气体和液体介质以及处在潮湿环境中的钢筋才会锈蚀。锈蚀发展到一定程度，由于锈皮体积膨胀，混凝土表面出现沿钢筋（主要是主筋）方向的纵向裂缝。纵向裂缝出现后，钢筋即与外界接触而锈蚀迅速发展，致使混凝土保护层脱落、掉角及露筋。老化严重处混凝土表面呈现酥松剥落状，从外观即可判别。

混凝土中钢筋的锈蚀是一个电化学的过程。钢筋因锈蚀而在表面有腐蚀电流存在，使电位发生变化。检测时采用有铜-硫酸铜作为参考电极的半电池探头的钢筋锈蚀测量仪，用半电池电位法测量钢筋表面与探头之间的电位差，利用钢筋锈蚀程度与测量电位间建立的一定关系，由电位高低变化的规律，可用以判断钢筋锈蚀的可能性及其锈蚀程度。表 8.4 即为钢筋锈蚀状况的判别标准。

表 8.4 钢筋锈蚀状况的判别标准

电位水平（mV）	钢筋状态
0~-100	未锈蚀
-100~-200	发生锈蚀的概率<10%，可能有锈斑
-200~-300	锈蚀不确定，可能有坑蚀
-300~-400	发生锈蚀的概率>90%，可能大面积锈蚀
-400 以上（绝对值）	肯定锈蚀，严重锈蚀
如果某处相临两测点值大于 150 mV，则电位正负的测值处判为锈蚀	

钢筋锈蚀可导致断面削弱,在进行结构承载能力验算时应予以考虑。一般的折算方法是用锈蚀后的钢筋面积乘以原材料强度作为钢筋所能承担的极限拉(压)力,然后按现行设计规范验算结构的承载能力。测量锈蚀钢筋的断面积常用称重法或用卡尺量取锈蚀最严重处的钢筋直径。主筋达到中度锈蚀后,结构表面混凝土将出现沿主筋方向的裂缝,严重时混凝土保护层剥落。当构件主筋锈蚀后,除了使钢筋面积削弱外还使钢筋与混凝土协调工作性能降低,锈坑引起的应力集中和缺口效应将导致钢筋的屈服强度和构件的承载能力降低。

8.3 砌体结构的检测试验

砌体由块材和砂浆砌筑而成。由于砌体结构具有易于就地取材、造价低、可居住性好、施工简便等优点,我国绝大部分工业厂房墙体和中低层民用建筑均采用砌体结构。但砌体结构的自重大、强度低、变异性较大、整体性和抗震性能差,许多砖石砌体房屋在长期使用过程中产生了不同程度的损伤和破坏,因此,对砌体结构房屋进行现场检测和可靠性鉴定具有重要意义。

砌体结构的检测可分为砌筑块材、砌筑砂浆、砌体强度、砌筑质量与构造以及损伤与变形等项工作。具体的检测项目应根据施工质量验收、鉴定工作的需要和现场的检测条件等具体情况确定。

8.3.1 砌筑块材的检测

砌筑块材的检测可分为砌筑块材的强度及强度等级、尺寸偏差、外观质量、抗冻性能、块材品种等检测项目。强度检测一般可采用取样法、回弹法、取样结合回弹的方法或钻芯的方法检测。最理想的方法是在结构上截取块材,由抗压试验确定相应的强度指标。但受现场条件限制,有时采用回弹法、取样结合回弹的方法或钻芯的方法检测推断块材强度。下面主要介绍回弹法。

1) 回弹法

回弹法检测砖块基本原理与混凝土强度检测的回弹法相同。采用专门的 HT—75 型砖块回弹仪分别量测砖砌体内砖块回弹值。

对检测批的检测,每个检测批中可布置 5~10 个检测单元,共抽取 50~100 块砖进行检测。

回弹测点布置在外观质量合格砖的条面上,每块砖的条面布置 5 个回弹测点,测点应避开气孔等且测点之间应留有一定的间距。

以每块砖的回弹测试平均值 R_m 为计算参数,按相应的测强曲线计算单块砖的抗压强度换算值;当没有相应的换算强度曲线时,经过试验验证后,可按式(8.22)计算单块砖的抗压强度换算值。

黏土砖:$f_{1,i} = 1.08R_{m,i} - 32.5$ [8.22(a)]

页岩砖:$f_{1,i} = 1.06R_{m,i} - 31.4$ (精确到小数点后一位) [8.22(b)]

煤矸石砖:$f_{1,i} = 1.05R_{m,i} - 27.0$ [8.22(c)]

式中 $R_{m,i}$——第 i 块砖回弹测试平均值;

$f_{1,i}$——第 i 块砖抗压强度换算值。

砖的抗压强度最终是以每块砖的抗压强度换算值为代表值,通过统计分析来推定的。

回弹法检测烧结普通砖的抗压强度时,宜配合取样检验的验证。

2)砌筑块材强度检测的要求

①砌筑块材强度的检测,应将块材品种相同、强度等级相同、质量相近、环境相似的砌筑构件划为一个检测批,每个检测批砌体的体积不宜超过 250 m^3。

②当依据砌筑块材强度和砌筑砂浆强度确定砌体强度时,砌筑块材强度的检测位置宜与砌筑砂浆强度的检测位置对应。

③除了有特殊的检测目的之外,砌筑块材强度的检测时,取样检测的块材试样的外观质量应符合相应产品标准的合格要求,不应选择受到灾害影响或环境侵蚀作用的块材作为试样或回弹测区,块材的芯样试件不得有明显的缺陷。

④砖和砌块尺寸及外观质量检测可采用取样检测或现场检测的方法。砖和砌块尺寸的检测,每个检测批可随机抽检 20 块块材,现场检测可仅抽检外露面;砖和砌块外观质量的检查可分为缺棱掉角、裂纹、弯曲等。现场检查可检查砖或块材的外露面;检查方法和评定指标应按现行相应产品标准确定。检测批的判定,应按建筑结构检测技术标准规定的方法进行。

砌筑块材外观质量不符合要求时,可根据不符合要求的程度降低砌筑块材的抗压强度;砌筑块材的尺寸为负偏差时,应以实测构件的截面尺寸作为构件安全性验算和构造评定的参数。

8.3.2 砌筑砂浆

砌筑砂浆的检测项目可分为砂浆强度、品种、抗冻性和有害元素含量等。检测砌筑砂浆的强度宜采用取样的方法检测,如推出法、筒压法、砂浆片剪切法、点荷法等;检测砌筑砂浆强度的匀质性,可采用非破损的方法检测,如回弹法、射钉法、贯入法、超声法、超声回弹综合法等。当这些方法用于检测既有建筑砌筑砂浆强度时,宜配合有取样的检测方法。下面介绍几个主要的检测方法:

1)推出法

推出法采用推出仪从墙体上水平推出单块丁砖,测得水平推力及推出砖下的砂浆饱满度,以此推定砌筑砂浆抗压强度的方法。

(1)试件及测试设备

推出仪由钢制部件、传感器、推出力峰值测定仪等组成,如图 8.15 所示。检测时,将推出仪安放在墙体的孔洞内。测点宜均匀布置在墙上,并应避开施工中的预留洞口;被推丁砖的承压面可采用砂轮磨平,并应清理干净;被推丁砖下的水平灰缝厚度应为 8~12 mm;测试前,被推丁砖应编号,并详细记录墙体的外观情况。

(2)测试方法

取出被推丁砖上部的两块顺砖,应遵守下列规定:

①试件准备。使用冲击钻在图 8.15(a)所示 A 点打出约 40 mm 的孔洞;用锯条自 A 至 B 点锯开灰缝;将扁铲打入上一层灰缝,取出两块顺砖;用锯条锯切被推丁砖两侧的竖向灰缝,直至下皮砖顶面;开洞及清缝时,不得扰动被推丁砖。

②安装推出仪。用尺测量前梁两端与墙面距离,使其误差小于 3 mm。传感器的作用点,在

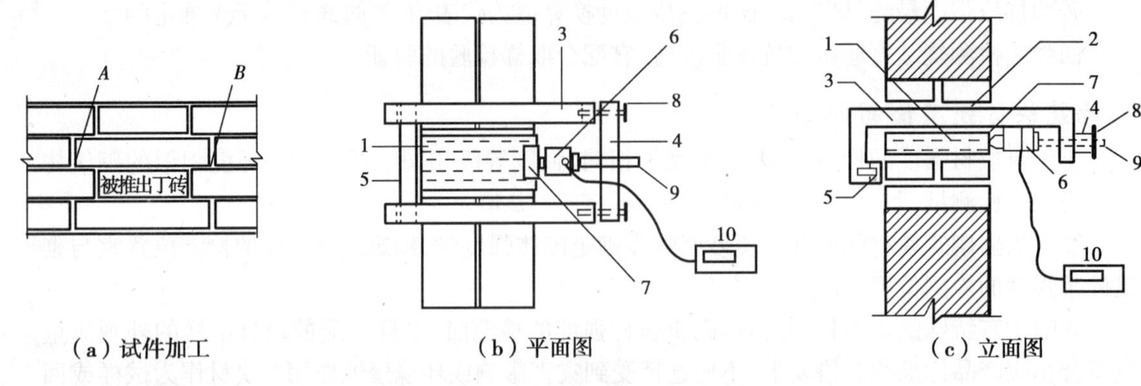

（a）试件加工　（b）平面图　（c）立面图

图 8.15　推出仪及测试安装

1—被推出丁砖；2—被清除砖块后的空隙；3—支架；4—前梁；5—后梁；6—传感器；7—垫片；8—调平螺丝；9—传力丝扣；10—推出力峰值测定仪

水平方向应位于被推丁砖中间，铅垂方向应距被推丁砖下表面之上 15 mm 处。

③加载试验。旋转加荷螺杆对试件施加荷载，加荷速度宜控制在 5 kN/min。当被推丁砖和砌体之间发生相对位移时，试件达到破坏状态，记录推出力 N_{ij}。取下被推丁砖，用百格网测试砂浆饱满度 B_{ij}。

（3）数据整理

①单个测区的推出力平均值，应按式（8.23）计算：

$$N_i = \xi_{3i} \frac{1}{n_1} \sum_{j=1}^{n_1} N_{ij} \tag{8.23}$$

式中　N_i——第 i 个测区的推出力平均值，kN，数值精确到 0.01 kN；

N_{ij}——第 i 个测区第 j 块测试砖的推出力峰值，kN；

ξ_{3i}——砖品种的修正系数，对烧结普通砖，取 1.00，对蒸压（养）灰砂砖，取 1.14。

②测区的砂浆饱满度平均值，应按式（8.24）计算：

$$B_i = \frac{1}{n_1} \sum_{j=1}^{n_1} B_{ij} \tag{8.24}$$

式中　B_i——第 i 个测区的砂浆饱满度平均值，以小数计；

B_{ij}——第 i 个测区第 j 块测试砖下的砂浆饱满度实测值，以小数计。

③测区的砂浆强度平均值，应按式（8.25）和式（8.26）计算：

$$f_{2i} = 0.3(N_i/\xi_{4i})^{1.19} \tag{8.25}$$

$$\xi_{4i} = 0.45B_i^2 + 0.9B_i \tag{8.26}$$

式中　f_{2i}——第 i 个测区的砂浆强度平均值，MPa；

ξ_{4i}——推出法的砂浆强度饱满度修正系数，以小数计。

当测区的砂浆饱满度平均值小于 0.65 时，不宜按上述公式计算砂浆强度，宜选用其他方法推定砂浆强度。

2）筒压法

将取样砂浆破碎、烘干并筛分成符合一定级配要求的颗粒，装入承压筒并施加筒压荷载后，检测其破损程度，用筒压比表示，以此推定其抗压强度的方法。

(1)试件及测试设备

从砖墙中抽取砂浆试样,在试验室内进行筒压荷载试验,测试筒压比,然后换算为砂浆强度。承压筒(图8.16)可用普通碳素钢或合金钢自行制作,也可用测定轻骨料筒压强度的承压筒代替。

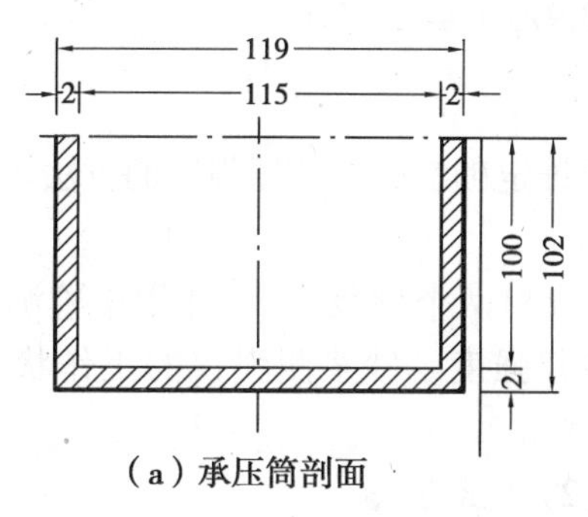

(a)承压筒剖面

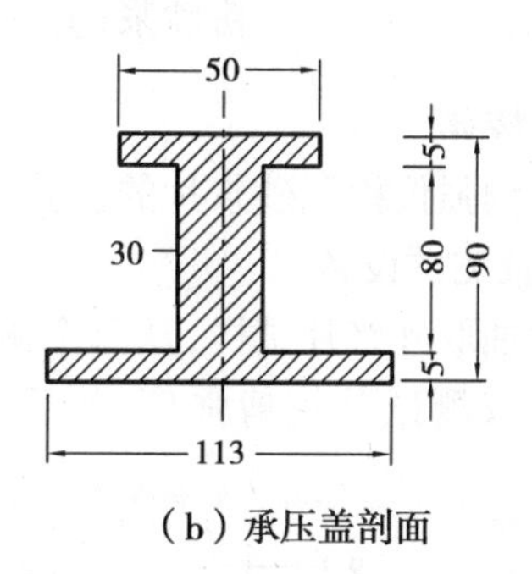

(b)承压盖剖面

图8.16 承压筒构造

(2)现场测试

在每一测区,从距墙表面20 mm以内的水平灰缝中凿取砂浆约4 000 g,砂浆片(块)的最小厚度不得小于5 mm。

每次取烘干样品约1 000 g,置于孔径5,10,15 mm标准筛所组成的套筛中,机械摇筛2 min或手工摇筛1.5 min。称取粒级5~10 mm和10~15 mm的砂浆颗粒各250 g,混合均匀后即为一个试样。共制备3个试样。每个试样应分两次装入承压筒。每次约装1/2,在水泥跳桌上跳振5次。第二次装料并跳振后,整平表面,安上承压盖。

将装料的承压筒置于试验机上,盖上承压盖,开动压力试验机,应于20~40 s内均匀加荷至规定的筒压荷载值后,立即卸荷。不同品种砂浆的筒压荷载值分别为:水泥砂浆、石粉砂浆为20 kN;水泥石灰混合砂浆、粉煤灰砂浆为10 kN。将施压后的试样倒入由孔径5 mm和10 mm标准筛组成的套筛中,装入摇筛机摇筛2 min或人工摇筛1.5 min,筛至每隔5 s的筛出量基本相等。

称量各筛筛余试样的质量(精确到0.1 g),各筛的分计筛余量和底盘剩余量的总和,与筛分前的试样质量相比,相对差值不得超过试样质量的0.5%;当超过时,应重新进行试验。

(3)数据整理

①标准试样的筒压比,应按式(8.27)计算:

$$T_{ij} = \frac{t_1 + t_2}{t_1 + t_2 + t_3} \tag{8.27}$$

式中 T_{ij}——第i个测区中第j个试样的筒压比,以小数计;

t_1, t_2, t_3——分别为孔径5 mm、10 mm筛的分计筛余量和底盘中剩余量。

②测区的砂浆筒压比,应按式(8.28)计算:

$$T_i = \frac{T_{1i} + T_{2i} + T_{3i}}{3} \tag{8.28}$$

式中 T_i——第i个测区的砂浆筒压比平均值,以小数计,精确到0.01;

T_{1i}, T_{2i}, T_{3i}——分别为第i个测区3个标准砂浆试样的筒压比。

③根据筒压比,测区的砂浆强度平均值应按式(8.29)计算:

水泥砂浆：$f_{2i} = 34.58(T_i)^2$ [8.29(a)]

水泥石灰混合砂浆：$f_{2i} = 6.1T_i + 11(T_i)^2$ [8.29(b)]

粉煤灰砂浆：$f_{2i} = 2.52 - 9.4T_i + 32.8(T_i)^2$ [8.29(c)]

石粉砂浆：$f_{2i} = 2.7 - 13.9T_i + 44.9(T_i)^2$ [8.29(d)]

3)砂浆片剪切法

采用砂浆测强仪检测砂浆片的抗剪强度，以此推定砌筑砂浆抗压强度的方法。

(1)试件及测试设备

从砖墙中抽取砂浆片试样，从每个测点处，宜取出两个砂浆片，一片用于检测，一片备用。采用砂浆测强仪测试其抗剪强度，然后换算为砂浆强度。砂浆测强仪的工作状况如图 8.17 所示。

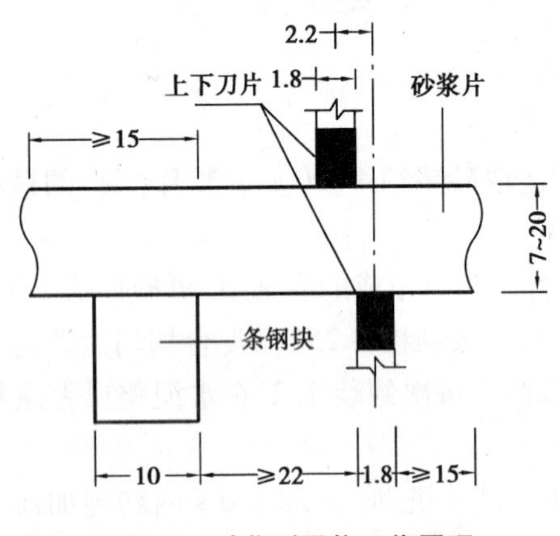

图 8.17 砂浆测强仪工作原理

(2)测试方法

从测点处的单块砖大面上取下的原状砂浆大片；同一个测区的砂浆片，应加工成尺寸接近的片状体，大面、条面均匀平整，单个试件的各向尺寸宜为：厚度 7~15 mm，宽度 15~50 mm，长度按净跨度不小于 22 mm 确定。砂浆试件含水率，应与砌体正常工作时的含水率基本一致。

调平砂浆测强仪、使水准泡居中；将砂浆试件置于砂浆测强仪内(图 8.17)，并用上刀片压紧；开动砂浆测强仪，对试件匀速连续施加荷载，加荷速度不宜大于 10 N/s，直至试件破坏；试件破坏后，应记读压力表指针读数，并根据砂浆测强仪的校验结果换算成剪切荷载值；用游标卡尺或最小刻度为 0.5 mm 的钢板尺量测试件破坏截面尺寸，每个方向量测两次，分别取平均值。

试件未沿刀片刃口破坏时，此次试验作废，应取备用试件补测。

(3)数据整理

①砂浆试件的抗剪强度，应按式(8.30)计算：

$$\tau_{ij} = 0.95\frac{V_{ij}}{A_{ij}} \tag{8.30}$$

式中 τ_{ij}——第 i 个测区第 j 个砂浆试件的抗剪强度，MPa；

V_{ij}——试件的抗剪荷载值，N；

A_{ij}——试件破坏截面面积，mm^2。

②测区的砂浆抗剪强度平均值，应按式(8.31)计算：

$$\tau_i = \frac{1}{n_1}\sum_{j=1}^{n_1}\tau_{ij} \tag{8.31}$$

式中 τ_i——第 i 个测区的抗剪强度平均值，MPa。

③测区的抗压强度平均值，应按式(8.32)计算：

$$f_{2i} = 7.17\tau_i \tag{8.32}$$

④当测区的砂浆抗剪强度低于 0.3 MPa 时，应对式(8.32)的计算结果乘以表 8.5 中的修正系数。

表 8.5 低强砂浆的修正系数表

τ_i	>0.30	0.25	0.20	<0.15
修正系数	1.00	0.86	0.75	0.35

4)回弹法

回弹法采用砂浆回弹仪检测墙体中砂浆的表面硬度，根据回弹值和碳化深度推定其强度的方法。

(1)试件及测试设备

用回弹仪测试砂浆表面硬度，用酚酞试剂测试砂浆碳化深度，以此两项指标计算砂浆强度。通常，检测单元取每一楼层且总量不大于 250 m^3 的材料品种和设计强度等级均相同的砌体。在一个检测单元内，按检测方法的要求，随机布置的一个或若干个检测区域，可按一个构件(单片墙体、柱)作为一个测区。每个测区的测位数不应少于 5 个。测位宜选在承重墙的可测面上，并避开门窗洞口及预埋件等附近的墙体。墙面上每个测位的面积宜大于 0.3 m^2。

(2)测试方法

测位处的粉刷层、勾缝砂浆、污物等应清除干净；弹击点处的砂浆表面，应仔细打磨平整，并除去浮灰；每个测位内均匀布置 12 个弹击点。选定弹击点应避开砖的边缘、气孔或松动的砂浆。相邻两弹击点的间距不应小于 20 mm；在每个弹击点上，使用回弹仪连续弹击 3 次，第 1、2 次不读数，仅记读第 3 次回弹值，精确到 1 个刻度。测试过程中，回弹仪应始终处于水平状态，其轴线应垂直于砂浆表面，且不得移位。在每一测位内，选择 1~3 处灰缝，用游标尺和 1%的酚酞试剂测量砂浆碳化深度，读数应精确到 0.5 mm。

(3)数据整理

从每个测位的 12 个回弹值中，分别剔除最大值、最小值，将余下的 10 个回弹值计算算术平均值，以 R 表示。每个测位的平均碳化深度，应取该测位各次测量值的算术平均值，以 d 表示，精确到 0.5 mm。平均碳化深度大于 3 mm 时，取 3.0 mm。第 i 个测区第 j 个测位的砂浆强度换算值，应根据该测位的平均回弹值和平均碳化深度值，分别按式[8.33(a)，(b)，(c)]计算：

$$f_{2ij} = 13.97 \times 10^{-5} R^{2.57} \quad d \leqslant 1.0 \qquad [8.33(\mathrm{a})]$$

$$f_{2ij} = 4.85 \times 10^{-4} R^{3.04} \quad 1.0 < d < 3.0 \qquad [8.33(\mathrm{b})]$$

$$f_{2ij} = 4.85 \times 10^{-4} R^{3.04} \quad d \geqslant 3.0 \qquad [8.33(\mathrm{c})]$$

式中 f_{2ij}——第 i 个测区第 j 个测位的砂浆强度值，MPa；

d——第 i 个测区第 j 个测位的平均碳化深度，mm；

R——第 i 个测区第 j 个测位的平均回弹值。

测区的砂浆抗压强度平均值应按式(8.34)计算：

$$f_{2i} = \frac{1}{n_1} \sum_{j=1}^{n_1} f_{2ij} \qquad (8.34)$$

5)点荷法

点荷法是在砂浆片的大面上施加点荷载，以此推定砌筑砂浆抗压强度的方法。

(1)试件及测试设备

从砖墙中抽取砂浆片试样,采用小吨位压力试验机测试其点荷载值,然后换算为砂浆强度。从每个测点处,宜取出两个砂浆大片,一片用于检测,一片备用。

(2)测试方法

从每个测点处剥离出砂浆大片。加工或选取的砂浆试件应符合下列要求:厚度为5~12 mm,预估荷载作用半径为15~25 mm,大面应平整,但其边缘不要求非常规则。在砂浆试件上画出作用点,量测其厚度,精确到0.1 mm。

在小吨位压力试验机上、下压板上分别安装上、下加荷头,两个加荷头应对齐;将砂浆试件水平放置在上、下加荷头对准预先画好的作用点,并使上加荷头轻轻压紧试件,然后缓慢匀速施加荷载至试件破坏。试件可能破坏成数个小块。记录荷载值,精确到0.1 kN。将破坏后的试件拼接成原样,测量荷载实际作用点中心到试件破坏线边缘的最短距离即荷载作用半径。精确到0.1 mm。

(3)数据整理

砂浆试件的抗压强度换算值,应按式(8.35)计算:

$$f_{2ij} = (33.3\xi_{5ij}\xi_{6ij}N_{ij} - 1.1)^{1.09} \quad [8.35(a)]$$

$$\xi_{5ij} = \frac{1}{(0.05\gamma_{ij} + 1)} \quad [8.35(b)]$$

$$\xi_{6ij} = \frac{1}{[0.03t_{ij}(0.1t_{ij} + 1) + 0.4]} \quad [8.35(c)]$$

式中 N_{ij}——点荷载值,kN;

ξ_{5ij}——荷载作用半径修正系数;

ξ_{6ij}——试件厚度修正系数;

γ_{ij}——荷载作用半径,mm;

t_{ij}——试件厚度,mm。

测区的砂浆抗压强度平均值,应按本标准式(8.36)计算:

$$f_{2i} = \frac{1}{n_1}\sum_{j=1}^{n_1} f_{2ij} \quad (8.36)$$

6)射钉法

射钉法是采用射钉枪将射钉射入墙体的水平灰缝中,依据成组射钉的射入量推定砌筑砂浆抗压强度的方法。

(1)试件及测试设备

每个测区的测点,在墙体两面的数量宜各半。测试设备包括射钉、射钉器、射钉弹和游标卡尺。

(2)测试方法

在各测区的水平灰缝上,标出测点位置。测点处的灰缝厚度不应小于10 mm;在门窗洞口附近和经修补的砌体上不应布置测点。清除测点表面的覆盖层和疏松层,将砂浆表面修理平整。应事先量测射钉的全长 l_1;将射钉射入测点砂浆中,并量测射钉外露部分的长度 l_2。射钉的射入量为 $l=l_1-l_2$。对长度指标 l、l_1、l_2 的取值应精确到0.1 mm。射入砂浆中的射钉,应垂直于砌筑面且无擦靠块材的现象,否则应舍去和重新补测。

(3)数据整理

测区的射钉平均射入量,应按式(8.37)计算:

$$l_i = \frac{1}{n_1}\sum_{j=1}^{n_1} l_{ij} \tag{8.37}$$

式中 l_i——第 i 个测区的射钉平均射入量,mm;

l_{ij}——第 i 个测区的第 j 个测点的射入量,mm。

测区的砂浆抗压强度,应按式(8.38)计算:

$$f_{2i} = al_i^{-b} \tag{8.38}$$

式中 a, b——射钉常数,按表 8.6 取值。

表 8.6 射钉常数

砖品种	a	b
烧结普通砖	47 000	2.52
烧结多空砖	50 000	2.40

此外,超声法、回弹超声综合法等各种非破损方法也已在砖砌体结构的强度检测中得到应用,但由于影响因素很多,往往使测试结果不很理想,因此在使用上受到限制。

8.3.3 砌体强度

砌体结构强度的检测方法主要有:扁顶法、原位轴压法、原位单剪法、原位单砖双剪法。

砌体的强度,可采用取样的方法或现场原位的方法检测。取样法是从砌体中截取试件,在试验室测定试件的强度。原位法是在现场测试砌体的强度。

烧结普通砖砌体的抗压强度,可采用扁式液压顶法或原位轴压法检测;烧结普通砖砌体的抗剪强度,可采用原位双剪法或单剪法检测。

砌体强度的取样检测应遵守下列规定:

①取样检测不得构成结构或构件的安全问题。

②试件的尺寸和强度测试方法应符合《砌体基本力学性能试验方法标准》(GBJ 129—90)的规定。

③取样操作宜采用无振动的切割方法,试件数量应根据检测目的确定。

④测试前应对试件局部的损伤予以修复,严重损伤的样品不得作为试件。

⑤砌体强度的推定,可确定均值的推定区间;当砌体强度标准值的推定区间不满足要求时,也可按试件测试强度的最小值确定砌体强度的标准值,此时试件的数量不得少于 3 件,也不宜大于 6 件,且不应进行数据的舍弃。

1)扁顶法

扁顶法的试验装置是由扁式液压加载器及液压加载系统组成(图 8.18)。试验时,在待测砌体部位按所取试样的高度在上下两端垂直于主应力方向沿水平灰缝将砂浆掏空,形成两个水平空槽,并将扁式加载器的液囊放入灰缝的空槽内。当扁式加载器进油时,液囊膨胀对砌体产生应力,随着压力的增加,试件受载增大,直到开裂破坏。

扁式加载器的压应力值经修正后,即为砌体的抗压强度。扁顶法除了可直接测量砌体强度

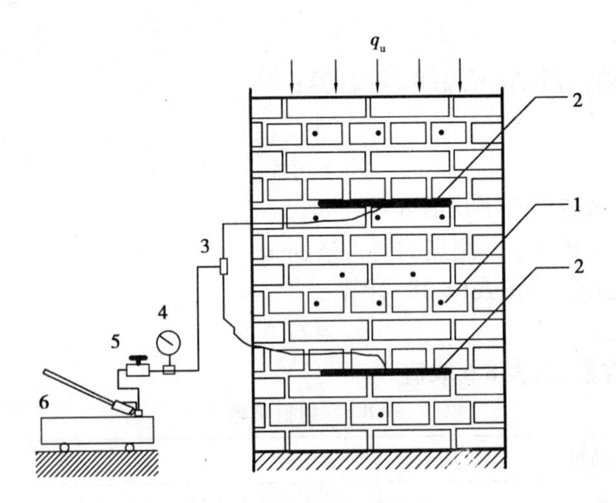

图 8.18　偏顶法的试验装置

1—变形测点脚标；2—扁式液压加载器；3—三通接头；4—液压表；5—溢流阀；6—手动油泵

外，当在被试砌体部位布置应变测点进行应变量测时，尚可测量砌体的应力—应变曲线和砌体原始主应力值。

2）原位轴压法

原位轴压法的试验装置由扁式加载器、自平衡反力架和液压加载系统组成（图 8.19）。测试时先在砌体测试部位垂直方向按试样高度上下两端各开凿一个相当于扁式加载器尺寸的水平槽，在槽内各嵌入一扁式加载器，并用自平衡拉杆固定。也可用一个加载器，另一个用特制的钢板代替。通过加载系统对试体分级加载，直到试件受压开裂破坏，求得砌体的极限抗压强度。目前较多采用的也有在被测试体上下端各开 240 mm×240 mm 的方孔，内嵌以自平衡加载架及扁千斤顶，直接对砌体加载。

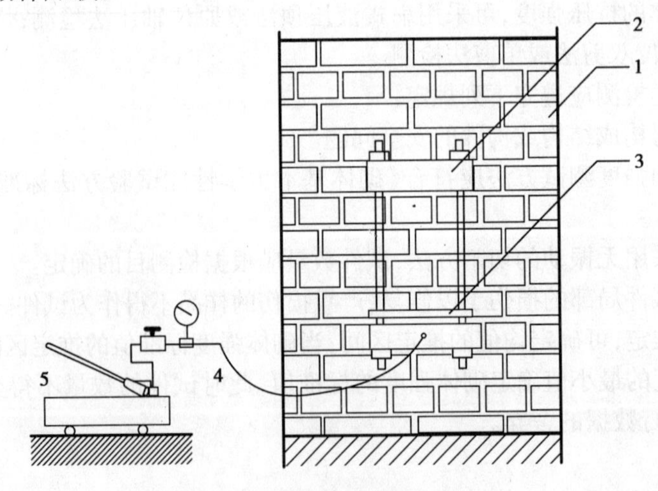

图 8.19　原位轴压法的实验装置

1—墙体；2—自平衡反力架；3—扁式加载器；4—油管；5—加载油泵

扁顶法与原位轴压法在原理上是完全相同的，都是在砌体内直接抽样，测得破坏荷载，并按式（8.39）计算砌体轴心抗压强度。

$$f = \frac{F}{A} \cdot K \tag{8.39}$$

式中 f——砌体轴心抗压强度,MPa;

F——试样的破坏荷载,N;

A——试样的截面尺寸,mm^2;

K——对应于标准试件的强度换算系数。

在上述两种试验方法中,影响轴压强度测试结果的主要因素是试样上部压应力 σ_0 和两侧砌体对被测试样的约束。式(8.39)中的系数 K 是上部压应力 σ_0 的函数:

$$K = a + b\sigma_0 \tag{8.40}$$

式中 a, b——系数,其数值可通过试验得到。

现场实测时,对于 240 mm 墙体试样尺寸其宽度可与墙厚相等,高度为 420 mm(约 7 皮砖);对于 370 mm 墙体,宽度为 240 mm,高度为 480 mm(约 8 皮砖)。

砌体原位轴心抗压强度测定法是在原始状态下进行检测,砌体不受扰动,所以它可以全面考虑砖材和砂浆变异及砌筑质量等对砌体抗压强度的影响,这对于结构改建、抗震修复加固、灾害事故分析以及对已建砌体结构的可靠性评定等尤为适用。此外,这种方法以局部破损应力作为砌体强度的推算依据,结果较为可靠。更由于它是一种半破损的试验方法,所以对砌体所造成的局部损伤易于修复。

3)原位单剪法

在墙体上沿单个水平灰缝进行抗剪试验,检测砌体抗剪强度的方法,亦简称原位单剪法。

(1)试体及测试设备

本方法适用于推定砖砌体沿通缝截面的抗剪强度。检测时,测试部位宜选在窗洞口或其他洞口下三皮砖范围内,试件具体尺寸应按图 8.20 确定。

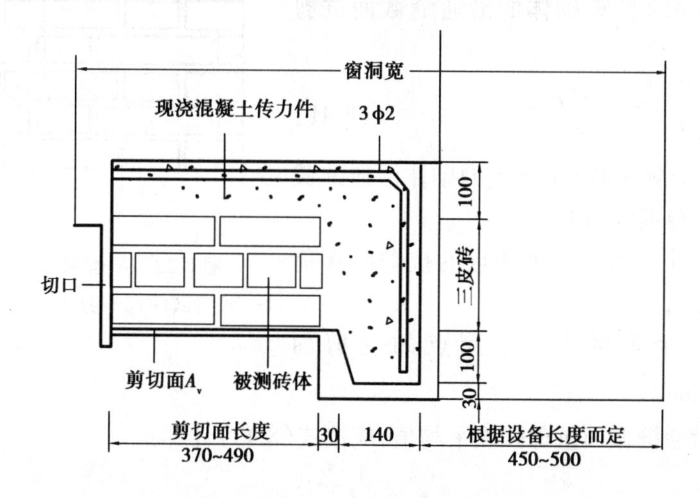

图 8.20 试件大样

测试设备包括螺旋千斤顶或卧式液压千斤顶、荷载传感器及数字荷载表等。试件的预估破坏荷载值应在千斤顶、传感器最大测量值的 20%~80%。检测前,应标定荷载传感器及数字荷载表,其示值相对误差不应大于 3%。

(2)现场试验

在选定的墙体上,应采用振动较小的工具加工切口,现浇钢筋混凝土传力件(图 8.20)。

①测量被测灰缝的受剪面尺寸,精确到 1 mm。

②安装千斤顶及测试仪表,千斤顶的加力轴线与被测灰缝顶面应对齐(图 8.21)。

③应匀速施加水平荷载,并控制试件在 2~5 min 内破坏。当试件沿受剪面滑动、千斤顶开始卸荷时,即判定试件达到破坏状态。记录破坏荷载值,结束试验。在预定剪切面(灰缝)破坏,此次试验有效。

④加荷试验结束后,翻转已破坏的试件,检查剪切面破坏特征及砌体砌筑质量,并详细记录。

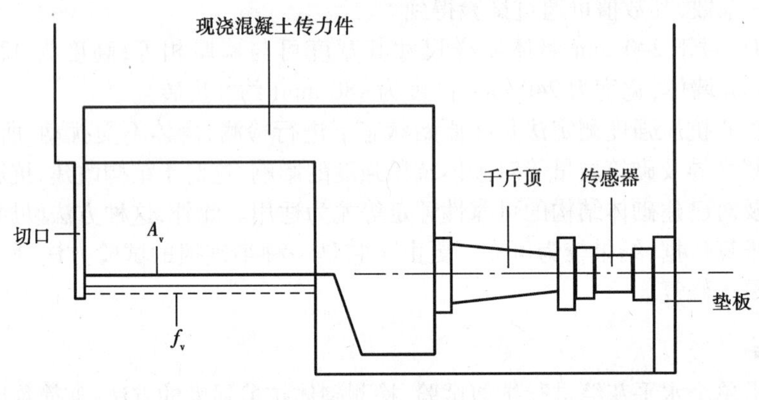

图 8.21 测试装置

(3)数据整理

根据测试仪表的校验结果,进行荷载换算,精确到 10 N。按式(8.41)计算砌体的沿通缝截面抗剪强度:

$$f_{vij} = \frac{N_{vij}}{A_{vij}} \tag{8.41}$$

式中 f_{vij}——第 i 个测区第 j 个测点的砌体沿通缝截面抗剪强度,MPa;

N_{vij}——第 i 个测区第 j 个测点的抗剪破坏荷载,N;

A_{vij}——第 i 个测区第 j 个测点的受剪面积,mm^2。

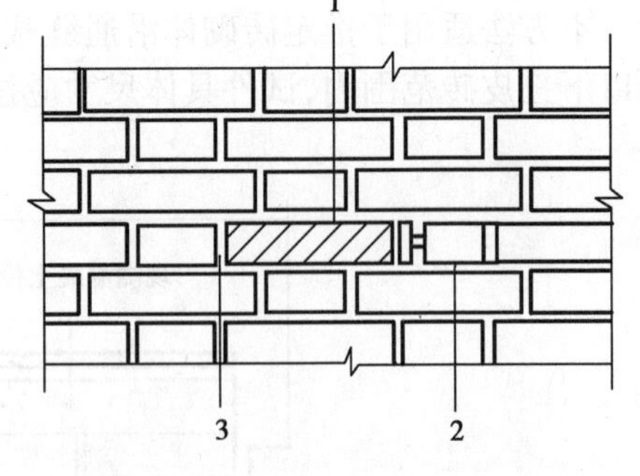

图 8.22 原位单砖双剪试验示意图

1—剪切试件;2—剪切仪主机;3—掏空的竖缝

测区的砌体沿通缝截面抗剪强度平均值,应按式(8.42)计算:

$$f_{vi} = \frac{1}{n_1}\sum_{j=1}^{n_1} f_{vij} \tag{8.42}$$

式中 f_{vi}——第 i 个测区的砌体沿通缝截面抗剪强度平均值,MPa。

4)原位单砖双剪法

采用原位剪切仪在墙体上对单块顺砖进行双面受剪试验,检测抗剪强度的方法。

(1)试体及测试设备

本方法适用于推定烧结普通砖砌体的抗剪强度。检测时,将原位剪切仪的主机安放在墙体的槽孔内,其工作状况如图8.22所示。

本方法宜选用释放受剪面上部压力 σ_0 作用下的试验方案;当能准确计算上部压应力 σ_0 时,也可选用在上部压应力 σ_0 作用下的试验方案。

在测区内选择测点,应符合下列规定:

①每个测区随机布置的 n_1 个测点,在墙体两面的数量宜接近或相等。以一块完整的顺砖及其上下两条水平灰缝作为一个测点(试件)。

②试件两个受剪面的水平灰缝厚度应为8~12 mm。

③下列部位不应布设测点:门、窗洞口侧边120 mm范围内;后补的施工洞口和经修补的砌体;独立砖柱和窗间墙。

④同一墙体的各测点之间,水平方向净距不应小于0.62 m,垂直方向净距不应小于0.5 m。原位剪切仪的主机为一个附有活动承压钢板的小型千斤顶。其成套设备如图8.23所示:

(2)现场试验

当采用带有上部压应力 σ_0 作用的试验方案时,应按图8.24的要求,将剪切试件相邻一端的一块砖掏出,清除四周的灰缝,制备出安放主机的孔洞,其截面尺寸不得小于115 mm×65 mm,掏空、清除剪切试件另一端的竖缝。

当采用释放试件上部压应力 σ_0 的试验方案时,尚应按图8.24所示,掏空水平灰缝,掏空范围由剪切试件的两端向上按45°角扩散至灰缝4,掏空长度应大于620 mm,深度应大于240 mm。

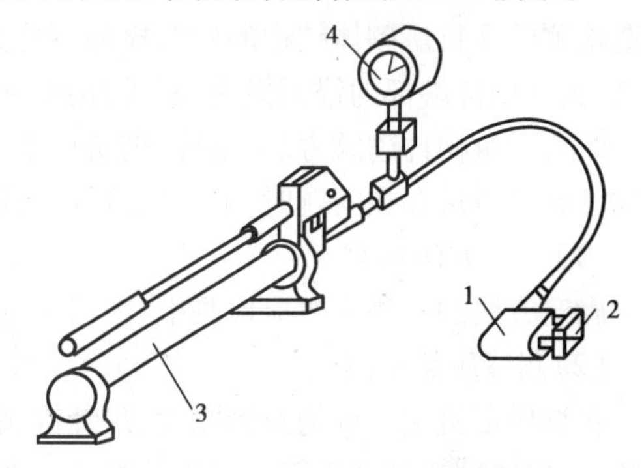

图8.23 原位剪切仪示意图

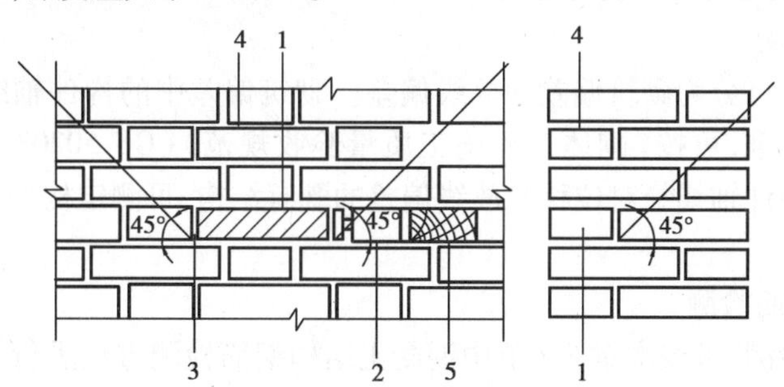

图8.24 释放 σ_0 方案示意图

试件两端的灰缝应清理干净。开凿清理过程中,严禁扰动试件;如发现被推砖块有明显缺棱掉角或上、下灰缝有明显松动现象时,应舍去该试件。被推砖的承压面应平整,如不平时应用扁砂轮等工具磨平。

将剪切仪主机(图8.24)放入开凿好的孔洞中,使仪器的承压板与试件的砖块顶面重合,仪器轴线与砖块轴线吻合。若开凿孔洞过长,在仪器尾部应另加垫块。

操作剪切仪,匀速施加水平荷载,直至试件和砌体之间相对位移,试件达到破坏状态。加荷的全过程宜为1~3 min。

记录试件破坏时剪切仪测力计的最大读数,精确到0.1个分度值。采用无量纲指示仪表的剪切仪时,尚应按剪切仪的校验结果换算成以N为单位的破坏荷载。

(3)数据整理

试件沿通缝截面的抗剪强度,应按式(8.43)计算:

$$f_{v,m} = \frac{N_v}{2A} \tag{8.43}$$

式中 $f_{v,m}$——试件沿通缝截面的抗剪强度,N/mm²;

N_v——试件的抗剪破坏荷载值,N;

A——试件一个受剪面的面积。

8.3.4 砌筑质量与构造

砌筑构件的砌筑质量检测可分为砌筑方法、灰缝质量、砌体偏差、砌体中的钢筋检测和砌体构造检测等项目。砌体结构的构造检测可分为砌筑构件的高厚比、梁垫、壁柱、预制构件的搁置长度、大型构件端部的锚固措施、圈梁、构造柱或芯柱、砌体局部尺寸及钢筋网片和拉结筋等项目。既有砌筑构件砌筑方法、留槎、砌筑偏差和灰缝质量等,可采取剔凿表面抹灰的方法检测。当构件砌筑质量存在问题时,可降低该构件的砌体强度。

(1)砌筑方法检测

砌筑方法的检测主要应检测上、下错缝,内外搭砌等是否符合要求。

(2)灰缝质量检测

灰缝质量检测可分为灰缝厚度、灰缝饱满程度和平直程度等项目。其中灰缝厚度的代表值应按10皮砖砌体高度折算。灰缝的饱满程度和平直程度,可按《砌体工程施工质量验收规范》(GB 50203—2002)规定的方法进行检测。

(3)砌体偏差检测

砌体偏差的检测可分为砌筑偏差和放线偏差。砌筑偏差中的构件轴线位移和构件垂直度的检测方法和评定标准,可按《砌体工程施工质量验收规范》(GB 50203—2002)的规定执行。对于无法准确测定构件轴线绝对位移和放线偏差的既有结构,可测定构件轴线的相对位移或相对放线偏差。

(4)砌体中的钢筋检测

砌体中的钢筋检测,可按本章8.2节中混凝土结构钢筋检测方法进行。砌体中拉结筋的间距,应取2~3个连续间距的平均间距作为代表值。

(5)砌体构造检测

砌筑构件的高厚比,其厚度值应取构件厚度的实测值;跨度较大的屋架和梁支承面下的垫块和锚固措施,可采取剔除表面抹灰的方法检测;预制钢筋混凝土板的支承长度,可采用剔凿楼面面层及垫层的方法检测;跨度较大门窗洞口的混凝土过梁的设置状况,可通过测定过梁钢筋状况判定,也可采取剔凿表面抹灰的方法检测;砌体墙梁的构造,可采取剔凿表面抹灰和用尺量测的方法检测;圈梁、构造柱或芯柱的设置,可通过测定钢筋状况判定;圈梁、构造柱或芯柱的混凝土施工质量,可按本章8.2节的要求进行检测。

8.3.5　损伤与变形

砌体结构的变形与损伤的检测可分为裂缝、倾斜、基础不均匀沉降、环境侵蚀损伤、灾害损伤及人为损伤等项目。

(1)砌体结构裂缝检测

①对于结构或构件上的裂缝,应测定裂缝的位置、长度、宽度和数量。

②必要时应剔除构件抹灰确定砌筑方法、留槎、线管及预制构件对裂缝的影响。

③对于仍在发展的裂缝应进行定期的观测,提供裂缝发展速度的数据。

(2)砌筑构件或砌体结构的倾斜

可采用经纬仪、激光定位仪、三轴定位仪或吊锤的方法检测,宜区分施工偏差造成的倾斜、变形造成的倾斜、灾害造成的倾斜等。

(3)基础的不均匀沉降

基础的不均匀沉降可用水准仪检测,当需要确定基础沉降的发展情况时,应在结构上布置测点进行观测。基础的累计沉降差,可参照首层的基准线推算。

(4)砌体结构损伤检测

对砌体结构受到的损伤进行检测时,应确定损伤对砌体结构安全性的影响。对于不同原因造成的损伤可按下列规定进行检测:

①对环境侵蚀,应确定侵蚀源、侵蚀程度和侵蚀速度。

②对冻融损伤,应测定冻融损伤深度、面积,检测部位宜为檐口、房屋的勒脚、散水附近和出现渗漏的部位。

③对火灾等造成的损伤,应确定灾害影响区域和受灾害影响的构件,确定影响程度。

④对于人为的损伤,应确定损伤程度。

8.4　钢结构的检测试验

钢结构的检测是指钢结构与钢构件质量或性能的检测,可分为钢结构材料性能、连接、构件的尺寸与偏差、变形与损伤、构造以及涂装等项检测工作,必要时,可进行结构或构件性能的实荷检验或结构的动力测试。本节主要阐述了钢材外观质量检测、构件的尺寸偏差检测、钢材的力学性能检测、超声探伤、磁粉探伤和射线探伤的方法。

8.4.1　钢材外观质量检测

钢材外观质量检测可分为均匀性,否有夹层、裂纹、非金属夹杂和明显的偏析等项目。当对钢材的质量有怀疑时,应对钢材原材料进行力学性能检验或化学成分分析。

①钢材裂纹,可采用观察的方法和渗透法检测。采用渗透法检测时,应用砂轮和砂纸将检测部位的表面及其周围 20 mm 范围内打磨光滑,不得有氧化皮、焊渣、飞溅、污垢等;用清洗剂将打磨表面清洗干净,干燥后喷涂渗透剂,渗透时间不应少于 10 min;然后再用清洗剂将表面多余的渗透剂清除;最后喷涂显示剂,停留 10~30 min 后,观察是否有裂纹显示。

②杆件的弯曲变形和板件凹凸等变形情况,可用观察和尺量的方法检测,量测出变形的程

度;变形评定,应按现行《钢结构工程施工质量验收规范》(GB 50205—2001)的规定执行。

③螺栓和铆钉的松动或断裂,可采用观察或锤击的方法检测。

④结构构件的锈蚀,可按《涂装前钢材表面锈蚀等级和除锈等级》(GB 8923—2009)确定锈蚀等级,对D级锈蚀,还应量测钢板厚度的削弱程度。

⑤钢结构构件的挠度、倾斜等变形与位移和基础沉降等,可采用经纬仪、激光定位仪、三轴定位仪或吊锤的方法检测,宜区分倾斜中施工偏差造成的倾斜、变形造成的倾斜、灾害造成的倾斜等。基础不均匀沉降,可用水准仪检测;当需要确定基础沉降的发展情况时,应在结构上布置测点进行观测,观测操作应遵守《建筑变形测量规程》(JGJ/T 8)的规定;结构的基础累计沉降差,可参照首层的基准线推算。

8.4.2 构件的尺寸偏差检测

尺寸检测的范围,应检测所抽样构件的全部尺寸,每个尺寸在构件的3个部位量测,取3处测试值的平均值作为该尺寸的代表值;尺寸量测的方法,可按相关产品标准的规定量测,其中钢材的厚度可用超声测厚仪测定;构件尺寸偏差的评定指标,应按相应的产品标准确定;钢构件的尺寸偏差,应以设计图纸规定的尺寸为基准,计算尺寸偏差。偏差的允许值,应按《钢结构工程施工质量验收规范》(GB 50205—2001)确定。

钢构件安装偏差的检测项目和检测方法,应按《钢结构工程施工质量验收规范》(GB 50205—2001)确定。

8.4.3 钢材的力学性能的检测

对结构构件钢材的力学性能检验可分为屈服点、抗拉强度、伸长率、冷弯和冲击功等项目。当工程尚有与结构同批的钢材时,可以将其加工成试件,进行钢材力学性能检验;当工程没有与结构同批的钢材时,可在构件上截取试样,但应确保结构构件的安全。

(1)材料力学性能现场检验项目和方法

钢材力学性能检验试件的取样数量、取样方法、试验方法和评定标准应符合表8.7的规定。当被检验钢材的屈服点或抗拉强度不满足要求时,应补充取样进行拉伸试验。补充试验应将同类构件同一规格的钢材划为一批,每批抽样3个。

表8.7 钢筋锈蚀状况的判别标准

<table>
<tr><th>检验项目</th><th>取样数量(个/批)</th><th>取样方法</th><th>试验方法</th><th>评定标准</th></tr>
<tr><td>屈服点、抗拉强度、伸长率</td><td>1</td><td rowspan="3">《钢材力学及工艺性能试验取样规定》(GB 2975)</td><td>《金属拉伸试验试样》(GB 6397);《金属材料室温拉伸试验方法》(GB/T 228)</td><td rowspan="3">《碳素结构钢》(GB 700);《低合金高强度结构钢》(GB/T 1591);其他钢材产品标准</td></tr>
<tr><td>冷弯</td><td>2</td><td>《金属弯曲试验方法》(GB 232)</td></tr>
<tr><td>冲击功</td><td>3</td><td>《金属夏比缺口冲击试验方法》(GB/T 229)</td></tr>
</table>

(2)钢材强度的检测方法

既有钢结构钢材的抗拉强度,可采用表面硬度的方法检测。应用表面硬度法检测钢结构钢材抗拉强度时,应有取样检验钢材抗拉强度的验证。

表面硬度法主要利用布氏硬度计测定(图 8.25),由硬度计端部的钢珠受压时在钢材表面和已知硬度标准试样上的凹痕直径,测得钢材的硬度,并由钢材硬度与强度的相关关系,经换算得到钢材的强度。

$$H_B = H_S \frac{D - \sqrt{D^2 - d_S}}{D - \sqrt{D^2 - d_B}} \tag{8.44}$$

$$f = 3.6H_B \tag{8.45}$$

式中 H_B, H_S——分别为钢材和标准试件的布氏硬度;

d_B, d_S——分别为硬度计钢珠在钢材和标准试件上的凹痕直径;

D——硬度计钢珠直径;

f——钢材的极限强度。

测定钢材的极限强度f后,可依据同种材料的屈强比计算得到钢材的屈服强度。

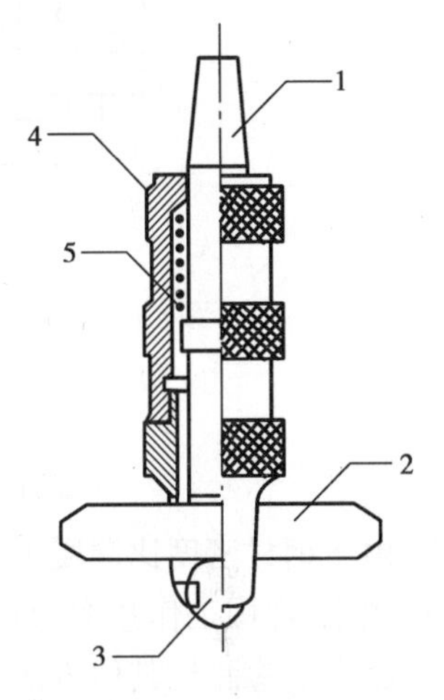

图 8.25 布氏硬度计

1—纵轴;2—标准棒;3—钢珠;4—外壳;5—弹簧

8.4.4 超声探伤

超声法检测钢材和焊缝缺陷的工作原理与检测混凝土内部缺陷相同,试验时较多采用脉冲反射法。超声波脉冲经换能器发射进入被测材料传播时,当通过材料不同界面(构件材料表面、内部缺陷和构件底面)时,会产生部分反射,这些超声波各自往返的路程不同,回到换能器时间不同,在超声波探伤仪的示波屏幕上分别显示出各界面的反射波及其相对的位置,分别称为始脉冲、伤脉冲和底脉冲,如图8.26所示。由缺陷反射波与始脉冲和底脉冲的相对距离可确定缺陷在构件内的相对位置。如材料完好内部无缺陷时,则显示屏上只有始脉冲和底脉冲,不出现伤脉冲。

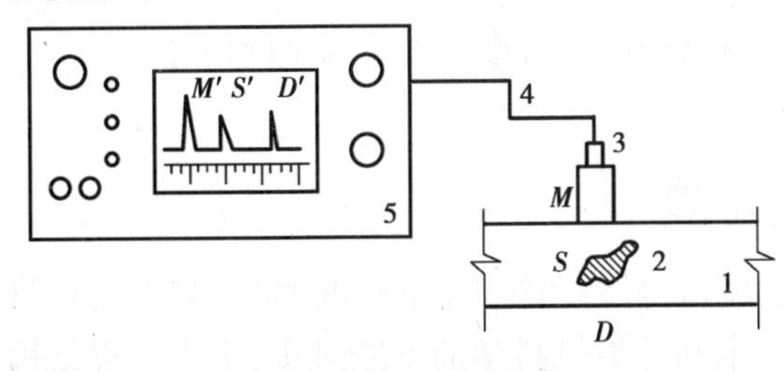

图 8.26 脉冲反射法探伤

1—试件;2—缺陷;3—探头;4—电缆;5—探伤仪

进行焊缝内部缺陷检测时,换能器常采用斜向探头。图 8.27 用三角形标准试块经比较法确定内部缺陷的位置。当在构件焊缝内探测到缺陷时,记录换能器在构件上的位置 L 和缺陷反射波在显示屏上的相对位置。然后将换能器移到三角形标准试块的斜边上做相对移动,使反射脉冲与构件焊缝内的缺陷脉冲重合,当三角形标准试块的 α 角度与斜向换能器超声波和折射角度相同时,量取换能器在三角形标准试块上的位置 L,则可按式(8.46)和式(8.47)确定缺陷的深度 h。

$$l = L \sin^2\alpha \tag{8.46}$$

$$h = L \sin\alpha \cos\alpha \tag{8.47}$$

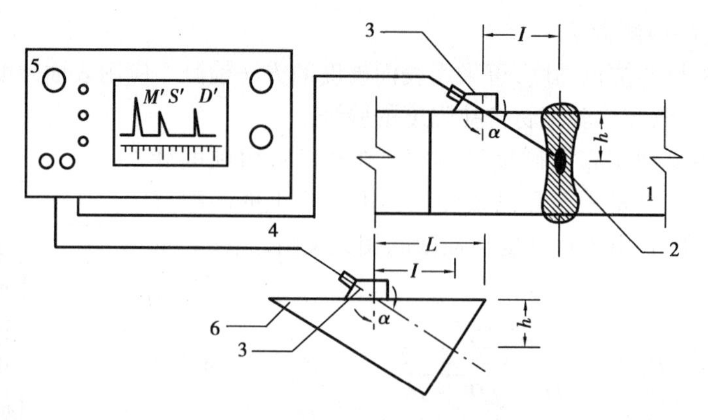

图 8.27　斜向探头探测缺陷位置

1—试件;2—缺陷;3—探头;4—电缆;5—探伤仪;6—标准试块

由于钢材密度比混凝土大得多,为了能够检测钢材或焊缝内较小的缺陷,要求选用较高的超声频率,常用工作频率为 0.5~2 MHz,比混凝土检测时的工作频率高。

超声法检测比其他方法(如磁粉探伤、射线探伤等)更有利于现场检测。

8.4.5　磁粉与射线探伤

磁粉探伤的原理:铁磁材料(铁、钴、镍及其合金)置于磁场中,即被磁化。如果材料内部均匀一致而截面不变时,则其磁力线方向也是一致的、不变的,当材料内部出现缺陷(如裂纹、空洞和非磁性夹杂物等),则由于这些部位的导磁率很低,磁力线便产生偏转(即绕道通过这些缺陷部位)。当缺陷距离表面很近时,此处偏转的磁力线就会有部分越出试件表面,形成一个局部磁场。这时将磁粉撒向试件表面,落到此处的磁粉即被局部磁场吸住,于是显现出缺陷的所在。射线探伤有 X 射线探伤和 γ 射线探伤两种。X 射线和 γ 射线都是波长很短的电磁波,具有很强的穿透非透明物质的能力,并能被物质所吸收。物质吸收射线的程度随物质本身的密实程度而异。材料越密实,吸收能力越强,射线越易衰减,通过材料后的射线越弱。当材料内部有松孔、夹渣、裂缝时,则射线通过这些部位的衰减程度较小,因而透过试件的射线较强。根据透过试件的射线强弱,即可判断材料内部的缺陷。

钢结构的无损检测,除了超声波、磁粉和射线探伤外,还有渗透法和涡流探伤等。

8.5　工程结构现场检测的新进展

近年来,随着土木工程领域新技术的迅速发展、新材料和新工艺的不断涌现,以及现代材料科学和应用物理学的不断发展,加之现代电子技术和计算机科学的不断进步,土木工程结构的现场无损检测技术得到很大发展。

1)钢筋混凝土结构的无损检测新技术

(1)冲击回波法

冲击回波法是在结构表面施以瞬时冲击,产生应力(声)波,当遇到波阻抗有差异的界面(如混凝土板底面、缺陷等),一部分应力波就会产生反射波,接收反射波并进行快速傅里叶变换得到其频谱图，频谱图上突出的峰值就是应力波在混凝土内部缺陷或混凝土底面的反射形成的，根据其峰值频率可计算出混凝土缺陷的位置或混凝土的厚度。冲击回波法可检测出内部缺陷（如空洞、疏松、裂缝等）的存在及其位置。冲击回波对混凝土表面粗糙度和平整性要求不高，但检测灵敏度和分辨力都较低，检测速度也较慢。

（2）表面波频谱分析法

表面波（亦称瑞利波）是沿介质表层传播的一种弹性波。表面波混凝土检测仪由激振器、信号采集、分析显示系统和传感器组成。检测混凝土时将激振器和传感器安装在混凝土表面。用给定频率使激振器向结构物垂直激振时，产生的表面波在材料中按一定深度传播，传感器接收振动信号，由相关检测器检测出接收信号与参考信号的时间差，当激振器与信号接收传感器之间距离为 L，调整参考信号初始相位与激振器同步时，则可计算得到表面波在距离为 L 范围内的传播速度。表面波传播速度与材料的弹性模量、剪切模量之间具有数学表达式，而通过试验还可确定表面波速度与材料干密度、抗压强度等的相关性。因此，可用它来检验结构混凝土材料的力学性能及存在的缺陷。表面波分析法较适合于有缺陷、低强度混凝土。

（3）声发射法

声发射是指材料内部局部区域在外界（应力或温度）的影响下，伴随能量快速释放而产生的瞬态弹性波的现象。利用仪器检测、记录、分析声发射信号和利用声发射信号推断声发射源的技术，称为声发射技术。

混凝土构件的声发射技术是利用混凝土构件受载荷时所发射 AE 信号的能量、振幅、波长和频率（单位时间内发生 AE 的次数）等，来确定其内部结构、缺陷或潜在缺陷的形成机理。混凝土构件声发射检测系统主要由 AE 传感器、信号处理器及数显示装置组成。通过对混凝土构件声发射信号的研究，可以用来测量混凝土构件的骨料特性、内部缺陷性质和形成机理以及钢筋腐蚀的位置和速率等。

（4）探地雷达法

探地雷达法是一种利用电磁波确定地下介质分布的技术，其工作原理是利用高频电磁波（90~1 000 MHz）以宽频带短脉冲的形式进入介质内部，经目标体反射后回到表面，由接收电线接收回波信号。电磁波在介质中传播时，其路径、电磁场强度及波形随所通过的介质的电性性质及几何形态发生变化。根据接收的反射回波的双程走时、幅度、相位等信息对目标介质结构进行准确描述。探地雷达技术可以对混凝土构件的内部结构准确成像，辨别其内部的缺陷及钢筋的分布，实现质量检测与性能评估。

（5）红外热像检测技术

混凝土红外热像检测技术依据混凝土的红外辐射-表面温度-材料特性三者间的内在关系，借助红外热像仪把来自混凝土的红外辐射转变为可见的热图像，通过热图像特征分析直观地了解混凝土的表面温度分布，进而达到推断混凝土构件内部结构和表面状态的目的。

（6）计算机断层 X 射线扫描技术

计算机断层扫描技术即透析成像技术，它根据物体断面的一组投影数据，经计算机处理后得到物体断面的图像，所以它是一种从数据到图像的重建技术。X 射线 CT 扫描仪主要由信号源和探测器两部分组成，其基本原理是 X 射线穿透物体断面进行旋转扫描，收集 X 射线经某层面不同物质衰减后的信息，经过计算机处理，得出与 CT 探测空间内任意点 X 射线吸收系数 μ 直接相关联的 CT 数 H，从而形成物体断层的数字图像。

2)钢结构的无损检测新技术

(1)激光散斑检测技术

激光散斑检测技术是利用激光干涉原理,测量物体表面的离面位移,通过选用适当的加载方式(加热、真空、加压、振动等),使激光超声检测复杂构件缺陷处产生与正常部位不一样的离面位移,从而在检测图像中显示出来。

(2)磁巴克豪森噪音检测法

铁磁性钢构件磁化时,在磁滞回线最陡的区域,其磁化是阶梯式的,是不可逆跳跃过程,它在探测线圈中所引起的噪音信号称为磁巴克豪森噪音(MBN)。MBN 对应力和残余应力分布是比较敏感的。利用 MBN 的这一特点,可以实现对钢构件残余应力的无损检测。

(3)磁声发射 MAE 检测法

铁磁性钢构件在磁化过程中,磁畴的不可逆运动,除了产生巴克豪森效应外,同时还激发一系列弹性波脉冲。该弹性波类似于机械声发射,故称为磁致声发射,简称磁声发射(MAE)。当构件局部外磁场强度保持不变时,MAE 脉冲信号随所受应力的变化而变化,不管产生应力的原因是外加载荷还是残余应力。利用 MAE 的这一特性,即可对无应力的钢结构构件进行加载过程的 MAE 信号强度标定,又可据此对实际在役钢结构构件的应力进行无损测量。

(4)漏磁检测法

铁磁性钢构件在磁场中被磁化时,构件表面存在缺陷或组织状态变化会使导磁率发生变化,即磁阻增大,使得磁路中的磁通相应发生畸变,除了一部分磁通直接穿越缺陷或在构件内部绕过缺陷外,还有一部分磁通会离开构件表面处形成漏磁场,漏磁检测方法就是通过检测被磁化的构件表面溢出的漏磁场来判断是否有缺陷存在。

(5)磁记忆检测法

磁记忆检测方法的原理为:铁磁性钢构件在工作时,受外载荷的作用,在应力和变形集中区域内会发生具有逆磁致伸缩性质的磁畴组织定向的和不可逆的重新取向,而且这种磁状态的不可逆变化在工作载荷消除后不仅会保留,还与最大作用力有关系。即在应力集中处漏磁场的切向分量具有最大值,法向分量改变符号且具有零值点。从而通过磁场法向分量的测定,便可准确地推断构件的应力集中区,实现对铁磁性钢构件的早期诊断。

3)结构健康监测技术

随着人们对结构安全性重视程度的提高以及各种监测、检测相关技术的发展,结构健康监测技术应运而生。

结构健康监测就是通过对结构的物理力学性能进行无损监测,实时监控结构的整体行为,对结构的损伤位置和程度进行诊断,对结构的服役情况、可靠性耐久性和承载能力进行智能评估,为结构在突发事件下或结构使用状况严重异常时触发预警信号,为结构的维修、养护与管理决策提供依据和指导。

结构健康监测技术是一个多领域跨学科的综合性技术,它包括土木工程、动力学、材料学、传感技术、测试技术、信号处理、网络通讯通信技术、计算机技术、模式识别等多方面的知识。

本章小结

(1)钢筋混凝土结构构件的现场检测内容主要包括:混凝土强度检测、混凝土中钢筋的检测、腐蚀机理检测、混凝土碳化检测、混凝土的冻融检测、混凝土的工作状态检测、结构或构件的构造与连接检测等。常见的混凝土强度检测方法有回弹法、超声法、钻芯法等。混凝土中钢筋的检测主要包括检测钢筋的品种、位置、直径、保护层厚度及钢筋锈蚀状况。混凝土裂缝检测主要检测裂缝的宽度、深度、长度及裂缝类型和成因。混凝土结构的工作状态的检测包括混凝土的工作应力测定、钢筋的工作应力测定、结构构件挠度、变形、侧移以及承载力等的检测。通过这些项目的检测,可以基本掌握构件的实际工作状态,为可靠性计算、分析以及鉴定评级提供基础数据。

(2)钢筋混凝土结构或构件的鉴定评级应包括承载能力、构造和连接、裂缝、变形四个子项。当混凝土结构受拉构件的受力裂缝宽度小于0.15 mm及受弯构件的受力裂缝宽度小于0. 20 mm时,构件可不作承载能力验算,直接评级。

(3)砌体结构的主要检测项目是砌体强度、裂缝、腐蚀及风化、变形、连接及墙体稳定性检测等。

(4)砖的强度检测一般采取现场取样,送回试验室进行抗压、抗折试验。砂浆的强度检测可用砂浆回弹仪、推出法、筒压法、砂浆片剪切法、点荷法、射钉法、砂浆贯入法等中的一种或多种方法进行检测。砌体强度分砌体抗压强度和砌体抗剪强度两种,砌体抗压强度可用轴压法、扁顶法等方法检测,砌体抗剪强度可用原位单剪法、原位单砖双剪法等方法检测。砌体抗压强度、抗剪强度和抗拉强度还可以根据砌筑砂浆和砖的强度等级进行推断。

(5)砌体常见裂缝有由于承载力不足产生的裂缝、沉降裂缝、温度裂缝等。

(6)砌体结构或构件的鉴定评级应包括承载能力、变形裂缝(变形裂缝系指由于温度、收缩变形和地基不均匀沉降引起的裂缝)、变形、构造和连接四个子项。

(7)钢结构检测的重点是疲劳断裂、钢结构的失稳、钢结构的脆性破坏、钢结构防火、钢结构的变形、钢结构的偏差等。

(8)钢结构的疲劳断裂是钢材或焊缝中的微观裂缝在连续重复荷载作用下不断扩展直至断裂的脆性破坏。断裂可能贯穿于母材或焊缝,也可能贯穿于母材和焊缝。出现疲劳断裂时,截面上的应力低于材料的抗拉强度。同时疲劳破坏属于脆性破坏,塑性变形极小,是一种没有明显变形的突然破坏,危险性较大。疲劳破坏出现在承受反复荷载作用下的结构,常见于钢吊车梁,特别是重级工作制作用下的吊车梁。出现的部位一般是已出现质量缺陷、应力集中现象的部位和焊缝区域以及截面突然变化处,如焊接工字型钢吊车梁变截面处受拉翼缘(下翼缘)与腹板、加劲肋与上翼缘、加劲肋与腹板之间等部位。

思考题

8.1　名词解释:混凝土碳化、钻芯法测试混凝土强度、回弹法测试混凝土强度。

8.2　钢筋混凝土结构或构件的现场检测主要包括哪些内容?

8.3　按对建筑物的破坏程度,可将检测混凝土强度的常用方法分为哪几种?每种有哪些测试方法？优缺点是什么？

8.4 混凝土中钢筋的检测主要包括哪些内容？如何检测？

8.5 混凝土常见的腐蚀有几种？怎样测定混凝土碳化？碳化与钢筋腐蚀有何关系？

8.6 混凝土结构或构件的鉴定评级应包括哪些项目？需要验算哪些项目？

8.7 如何评定混凝土结构或构件因主筋锈蚀产生的沿主筋方向的裂缝宽度的等级？

8.8 砖、砂浆、砌体的强度检测各有哪些方法？优缺点是什么？

8.9 钢结构的疲劳裂缝有何特点？疲劳裂缝在何种情况下出现？

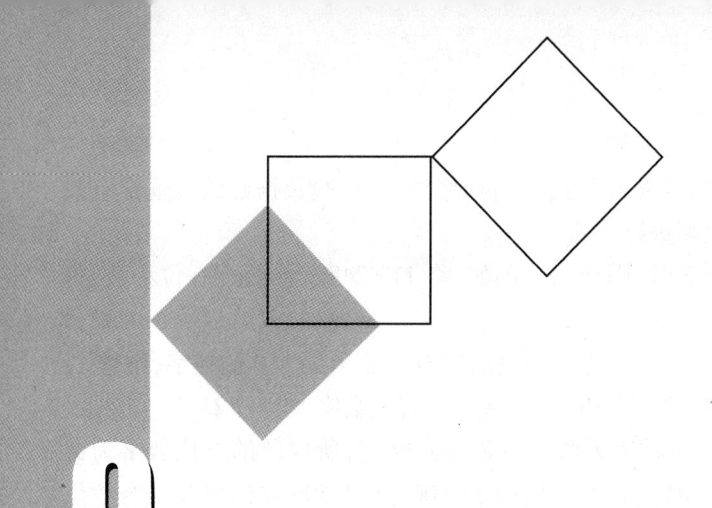

9 试验的数据处理

9.1 概　述

结构试验后(有时在结构试验中),对采集到的数据进行整理换算、统计分析和归纳演绎,以得到代表结构性能的公式、图像、表格、数学模型和数值等,这就是数据处理。采集得到的数据是数据处理过程的原始数据。例如,应变式位移传感器测得的应变值换算成位移值,由测得的位移值计算挠度,由应变计测得的应变得到结构的内力分析,由结构的变形和荷载关系可得到结构的屈服点、延性和恢复力模型等,对原始数据进行统计分析可以得到平均值等统计特征值,对动态信号进行变换处理可以得到结构的自振频率等动力特性。

结构试验时采集得到的原始数据不仅量大,而且有时有误差,有时杂乱无章,有时甚至有错误,所以,必须对原始数据进行处理,才能得到可靠的试验结果。

数据处理的内容和步骤包括以下几个方面:数据的整理和换算;数据的统计分析;数据的误差分析;数据的表达方式。

9.2 试验数据的整理和换算

在数据采集时,由于各种原因会得到一些错误信息。例如,仪器参数(如应变计的灵敏系数)设置错误等造成出错,人工读数时读错,人工记录时的笔误,环境因素造成的数据失真(温度引起的应变增加等),测量仪器的缺陷或布置有误造成数据出错,或者测量过程受到干扰造成的错误等。这些数据错误一般都可以通过复核仪器参数等方法进行整理,并加以改正。

9.2.1 数据修约

当采集得到的数据杂乱无章、不同仪器得到的数据位数长短不一时,应根据试验要求和测量精度,按照有关的规定(如国家标准《数值修约规则》)进行修约,把试验数据修约成规定有效位数的数值。数据修约时应按下面的规则进行:

①拟舍弃数字的最左一位数字小于5时,则舍去。例如,将113.248 9修约到一位小数,得到113.2。

②拟舍弃数字的最左一位数字大于5,或者是5,但其后跟有关非全部为0的数字,则进1,即保留的末位数字加1。例如,将120.69和120.502修约成3位有效数字,均得121。

③拟舍弃数字的最左一位数字为5,而右边无数字或皆为0时,若所保留的末位数字为奇数(1,3,5,7,9)则进1,为偶数(2,4,6,8,0)则舍弃。例如33 500和34 500修约成2位有效位数,均得34×10^3。

④负数修约时,先将它的绝对值按上述规则修约,然后再修约值前面加上负号。例如,将-0.036 50和-0.035 52修约到0.001,均得-0.036。

⑤拟修约数值应在确定修约位数后一次修约获得结果,不得多次按上述规则连续修约。例如,将-15.454 6修约到1,正确的做法为15.454 6→15,不正确的做法为15.454 6→15.455→15.46→15.5→16。

采集得到的数据有时需要进行换算,才能得到所要求的物理量。例如,把采集到的应变换算成应力,把位移换算成挠度、转角、应变等,把应变式传感器得到的应变换算成相应的力、位移、转角等,对数据进行积分或微分,考虑结构自重和设备质量的影响,对数据进行修正等。传感器系数的换算应按照传感器的灵敏度系数和接线方式进行。

9.2.2 应变到应力的转换

应变得到应力的换算应根据试件材料的应力-应变关系和应变测点的布置进行,如材料属于线弹性体,可按材料力学的有关公式(表9.1)进行,公式中的弹性模量E和泊松比ν应先考虑采用实际测定的数值,如没有实际测定值时,也可以采用有关资料提出的数值。

表9.1 测点应变与应力的换算公式

受力状态	测点布置	主应力σ_1、σ_2及σ_1和0°轴线的夹角θ
单向应力	1	$\sigma_1=E\varepsilon_1$ $\theta=0$
平面应力 (主方向已知)	2 1	$\sigma_1=\dfrac{E}{1-\nu^2}(\varepsilon_1+\nu\varepsilon_2)$ $\sigma_1=\dfrac{E}{1-\nu^2}(\varepsilon_2+\nu\varepsilon_1)$ $\theta=0$

续表

受力状态	测点布置	主应力 σ_1、σ_2 及 σ_1 和 0°轴线的夹角 θ
平面应力	3 45° 2 45° 1	$\sigma_{\substack{1\\2}}=\frac{E}{2}\left[\frac{\varepsilon_1+\varepsilon_3}{1-\nu}\pm\frac{1}{1+\nu}\sqrt{2(\varepsilon_1-\varepsilon_2)^2+2(\varepsilon_2-\varepsilon_3)^2}\right]$ $\theta=\frac{1}{2}\arctan\left(\frac{2\varepsilon_2-\varepsilon_1-\varepsilon_3}{\varepsilon_1-\varepsilon_3}\right)$
	3 60° 2 60° 1	$\sigma_{\substack{1\\2}}=\frac{E}{3}\left[\frac{\varepsilon_1+\varepsilon_2+\varepsilon_3}{1-\nu}\pm\frac{1}{1+\nu}\sqrt{2[(\varepsilon_1-\varepsilon_2)^2+(\varepsilon_2-\varepsilon_3)^2+(\varepsilon_3-\varepsilon_1)^2]}\right]$ $\theta=\frac{1}{2}\arctan\left(\frac{\sqrt{3}(\varepsilon_2-\varepsilon_3)}{2\varepsilon_1-\varepsilon_2-\varepsilon_3}\right)$
	2 3 60° 60° 1 4	$\sigma_{\substack{1\\2}}=\frac{E}{2}\left[\frac{\varepsilon_1+\varepsilon_4}{1-\nu}\pm\frac{1}{1+\nu}\sqrt{(\varepsilon_1-\varepsilon_4)^2+\frac{4}{3}(\varepsilon_2-\varepsilon_3)^2}\right]$ $\theta=\frac{1}{2}\arctan\left(\frac{\sqrt{3}(\varepsilon_2-\varepsilon_3)}{2\varepsilon_1-\varepsilon_2-\varepsilon_3}\right)$ 校核公式:$\varepsilon_1+3\varepsilon_4=2(\varepsilon_2+\varepsilon_3)$
	4 45° 3 45° 2 45° 1	$\sigma_{\substack{1\\2}}=\frac{E}{2}\left[\frac{\varepsilon_1+\varepsilon_2+\varepsilon_3+\varepsilon_4}{2(1-\nu)}\pm\frac{1}{1+\nu}\sqrt{2[(\varepsilon_1-\varepsilon_3)^2+(\varepsilon_4-\varepsilon_2)^2]}\right]$ $\theta=\frac{1}{2}\arctan\left(\frac{\varepsilon_2-\varepsilon_4}{\varepsilon_1-\varepsilon_3}\right)$ 校核公式:$\varepsilon_1+\varepsilon_3=\varepsilon_2+\varepsilon_4$
三向应力 (主方向已知)	2 1 3	$\sigma_1=\frac{E}{(1+\nu)(1-2\nu)}[(1-\nu)\varepsilon_1+\nu(\varepsilon_2+\varepsilon_3)]$ $\sigma_2=\frac{E}{(1+\nu)(1-2\nu)}[(1-\nu)\varepsilon_2+\nu(\varepsilon_3+\varepsilon_1)]$ $\sigma_3=\frac{E}{(1+\nu)(1-2\nu)}[(1-\nu)\varepsilon_3+\nu(\varepsilon_1+\varepsilon_2)]$

受弯矩和轴力等作用的构件,采用平截面假定,其某一截面上的内力和应变分布如图 9.1 所示。

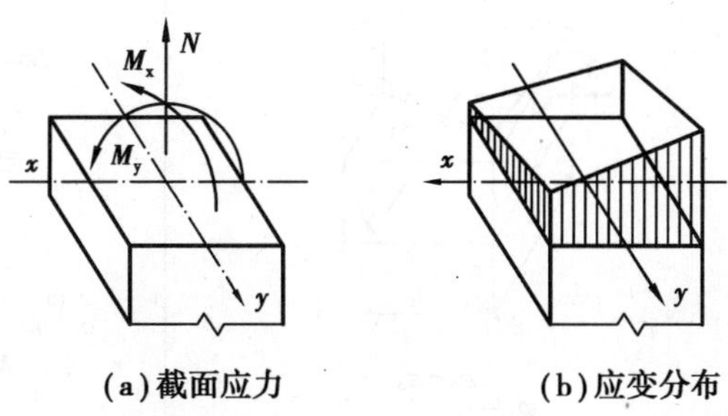

(a)截面应力　　(b)应变分布

图 9.1　构件截面分布

根据不在一条直线上的点可以唯一决定一个平面,只要测得构件截面上 3 个不在一条直线上的点处的应变值,即可求得该截面的应变分布和内力。对矩形截面的构件,常用的测点布置和由此求得的应变分布、内力计算公式见表9.2。

表9.2　截面测点布置与相应的应变分布、内力计算公式

测点布置	应变分布和曲率	内力计算公式
只有轴力 N 和弯矩 M_x 2个测点(1,2)	$\varphi_x=\frac{\varepsilon_1-\varepsilon_2}{b}$	$N=\frac{1}{2}(\varepsilon_1+\varepsilon_2)Ebh$ $M_x=\frac{1}{12}(\varepsilon_1-\varepsilon_2)Ehb^2$
只有轴力 N 和弯矩 M_y 2个测点(1,2)	$\varphi_y=\frac{\varepsilon_2-\varepsilon_1}{h}$	$N=\frac{1}{2}(\varepsilon_1+\varepsilon_2)Ebh$ $M_x=\frac{1}{12}(\varepsilon_2-\varepsilon_1)Ehb^2$
有轴力 N 和弯矩 M_x,M_y 3个测点(1,2,3)	$\varphi_x=\frac{\varepsilon_1-\varepsilon_2}{b}$ $\varphi_y=\frac{1}{h}(\frac{\varepsilon_2+\varepsilon_3}{2}-\varepsilon_1)$	$N=\frac{1}{2}(\varepsilon_1+\frac{\varepsilon_2+\varepsilon_3}{2})Ebh$ $M_x=\frac{1}{12b_1}(\varepsilon_2-\varepsilon_3)Ehb^2$ $M_y=\frac{1}{12}(\frac{\varepsilon_2+\varepsilon_3}{2}-\varepsilon_1)Ebh^2$
有轴力 N 和弯矩 M_x,M_y 4个测点(1,2,3,4)	$\varphi_x=\frac{\varepsilon_3-\varepsilon_4}{b}$ $\varphi_y=\frac{1}{h}(\varepsilon_2-\varepsilon_1)$	$N=\frac{1}{4}(\varepsilon_1+\varepsilon_2+\varepsilon_3+\varepsilon_4)Ebh$ 或 $N=\frac{1}{2}(\varepsilon_1+\varepsilon_2)Ebh$ $N=\frac{1}{2}(\varepsilon_3+\varepsilon_4)Ebh$ $M_x=\frac{1}{12}(\varepsilon_3-\varepsilon_4)Ehb^2$ $M_y=\frac{1}{12}(\varepsilon_2-\varepsilon_1)Ebh^2$

简支梁的挠度、挠度曲线可由位移测量结果得到,如图 9.2 所示。梁受力变形后,支座 1 和支座 2 也发生位移 Δ_1 和 Δ_2。离支座 x 处的挠度 $f(x)$ 为总位移 $\Delta(x)$ 减去由于支座位移引起在 x 处的位移 Δ。由图 9.2 中的几何关系,可得 Δ 和 f_x 的计算式如下:

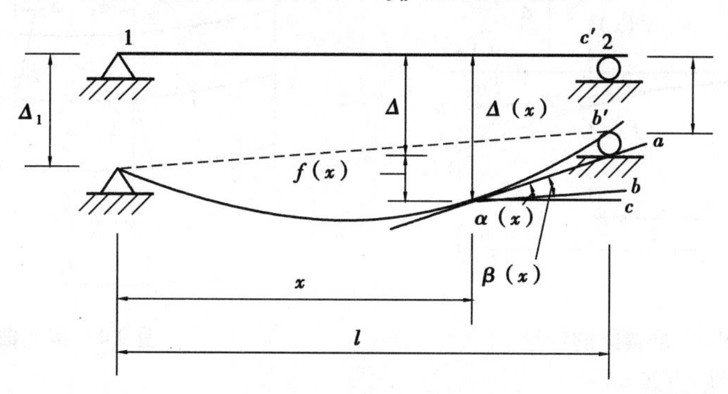

图 9.2　简支梁的变形

注:直线 $c /\!/ c'$, $b /\!/ b'$

$$\Delta = \Delta_1 - (\Delta_1 - \Delta_2)x/l \tag{9.1}$$

$$f(x) = \Delta(x) - \Delta = \Delta(x) - \Delta_1 + (\Delta_1 - \Delta_2)x/l \tag{9.2}$$

特别,当计算跨中挠度时,令$\dfrac{x}{2}=\dfrac{l}{2}$,得:

$$f_{(x=\frac{l}{2})} = \Delta_{(\frac{l}{2})} - \frac{1}{2}(\Delta_1 + \Delta_2) \tag{9.3}$$

式中　$\Delta_{(\frac{l}{2})}$——跨中位移测量结果;

$f_{(x=\frac{l}{2})}$——跨中挠度。

梁的转角可由转角测量结果得到,如图 9.2 所示;图中,直线 c 与梁受力变形前的轴线 c' 平行,直线 b 与梁受力变形后梁支座的连线 b' 平行,直线 a 与直线 b 的夹角 $\beta(x)$ 为梁在 x 处的转角,直线 a 与直线 c 的夹角 $\alpha(x)$ 为转角测量结果,由图 9.2 的几何关系可得:

$$\beta(x) = \alpha(x) - \arctan\left(\frac{\Delta_1 - \Delta_2}{l}\right) \tag{9.4}$$

悬臂梁的挠度的转角可由测量结果计算得到,如图 9.3 所示。梁受力变形后,支座处也有位移 Δ_1 和转角 α_1,距离支座为 x 处的挠度 $f(x)$ 为总位移 $\Delta(x)$ 减去由于支座移动引起在 x 处的位移 Δ。由图 9.3 中的几何关系,可得 Δ 和 f_x 的计算式如下:

$$\Delta = \Delta_1 + x\tan\alpha_1 \tag{9.5}$$

$$f(x) = \Delta(x) - \Delta = \Delta(x) - \Delta_1 - x\tan\alpha_1 \tag{9.6}$$

梁在 x 处的转角可由图 9.3 中的几何关系得到,测量得到在 x 处的总转角 $\alpha(x)$(切线 a 与梁原轴线 c' 的夹角),支座转动引起在 x 处的转角为 α_1(直线 b 与直线 c 的夹角),梁在 x 处的转角 $\beta(x)$(切线 a 与梁轴线 b 的夹角)为:

$$\beta(x) = \alpha(x) - \alpha_1 \tag{9.7}$$

梁的曲率可由位移测量或转角测量结果计算得到,如图 9.4 所示。位移测量方法为:在梁的顶面和底面布置位移测点,测量标距为 l_0 的两点的相对位移 (l_1-l_0) 和 (l_2-l_0);梁变形后,由于弯曲引起梁顶面的两个测点产生相对位移 (l_1-l_0),引起梁底面的两个测点产生相对位移 $(l_2-$

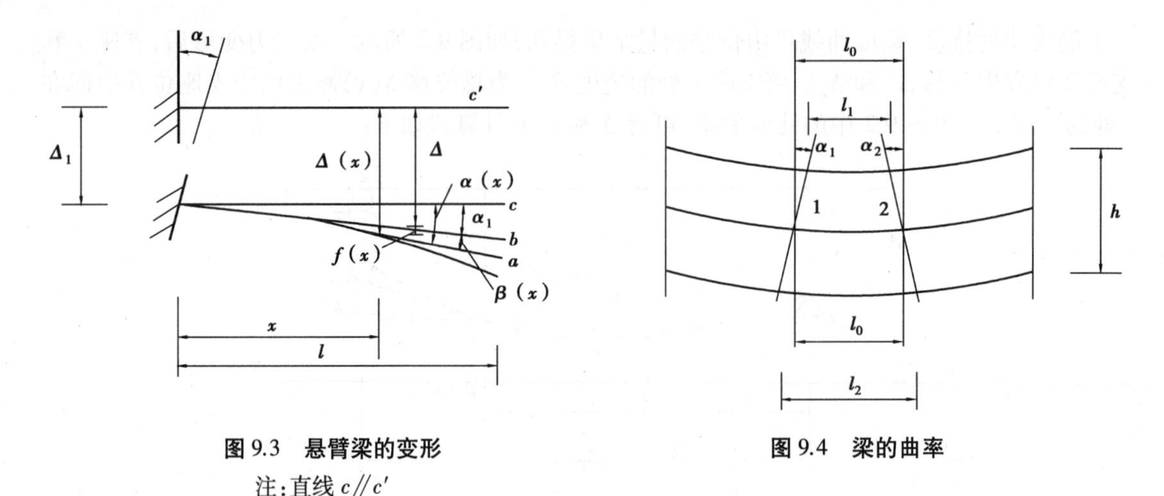

图 9.3　悬臂梁的变形

注：直线 $c/\!/c'$

图 9.4　梁的曲率

l_0)，由此可得在标距 l_0 内的平均曲率 φ 为：

$$\varphi=\frac{(l_2-l_0)-(l_1-l_0)}{l_0 h} \tag{9.8}$$

转角测量方法为：在梁高的中间布置两个转角测点，它们之间的距离为 l_0；梁变形后，由于弯曲引起测点处截面 1 和截面 2 产生转角 α_1 和 α_2，由此可得在标距 l_0 内的平均曲率 φ 为：

$$\varphi=\frac{\alpha_1+\alpha_2}{l_0} \tag{9.9}$$

上面曲率计算中，所用位移和转角均以图 9.4 中所示的方向为正；当实际位移与此相反时，应以负值代入；当得到曲率为负值时，表示弯曲方向与图示相反。

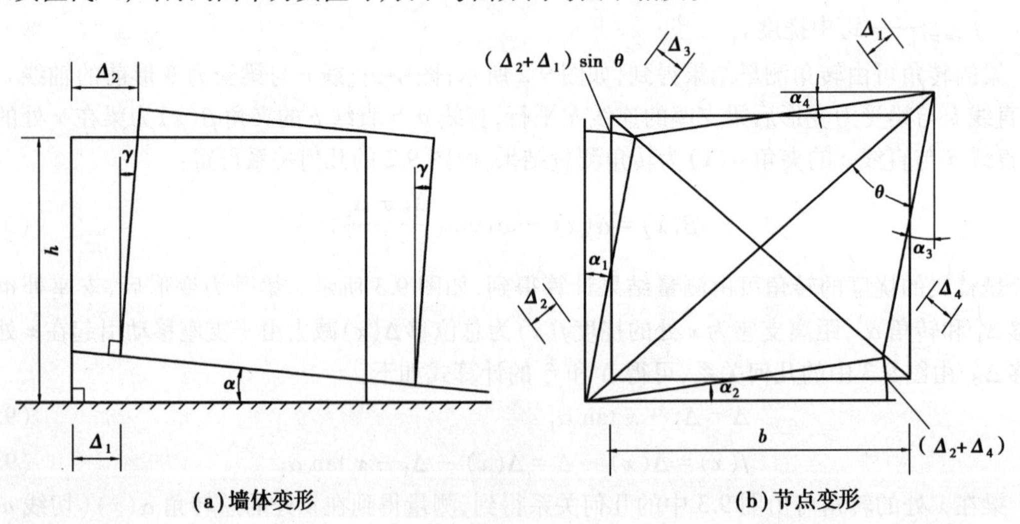

(a)墙体变形

(b)节点变形

图 9.5　剪切变形

注：$\cos\theta=\frac{a}{\sqrt{a^2+b^2}}$，$\sin\theta=\frac{b}{\sqrt{a^2+b^2}}$

结构或构件某一平面区域的剪切变形可按图 9.5 的方法进行测量和计算。图 9.5(a)为墙体的剪切变形，试验时通常把墙体的底部固定，测量墙体顶部和底部的水平位移 Δ_1 和 Δ_2 及墙体底部的转角 α，可得剪切变形 γ 为：

$$\gamma = \frac{\Delta_2 - \Delta_1}{h} - \alpha \tag{9.10}$$

图9.5(b)为梁柱节点核心区的剪切变形，试验时通过测量矩形区域对角测点的相对位移$(\Delta_1+\Delta_2)$和$(\Delta_3+\Delta_4)$，可得到剪切变形γ为：

$$\gamma = \alpha_1 + \alpha_2 = \alpha_3 + \alpha_4 \tag{9.11(a)}$$

或

$$\gamma = \frac{1}{2}(\alpha_1 + \alpha_2 + \alpha_3 + \alpha_4) \tag{9.11(b)}$$

由图9.5(b)的几何关系，有：

$$\alpha_1 = \frac{\Delta_2 \sin\theta + \Delta_3 \sin\theta}{a} = \frac{\Delta_2 + \Delta_3}{a}\frac{b}{\sqrt{a^2 + b^2}} \tag{9.12}$$

$$\alpha_2 = \frac{\Delta_2 + \Delta_4}{b}\cos\theta = \frac{\Delta_2 + \Delta_4}{b}\frac{a}{\sqrt{a^2 + b^2}} \tag{9.13}$$

$$\alpha_3 = \frac{\Delta_4 + \Delta_1}{a}\sin\theta = \frac{\Delta_4 + \Delta_1}{b}\frac{b}{\sqrt{a^2 + b^2}} \tag{9.14}$$

$$\alpha_4 = \frac{\Delta_1 + \Delta_3}{b}\cos\theta = \frac{\Delta_1 + \Delta_3}{b}\frac{a}{\sqrt{a^2 + b^2}} \tag{9.15}$$

把$\alpha_1 \sim \alpha_4$代入式[9.11(b)]，整理得到：

$$\gamma = \frac{1}{2}(\Delta_1 + \Delta_2 + \Delta_3 + \Delta_4)\frac{\sqrt{a^2 + b^2}}{ab} \tag{9.16}$$

试验时，结构在自重和加载设备重等作用下的变形常常不能直接测量得到，要由试验得到的荷载与变形的关系推算得到。图9.6为一混凝土梁的挠度修正，由试验得到荷载与挠度(p-f)关系曲线，从曲线的初始线性段外插值计算自重和设备重作用下的挠度f_0：

$$f_0 = \frac{f_1}{P_1}P_0 \tag{9.17}$$

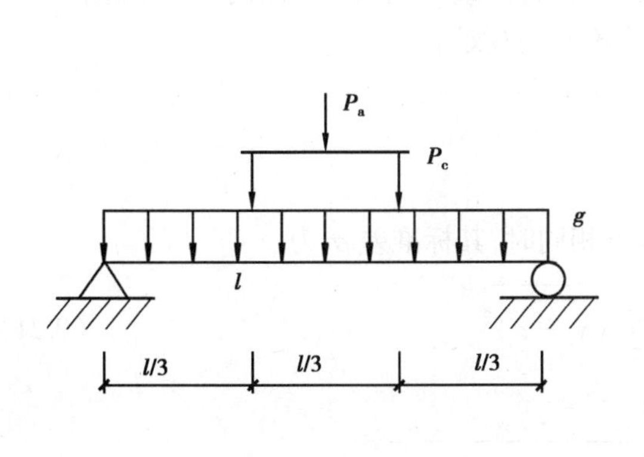

(a)荷载布置

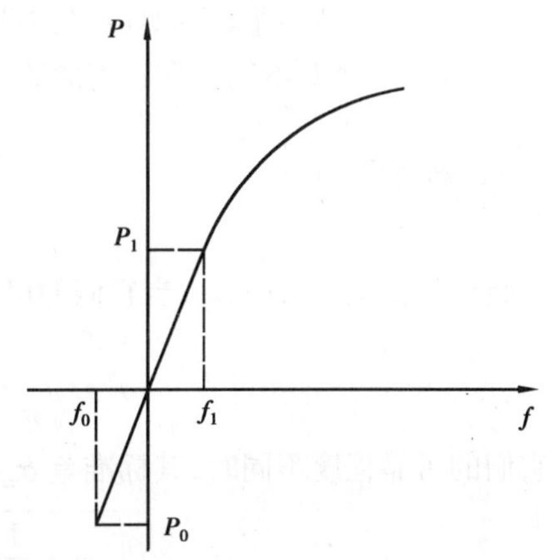

(b)p-f曲线

图9.6 梁受自重和设备重的挠度修正

注：g—梁自重；P_c—设备重；P_a—试验加载；P_0—P_c和g之和；f_0—P_0作用下的挠度

式(9.17)中,P_0 应转换成与 P_a 等效的形式和大小;(f_1,P_1) 的取值应在初始线性段内,如开裂前。其他构件或结构的情况,可以按同样的方法处理。

9.3 试验数据的统计分析

数据处理时,统计分析是一个常用的方法。统计分析可以从很多数据中找到一个或若干个代表值,也可以通过统计分析对试验误差进行分析。下面介绍常用的统计分析的概念和计算方法。

9.3.1 平均值

平均值有算术平均值、几何平均值和加权平均值等。

算术平均值:

$$\bar{x} = \frac{1}{n}(x_1 + x_2 + x_3 + \cdots + x_n) \tag{9.18}$$

式(9.18)中,$x_1,x_2,\cdots,x_n$ 为一组试验值。算术平均值在最小二乘法意义下是所求真值的最佳近似,是最常用的一种平均值。

几何平均值 $\bar{x}_a$:

$$\bar{x}_a = \sqrt[n]{x_1 x_2 \cdots x_n} \qquad [9.19(a)]$$

或

$$\lg \bar{x}_a = \frac{1}{n}\sum_{i=1}^{n} \lg x_i \qquad [9.19(b)]$$

当对一组试验值(x_i)取常用对数$(\lg x_i)$所得图形的分布曲线更为对称[同(x_i)比较]时,常用此法。

加权平均值 $\bar{x}_w$:

$$\bar{x}_w = \frac{w_1x_1 + w_2x_2 + \cdots + w_nx_n}{w_1 + w_2 + \cdots + w_n} \tag{9.20}$$

式中 w_i——第 i 个试验值 x_i 的对应权,在计算用不同方法或不同条件观测同一物理量的均值时,可以对不同可靠程度的数据给予不同的“权”。

9.3.2 标准差

对一组试验值 $x_1,x_2,\cdots,x_n$,当它们的可靠程度相同时,其标准差 σ 为:

$$\sigma = \sqrt{\frac{1}{n-1}\sum_{i=1}^{n}(x_i - \bar{x})^2} \tag{9.21}$$

当它们的可靠程度不同时,其标准差 σ_ω 为:

$$\sigma_\omega = \sqrt{\frac{1}{(n-1)\sum_{i=1}^{n}\omega_i}\sum_{i=1}^{n}\omega_i(x_i - \bar{x}_\omega)^2} \tag{9.22}$$

标准差反映了一组试验值在平均值附近的分散和偏离程度,标准差越大表示分散和偏离程度越大,反之则越小。它对一组试验值中的较大偏差反映比较敏感。

9.3.3　变异系数

变异系数 c_v 通常用来衡量数据的相对偏差程度，它的定义为

$$c_v = \frac{\sigma}{x} \tag{9.23(a)}$$

或

$$c_v = \frac{\sigma_\omega}{x_\omega} \tag{9.23(b)}$$

式中，$\bar{x}$和$\bar{x}_\omega$ 为平均值，σ 和 σ_ω 为标准值。

9.3.4　随机变量和概率分布

结构试验的误差及结构材料等许多试验数据都是随机变量，随机变量既有分散性和不规律性，又有规律性。对随机变量，应该用概率的方法来研究，即对随机变量进行大量的测量，对其进行统计分析，从中演绎归纳出随机变量的统计规律及概率分布。

为了对试验结构（随机变量）进行统计分析，得到它的分布函数，需要进行大量（几百次以上）的测量，由测量值的频率分布图来估计其概率分布。绘制频率分布图的步骤如下：

①按观测次序记录数据。

②按由小至大的次序重新排列数据。

③划分区间，将数据分组。

④计算各区间数据出现的次数、频率（出现次数和全部测定次数之比）和累计频率。

⑤绘制频率直方图及累积频率图（图 9.7）。

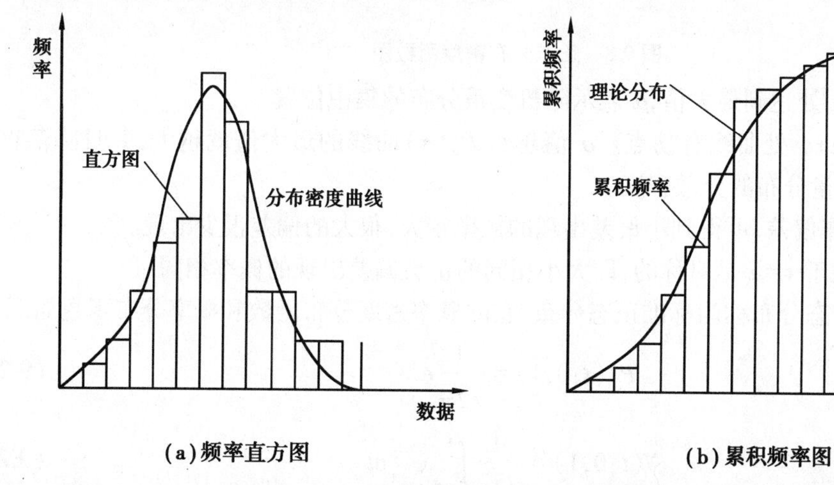

图 9.7　频率直方图和累积频率图

可将频率分布近似作为概率分布（概率是当测定次数趋于无穷大的各组频率），并由此推断试验结果服从何种概率分布。

正态分布是最常用的描述随机变量的概率分布的函数，由高斯（C.F.Causs）在 1795 年提出，所以又称为高斯分布。试验测量中的偶然误差，材料的疲劳强度都近似服从正态分布。正

态分布 $N(\mu,\sigma^2)$ 的概率密度分布函数为：

$$P_N(x)=\frac{1}{\sqrt{2\pi}\sigma}e^{-\frac{(x-\mu)^2}{2\sigma^2}}\quad(-\infty<x<+\infty)\tag{9.24}$$

其分布函数为：

$$N(x)=\frac{1}{\sqrt{2\pi}\sigma}\int_{-\infty}^{x}e^{-\frac{(x-\mu)^2}{2\sigma^2}}\cdot dt\tag{9.25}$$

式中，μ 为均值、σ^2 为方差，它们是正态分布的两个特征参数。

对于满足正态分布的曲线族，只要参数 μ 和 σ 已知，曲线就可以确定。图 9.8 所示为不同参数的正态分布密度函数，从中可以看出：

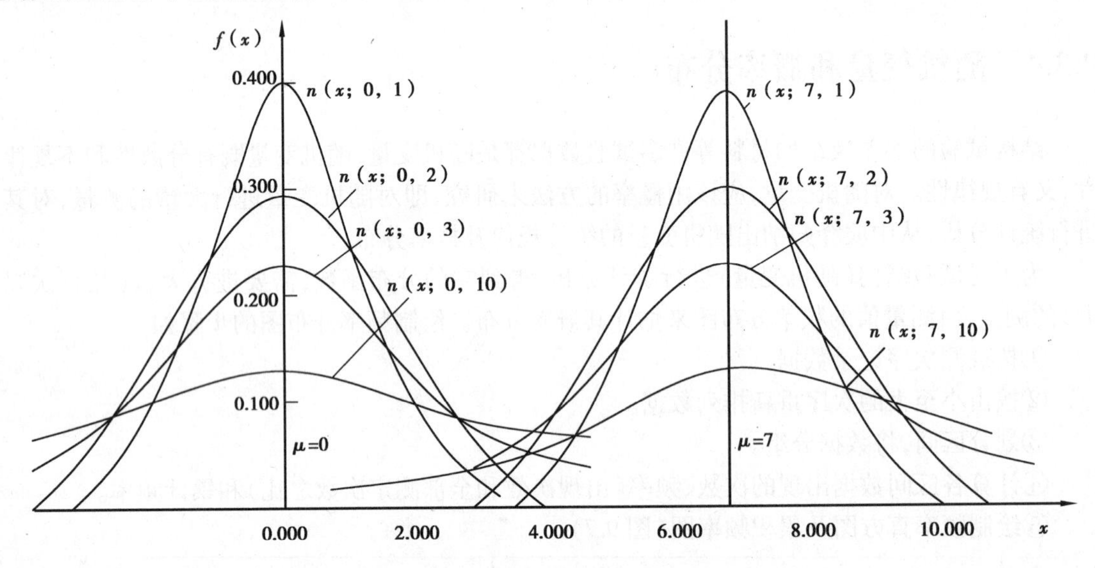

图 9.8　正态分布密度函数图

①$P_N(x)$ 在 $x=\mu$ 处达到最大值，μ 表示随机变量分布的集中位置。

②$P_N(x)$ 在 $x=\mu\pm\sigma$ 处曲线有拐点。σ 值越小 $P_N(x)$ 曲线的最大值就越大，并且降落得越陡，所以表示随机变量分布的分散程度。

③若把 $x-\mu$ 称作偏差，可得到小偏差出现的概率较大，很大的偏差很少出现。

④$P_N(x)$ 曲线关于 $x=\mu$ 是对称的，即大小相同的正负偏差出现的概率相同。

$\mu=0,\sigma=1$ 的正态分布称为标准正态分布，它的概率密度分布函数和概率分布函数如下：

$$P_N(t;0,1)=\frac{1}{\sqrt{2\pi}}e^{-\frac{t^2}{2}}\tag{9.26}$$

$$N(t;0,1)=\frac{1}{\sqrt{2\pi}}\int_{-\infty}^{x}e^{-\frac{t^2}{2}}dt\tag{9.27}$$

标准正态分布函数值可以从有关表格中取得，对于非标准的正态分布 $P_N(x;\mu,\sigma)$ 和 $N(x;\mu,\sigma)$ 可先将函数标准化，用 $t=\frac{x-\mu}{\sigma}$ 进行变量代换，然后从标准正态分布表中查取 $N(\frac{x-\mu}{\sigma};0,1)$ 的函数值。

其他几种常用的概率分布有：二项分布、均匀分布、瑞利分布、χ^2 分布、t 分布、F 分布等。

9.4 试验数据的误差分析

在结构试验中,必须对一些物理量进行测量。被测对象的值是客观存在的,称为真值 x,每次测量所得的值称为实测值(测量值)$x_i(i=1,2,3,\cdots,n)$,真值和测量值的差值为:

$$a_i = x_i - x \quad (i = 1,2,3,\cdots,n) \tag{9.28}$$

式中 a——测量误差,简称为误差。

实际试验中,真值是无法确定的,常用平均值代表真值。自于各种主观和客观的原因,任何测量数据不可避免地都包含一定程度的误差。只有了解了试验误差的范围,才有可能正确估价试验所得到的结果。同时,对试验误差进行分析将有助于在试验中控制和减少误差的产生。

根据误差产生的原因和性质,可以将误差分为系统误差、随机误差和过失误差三类。

9.4.1 误差的分类

1)系统误差

系统误差是由某些固定的原因所造成的,其特点是在整个测量过程中始终有规律地存在着,其绝对值和符号保持不变或按某一规律变化。系统误差的来源有以下几个方面:

(1)方法误差

这种误差是由于所采用的测量方法或数据处理方法不完善所造成的。如采用简化的测量方法或近似计算方法,忽略了某些因素对测量结果的影响,以至产生误差。

(2)工具误差

工具误差是由于测量仪器或工具本身的不完善(结构不合理,零件磨损等缺陷等)所造成的误差,如仪表刻度不均匀,百分表的无效行程等。

(3)环境误差

测量过程中,由于环境条件的变化所造成的误差称为环境误差,如测量过程中的温度、湿度变化等。

(4)操作误差

由于测量过程中试验人员的操作不当所造成的误差称为操作误差,如仪器安装不当、仪器未校准或仪器调整不当等。

(5)主观误差

主观误差又称个人误差,是测量人员本身的一些主观因素造成的,如测量人员的特有习惯、习惯性的读数偏高或偏低等。

系统误差的大小可以用准确度表示,准确度高表示测量的系统误差小。查明系统误差的原因,找出其变化规律,就可以在测量中采取措施(改进测量方法,采用更精确的仪器等)以减小误差,或在数据处理时对测量结果进行修正。

2)随机误差

随机误差是由一些随机的偶然因素造成的,它的绝对值和符号变化无常。但如果进行大量的测量,可以发现随机误差的数值分布符合一定的统计规律,一般认为其服从正态分布。

产生随机误差的原因有测量仪器、测量方法和环境条件等方面的，如电源电压的波动，环境温度、湿度和气压的微小波动，磁场干扰，仪器的微小变化，操作人员操作上的微小差别等。随机误差在测量中是无法避免的，即使是一个很有经验的测量者，使用很精密的仪器，很仔细地操作，对同一对象进行多次测量，其结果也不会完全一致，而是有高有低。随机误差有以下特点：

①误差的绝对值不会超过一定的界限。

②绝对值小的误差比绝对值大的误差出现的次数要多，近于零的误差出现的次数最多。

③绝对值相等的正误差与负误差出现的次数几乎相等。

④误差的算术平均值，随着测量次数的增加而趋向于零。

另外，要注意在实际试验中，往往很难区分随机误差和系统误差，因此许多误差都是这两类误差的组合。

随机误差的大小可以用精密度表示，精密度高表示测量的随机误差小。对随机误差进行统计分析，或增加测量次数，找出其统计特征值，就可以在数据处理时对测量结果进行修正。

3)过失误差

过失误差是由于试验人员粗心大意，不按操作规程办事等原因造成的误差，如读错仪表刻度(位数、正负号)、记录和计算错误等。过失误差一般数值较大，并且常与事实明显不符，必须把过失误差从试验数据中剔除，还应分析出现过失误差的原因，采取措施以防止再次出现。

9.4.2 误差计算

对误差进行统计分析时，同样需要计算3个重要的统计特征值，即算术平均值、标准误差和变异系数。如进行了几次测量，得到几个测量值 x_i，有几个测量误差 $a_i(i=1,2,3,\cdots,n)$，则误差的平均值为：

$$\bar{a}=\frac{1}{n}(a_1+a_2+a_3+\cdots+a_n) \tag{9.29}$$

a_i 按下式计算：

$$a_i=x_i-\bar{x} \tag{9.30}$$

$$\bar{x}=\frac{1}{n}\sum_{i=1}^{n}x_i \tag{9.31}$$

误差的标准值为：

$$\sigma=\sqrt{\frac{1}{n-1}\sum_{i=1}^{n}a_i^2} \qquad [9.32(a)]$$

或

$$\sigma=\sqrt{\frac{1}{n-1}\sum_{i=1}^{n}(x_i-\bar{x})^2} \qquad [9.32(b)]$$

变异系数为：

$$c_v=\frac{\sigma}{\bar{a}} \tag{9.33}$$

9.4.3 误差传递

在对试验结果进行数据处理时，常常需要用若干个直接测量值计算某一些物理量的值，它们之间的关系可以用下面的函数形式表示：

$$y=f(x_1,x_2,\cdots,x_m) \tag{9.34}$$

式中 $x_i(i=1,2,\cdots,m)$——直接测量值；

y——所要计算物理量的值。

若直接测量值 x_i 的最大绝对误差为 $\Delta x_i(i=1,2,\cdots,m)$，则 y 的最大绝对误差 Δy 和最大相对误差 δ_y 分别为：

$$\Delta y=\left|\frac{\partial f}{\partial x_1}\right|\Delta x_1+\left|\frac{\partial f}{\partial x_2}\right|\Delta x_2+\cdots+\left|\frac{\partial f}{\partial x_m}\right|\Delta x_m \tag{9.35}$$

$$\delta_y=\frac{\Delta y}{|y|}=\left|\frac{\partial f}{\partial x_1}\right|\frac{\Delta x_1}{|y|}+\left|\frac{\partial f}{\partial x_2}\right|\frac{\Delta x_2}{|y|}+\cdots+\left|\frac{\partial f}{\partial x_m}\right|\frac{\Delta x_m}{|y|} \tag{9.36}$$

对一些常用的函数形式，可以得到以下关于误差估计的实用公式：

(1)代数和

$$y=x_1\pm x_2\pm\cdots\pm x_m \tag{9.37}$$

$$\Delta y=\Delta x_1+\Delta x_2+\cdots+\Delta x_m \tag{9.38}$$

$$\delta_y=\frac{\Delta y}{|y|}=\frac{\Delta x_1+\Delta x_2+\cdots+\Delta x_m}{|x_1+x_2+\cdots+x_m|} \tag{9.39}$$

(2)乘法

$$y=x_1x_2 \tag{9.40}$$

$$\Delta y=|x_2|\Delta x_1+|x_1|\Delta x_2 \tag{9.41}$$

$$\delta_y=\frac{\Delta y}{|y|}=\frac{\Delta x_1}{|x_1|}+\frac{\Delta x_2}{|x_2|} \tag{9.42}$$

(3)除法

$$y=\frac{x_1}{x_2} \tag{9.43}$$

$$\Delta y=\left|\frac{1}{x_2}\right|\Delta x_1+\left|\frac{1}{x_1}\right|\Delta x_2 \tag{9.44}$$

$$\delta_y=\frac{\Delta y}{|y|}=\frac{\Delta x_1}{|x_1|}+\frac{\Delta x_2}{|x_2|} \tag{9.45}$$

(4)幂函数

$$y=x^\alpha \quad (\alpha\text{ 为任意实数}) \tag{9.46}$$

$$\Delta y=|\alpha x^{\alpha-1}|\Delta x \tag{9.47}$$

$$\delta_y=\frac{\Delta y}{|y|}=\left|\frac{\alpha}{x}\right|\Delta x \tag{9.48}$$

$$y=\ln x \tag{9.49}$$

$$\Delta y=\left|\frac{1}{x}\right|\Delta x \tag{9.50}$$

$$\delta_y=\frac{\Delta y}{|y|}=\frac{\Delta x}{|x\ln x|} \tag{9.51}$$

如 $x_1,x_2,\cdots,x_m$ 为随机变量，它们各自的标准差为 $\sigma_1,\sigma_2,\cdots,\sigma_m$，令 $y=f(x_1,x_2,\cdots,x_m)$ 为随机

变量的函数,则 y 的标准误差为:

$$\sigma = \sqrt{\left(\frac{\partial f}{\partial x_1}\right)^2\sigma_1^2 + \left(\frac{\partial f}{\partial x_2}\right)^2\sigma_2^2 + \cdots + \left(\frac{\partial f}{\partial x_m}\right)^2\sigma_m^2} \tag{9.52}$$

9.4.4 误差的检验

实际试验中,系统误差、随机误差和过失误差是同时存在的,试验误差是这 3 种误差的组合。通过对误差进行检验,尽可能地消除系统误差,剔除过失误差,使试验数据反映事实。

1)系统误差的发现和消除

由于产生系统误差的原因较多、较复杂,所以系统误差不容易被发现,它的规律难以掌握,也难以全部消除它的影响。

从数值上看,常见的系统误差有“固定的系统误差”和“变化的系统误差”两类。固定的系统误差是在整个测量数据中始终存在着的一个数值大小、符号保持不变的偏差。产生固定系统误差的原因有测量方法或测量工具方面的缺陷等等。固定的系统误差往往不能通过在同一条件下的多次重复测量来发现,只能用几种不同的测量方法或同时用几种测量工具进行测量比较时,才能发现其原因和规律并加以消除,如仪表仪器的初始零点飘移等。

变化的系统误差可分为积累变化、周期性变化和按复杂规律变化的三种。当测量次数相当多时,如率定传感器时,可从偏差的频率直方图来判别;如偏差的频率直方图和正态分布曲线相差甚远,即可判断测量数据中存在着系统误差,因为随机误差的分布规律服从正态分布。当测量次数不够多时,可将测量数据的偏差按测量先后次序依次排列,如其数值大小基本上有规律地向一个方向变化(增大或减小),即可判断测量数据是有积累的系统误差;如将前一半的偏差之和与后一半的偏差之和相减,若两者之差不为零或不近似为零,也可判断测量数据是有积累的系统误差。将测量数据的偏差按测量先后次序依次排列,如其符号基本上作有规律的交替变化,即可认为测量数据中有周期性变化的系统误差。对变化规律复杂的系统误差,可按其变化的现象,进行各种试探性的修正,来寻找其规律和原因;也可改变或调整测量方法,改用其他的测量工具,来减少或消除这一类的系统误差。

2)随机误差

通常认为随机误差服从正态分布,它的分布密度函数(即正态分布密度函数)为:

$$y = \frac{1}{\sqrt{2\pi}\sigma} e^{-\frac{x_i - x}{2\sigma^2}} \tag{9.53}$$

式中 x_i-x——随机误差;

x_i——实测值(减去其他误差);

x——真值。

实际试验时,常用 $x_i-\bar{x}$ 代替 x_i-x,$\bar{x}$ 为平均值或其他近似的真值。随机误差有以下特点:

①绝对值小的误差出现的概率比绝对值大的误差出现概率大,零误差出现的概率最大。

②绝对值相等的正误差与负误差出现的概率相等。

③在一定测量条件下,误差的绝对值不会超过某一极限,即有界性。

④同条件下对同一量进行测量,其误差的算术平均值随着测量次数 n 的无限增加而趋向于

零,即误差算术平均值的极限为零,即抵偿性。

参照前面的正态分布的概率密度函数曲线图,标准误差 σ 愈大,曲线愈平坦,误差值分布愈分散,精确度愈低;σ 愈小,曲线愈陡,误差值分布愈集中,精确度愈高。

误差落在某一区间内的概率 $P(|x_i-x|\leqslant a_i)$ 如表 9.3 所示。

表 9.3 与某一误差范围对应的概率

误差限 a_i	0.32σ	0.67σ	σ	1.15σ	1.96σ	2σ	2.58σ	3σ
概率 P	25%	50%	68%	75%	99.7%	99.7%	99.7%	99.7%

在一般情况下,99. 7%的概率已可认为代表多次测量的全体,所以将 3σ 称为极限误差;当某一测量数据的误差绝对值大于 3σ 时(其可能性只有 0.3%),即可以认为其误差已不是随机误差,该测量数据已属于不正常数据。

3)异常数据的舍弃

在测量中,有时会遇到个别测量值的误差较大,并且难以对其合理解释,这些个别数据就是所谓的异常数据,应该把它们从试验数据中剔除,通常认为其中包含有过失误差。

根据误差的统计规律,绝对值越大的随机误差,其出现的概率越小;随机误差的绝对值不会超过某一范围。因此,可以选择一个范围来对各个数据进行鉴别,如果某个数据的偏差超出此范围,则认为该数据中包含有过失误差,应予以剔除。常用的判别范围和鉴别方法如下:

(1)3σ 方法

由于随机误差服从正态分布,误差绝对值大于 3σ 的概率仅为 0.3%,即 300 多次才可能出现一次。因此,当某个数据的误差绝对值大于 3σ 时,应剔除该数据。实际试验中,可用偏差代替误差,σ 按式[9.32(a)],或[9.32(b)]计算。

(2)肖维纳(Chauvenet)方法

进行 n 次测量,误差服从正态分布,以概率$\frac{1}{2n}$去设定一判别范围$[-\alpha\sigma,+\alpha\sigma]$,当某一数据的误差绝对值大于 $\alpha\sigma$($|x_i-\bar{x}|>\alpha\sigma$),即误差出现的概率小于$\frac{1}{2n}$时,就剔除该数据。判别范围由下式设定:

$$\frac{1}{2n}=1-\int_{-\alpha}^{\alpha}\frac{1}{\sqrt{2\pi}}e^{-\frac{t^2}{2}}dt \tag{9.54}$$

即认为异常数据出现的概率小于$\frac{1}{2n}$。

(3)格拉布斯(Grubbs)方法

格拉布斯是以 t 分布为基础,根据数理统计理论按危险率 α(指剔除的概率,在工程问题中置信度一般取 95%,$\alpha=5\%$)和子样容量 n(即测量次数)求得临界值 $T_0(n,\alpha)$(表 9.4)。如某一测量数据的误差绝对值满足式(9.55)时,即应剔除该数据。式中的 S 为子样的标准差。

$$|x_i-\bar{x}|>T_0(n,\alpha)\cdot S \tag{9.55}$$

表 9.4 $T_0(n,\alpha)$

n \ α	0.05	0.01	n \ α	0.05	0.01
3	1.15	1.16	17	2.48	2.78
4	1.46	1.49	18	2.5	2.82
5	1.67	1.75	19	2.53	2.85
6	1.82	1.94	20	2.56	2.88
7	1.94	2.10	21	2.58	2.91
8	2.03	2.22	22	2.60	2.94
9	2.11	2.32	23	2.62	2.96
10	2.18	2.41	24	2.64	2.99
11	2.3	2.48	25	2.66	3.01
12	2.28	2.55	30	2.74	3.10
13	2.33	2.61	35	2.81	3.18
14	2.37	2.66	40	2.87	3.24
15	2.41	2.70	50	2.96	3.34
16	2.44	2.75	100	3.17	3.59

9.5 信号处理与分析基础

对结构进行动态测定的结果往往是极为复杂的，即使再有规律的扰力激励下产生的振动信号也常包含有与结构振动无关的信号。所谓信号处理就是要设法压缩或过滤与结构振动无关的信号分量，突出与结构有关的信号分量，然后对这些信号进行分析，才能获得与结构振动有关的特征参量。

任何物理现象由于振动引起的波形，在忽略次要分量的前提下，均可分为确定性振动和非确定性振动两类。从分析角度看，凡是能够用明确的数学关系式描述的振动过程称为确定性振动过程，例如简谐振动和周期性振动等。不能用明确的数学关系描述且无法预测未来时刻精确值的振动过程称为非确定性的振动或随机振动过程，例如地震引起的结构振动等。

1）确定性振动信号

(1) 周期性振动信号

①单一简谐振动波形分析结构因受有扰力而起振。当扰力恒定时，结构的振动过程将连续不断地重复出现，它可以用时间的确定函数来描述。按简谐规律出现的振动是一种最简单的振动信号，其数学表达式为：

$$x(t) = x_m \sin \omega t \tag{9.56}$$

式中 x_m——振幅值；

ω——振动频率，$\omega = 2\pi f$。

单一简谐振动具有单一周期或单一频率，如图 9.9 所示。它在时域内描述了一个对时间增长而作周期变化的振动过程，在记录纸上找到时间指标与振动曲线的关系就可以得到频率。因为它只含有一个频率成分，所以用频率图来描述时，应该是该频率处的一根线的线谱，如图9.9(b)所示。

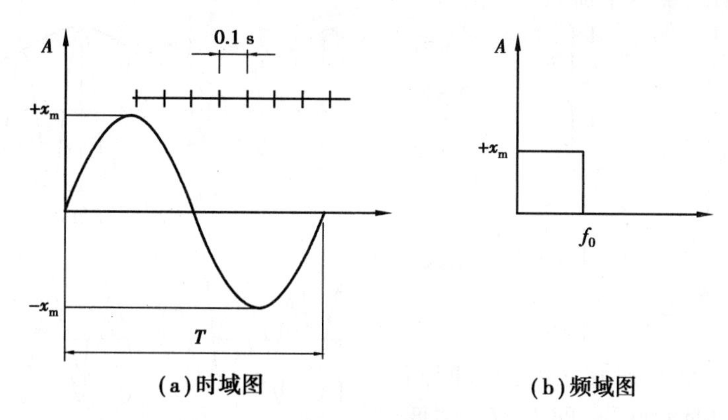

(a)时域图　　(b)频域图

图 9.9　单一简谐振动

②两个简谐振动合成的信号分析。两个简谐振动迭加合成的振动是一个复杂的周期信号，它由以 n 为倍数的不同频率组合。其信号分析方法视振动台合成波形的复杂程度而异。图9.10为两个简谐频率相差较大的时程曲线，图中实线为振动记录图，虚线为勾画的包络线，仔细地从图上找出两个相似点，便可定出周期 T_1 和相应的振幅 $2a_1$，它代表的是低频波的周期和振幅，则高频波的周期为 T_2 振幅是 $2a_2$。其频域图由两条离散的直线组成。

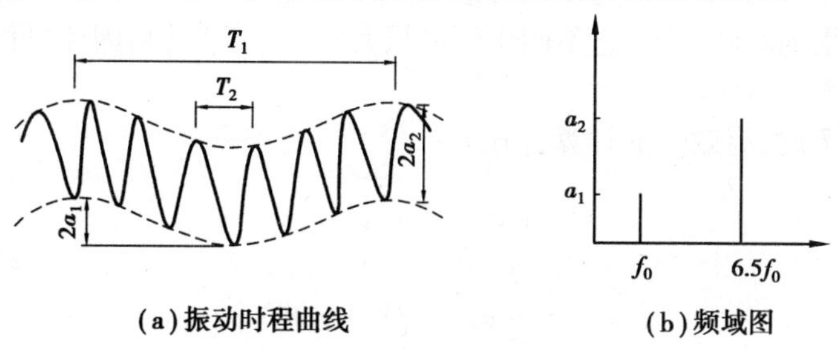

(a)振动时程曲线　　(b)频域图

图 9.10　频率相差较大的振动合成

如图 9.11 所示为两个频率相差两倍的时程曲线，实线为振动记录的时程曲线，分振动的周期为 T_1、T_2，对应的振幅为 a_1、a_2。

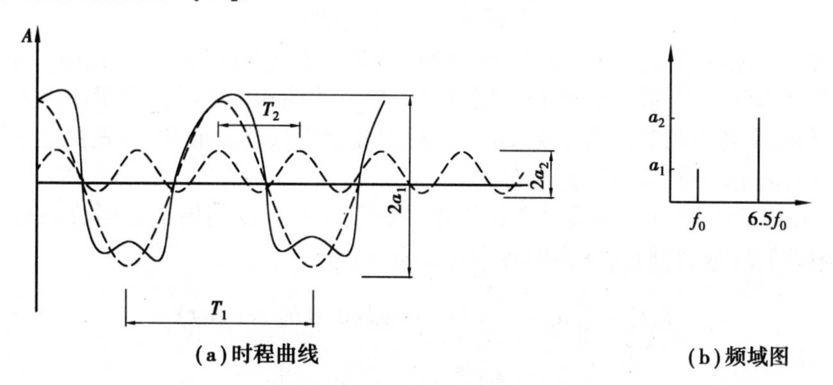

(a)时程曲线　　(b)频域图

图 9.11　频率相差两倍的振动合成

图 9.12 为两个频率非常接近的振动合成，合成波出现“拍振”现象，对拍振现象可以采用包

络法进行分析。

两种简谐波的频率和振幅如下：

$$\left.\begin{aligned} f_1 &= \frac{1}{T_1} = \frac{1}{T_a} + \frac{1}{T_b} \\ f_2 &= \frac{1}{T_2} = \frac{1}{T_a} - \frac{1}{T_b} \end{aligned}\right\} \tag{9.57}$$

$$\left.\begin{aligned} A_1 &= \frac{a_{max} + a_{min}}{2} \\ A_2 &= \frac{a_{max} - a_{min}}{2} \end{aligned}\right\} \tag{9.58}$$

若拍振腹部波峰与波峰之间的时间间隔小于腰部波峰的时间间隔，即 $L_f<L_e$，则低频波的振幅较大。而 $L_f>L_e$ 时，则高频波的振幅大。

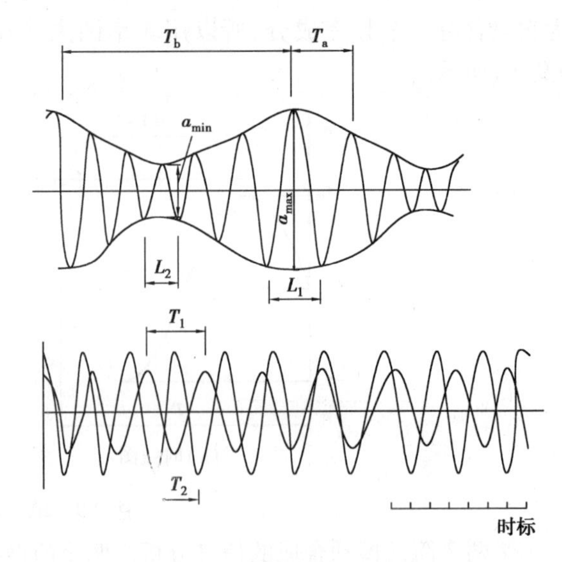

图 9.12　频率接近的“拍振”

由上可知，对于周期振动，其振幅只能说明最大值，而不能说明振动性质，比如功率谱密度等，故可引入“有效值”和“平均值”来表示。有效值就是均方根值，它与振动的能量有关，例如位移的有效值代表了振动系统的势能，速度的有效值代表了振动系统的能量，加速度的有效值代表的是振动系统的功率谱密度。此外，有效值还兼顾了振动过程的时间历程，它不同于峰值只表示一个瞬时值，因此，目前被认为是一种较全面的描述振动的表示方法。

当振动周期为 T 时，有效值的计算公式为：

$$x = \sqrt{\frac{1}{T}\int_0^T x^2 \mathrm{d}t} \tag{9.59}$$

$$x = \frac{1}{\sqrt{2}}x_m \quad （对简谐波）$$

当振动周期为 T 时，平均值计算公式为：

$$x = \frac{1}{T}\int_0^T |x| \mathrm{d}t \tag{9.60}$$

$$x = 0.673x_m \quad （对简谐波）$$

③非简谐周期振动信号分析。对于非简谐的周期振动，仅仅确定其振动的峰值和有效值还不能找出振动对构件产生的影响，而必须用频率分析法才能找出频谱的含量。因为一条复杂的曲线，是振幅和频率各不相等的若干振动的合成，因此分析振动图形时，首先要把它们分解成若干个单一频率的简谐分量，故也称谐量分析。

谐量分析的基础是傅里叶级数原理。任意一个圆频率为 ω 的周期性函数都可以分解为包括许多正弦函数的级数，它们的圆频率各为 $\omega, 2\omega, \cdots$，即：

$$f(t) = \frac{1}{2}a_0 + \sum_{k=1}^{\infty}(a_K \cos k\omega t + b_K \sin k\omega t) \tag{9.61}$$

$$\left.\begin{aligned} a_K &= \frac{1}{\pi}\int_0^{2\pi} f(t)\cos k\omega t \mathrm{d}t \\ b_K &= \frac{1}{\pi}\int_0^{2\pi} f(t)\sin k\omega t \mathrm{d}t \end{aligned}\right\} \tag{9.62}$$

式中，a_K 和 b_K 为傅里叶系数，函数 $f(t)$ 的周期 $T=2\pi/\omega$，公式(9.61)可改写为：

$$f(t) = A_0 + \sum_{k=1}^{\infty} A_K \sin(k\omega t + a_K) \tag{9.63}$$

$$\left.\begin{aligned} A_0 &= \frac{1}{2}a_0 \\ A_K^2 &= a_K^2 + b_K^2 \\ a_K^2 &= \arctan\frac{a_K}{b_K} \end{aligned}\right\} \tag{9.64}$$

式中　当 $k=1$ 时，式(9.63)等号右边第二项 $A_1\sin(\omega t+a_1)$ 是具有和 $f(t)$ 相同频率的简谐分量。

基本谐量的频率称基频。A_1 是基本谐量的振幅。a_1 是基本谐量的初相角。$A_K\sin(k\omega t+a_K)$ 是第 k 个谐量，其频率为 $k\omega$，振幅为 A_K，初相角为 a_K。常量 A_K 是函数 $f(t)$ 的平均值。如果函数 $f(t)$ 的数字表达式是已知的，那么从式(9.62)可求出傅里叶级数，再利用式(9.63)和式(9.64)就可以得到 $f(t)$ 的各个谐量分量，从而达到谐量分析的目的。

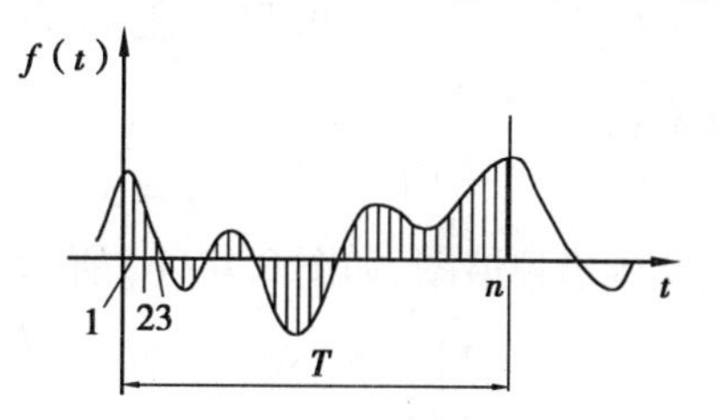

图 9.13　非简谐振动曲线

应该注意的是，函数 $f(t)$ 是实测记录曲线，即 $f(t)$ 是以图形给出的(图 9.13)，故不能用积分式(9.62)计算 a_K 和 b_K。为此，将一个记录曲线中的一个周期 2π 分成 n 等份，每等份为 $\Delta\varphi=2\pi/n$，令 $\varphi=\omega t$，$\varphi_r=r\Delta\varphi(r=1,2,\cdots,n)$，这样在时间轴上就得到 $\varphi_0,\varphi_1,\varphi_2,\cdots,\varphi_r,\cdots,\varphi_n$，相应的振幅 $y_0,y_1,\cdots,y_r,\cdots,y_n$ 可以从图上量得。将式(9.62)改写成近似积分式：

同理

$$\left.\begin{aligned} a_K &= \frac{1}{\pi}\int_0^{2\pi} f(t)\cos k\omega t\mathrm{d}t = \frac{2}{\pi}\sum_{r=1}^{n} y_r\cos k\varphi_r \\ b_K &= \frac{2}{\pi}\sum_{r=1}^{n} y_r\sin k\varphi_K \end{aligned}\right\} \tag{9.65}$$

$$(k=0,1,2,\cdots,m),n \geqslant 2(m+1)$$

式中，m 为谐波的数量，n 必须取偶数，至少等于 $2m+1$。

如果计算二次谐波振幅 a_2，这时 $m=2$，$n=2\times(2+1)=6$，亦即至少要将一个周期波分成六等份。n 值越大越精确，但计算工作量也增大，实际上我们欲求的主要是前几个分量。

上述方法主要用于处理周期性振动记录图。对其进行谐量分析后，把一个复杂的振动分解成一个一个的简谐分量，将这些分量画成振幅谱和相位谱的图形，就可以清楚地表示出一个复杂振动的组成情况和各个谐量之间的关系。

【例题 9.1】从某振动曲线中取出一个周期的波形如图 9.13 所示。试对其进行二次谐波分析。

【解】将一个周期分成六等份，量取对应的 y 值列于表 9.5。将 2π 也分成六等份，$\Delta\varphi=60°$，得 $\varphi_r=r\cdot 60°$，$(r=1,2,\cdots,5)$，相应的正弦和余弦值列于表 9.6。

表 9.5　y 值表

y_0	y_1	y_2	y_3	y_4	y_5	y_6
4	1	−2	−2	−2	1	4

计算系数：

$$A_0=\frac{a_0}{2}=\frac{1}{n}\sum_{r=0}^{n}y_r=\frac{1}{6}\times(4+1-2-2-2+1)=0$$

$$a_1=\frac{2}{6}\sum_{r=0}^{n}y_r\cos\varphi_r=3$$

$$a_2=\frac{2}{6}\sum_{r=0}^{n}y_r\cos 2\varphi_r=1$$

$$b_1=\frac{2}{6}\sum_{r=0}^{n}y_r\sin\varphi_r=0$$

$$b_2=\frac{2}{6}\sum_{r=0}^{n}y_r\sin 2\varphi_r=0$$

故有：

$$y=3\cos\varphi+\cos 2\varphi=3\cos\omega t+\cos 2\omega t$$

据此画出频谱图，如图 9.14(b)所示。

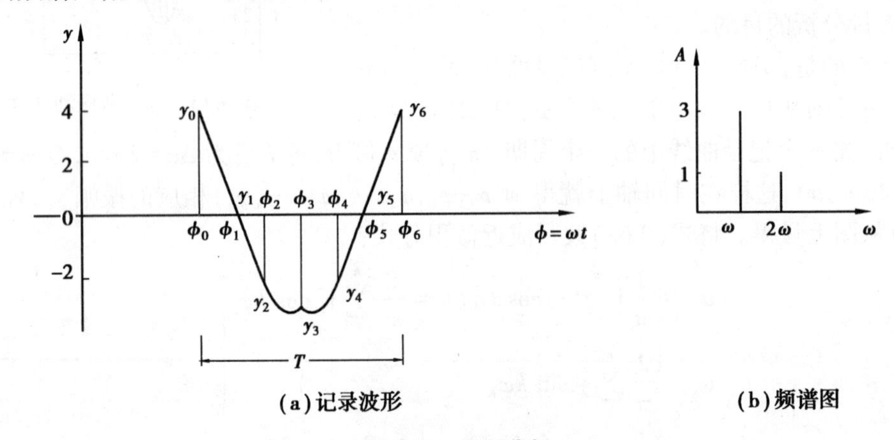

(a)记录波形

(b)频谱图

图 9.14　图形分析

表 9.6　正弦及余弦值表

r	φ_r^0	$\sin\varphi_r$	$\cos\varphi_r$	$\sin 2\varphi_r$	$\cos 2\varphi_r$
0	0	0	1	0	1
1	60	0.866	0.5	0.866	−0.5
2	120	0.866	−0.5	−0.866	−0.5
3	180	0	−1	0	1
4	240	−0.866	−0.5	0.866	−0.5
5	300	−0.866	1	−0.866	−0.5

(2)非周期振动信号

非周期振动信号中，各谐波的频率比不全部为有理数，它没有最大公约数，即没有基波，只是由若干正弦波叠加而成。在时域上它没有重复的周期，在频域上是离散的谱线，而谱线间的

距离又没有一定的规律。例如多台发动机不同步工作所引起的振动,故又称为准周期信号,其表达式可写作:

$$x(t) = x_1\sin(t + \varphi_1) + x_2\sin(3t + \varphi_2) + x_3\sin(\sqrt{50}t + \varphi_3) \tag{9.66}$$

除准周期信号以外的非周期信号均属于瞬变性非周期信号,例如单一的三角形信号、矩形信号、半正弦信号和指数衰减信号等。

矩形脉冲波形的频率分析是以时间表示的函数 $f(t)$,经傅里叶变换成频率函数 $F(\omega)$。当矩形脉冲的幅值为 A、宽度为 T 时,它的频谱可表达为:

$$F(\omega) = AT\frac{\sin\dfrac{\omega T}{2}}{\dfrac{\omega T}{2}} \tag{9.67}$$

图 9.15 为矩形脉冲的频谱分布。由图看出,脉冲的能量按频谱分布在 0→∞ 频率范围内,但大部分能量集中在 0→π/4 的频率范围内。频谱谱线间的距离趋于零,谱线成为连续的曲线,因而不能用傅里叶级数表示,而必须用傅里叶积分表示,即:

$$F(\omega) = \int_{-\infty}^{\infty} f(t)\mathrm{e}^{-3\omega t}\mathrm{d}\omega \tag{9.68}$$

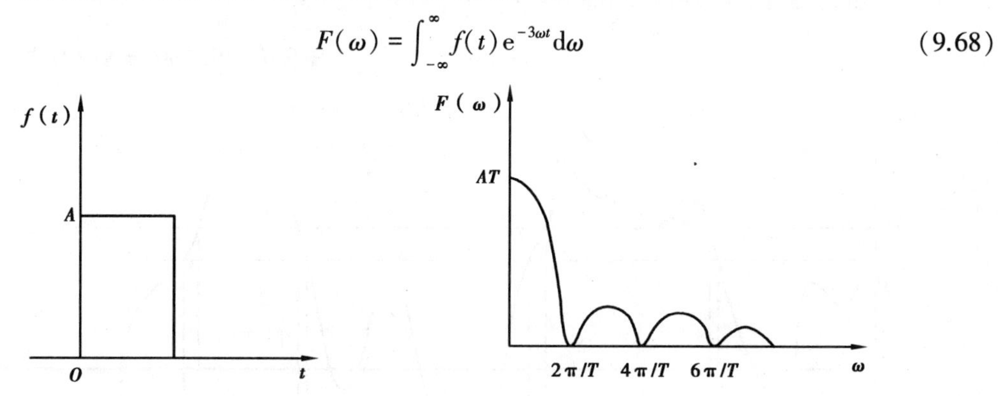

图 9.15　矩形脉冲频率分析

2)随机振动信号

图 9.16 所示的每一条时程曲线,都是随机振动的单次记录波形。从中可以看到随机振动的特征有:它的振幅值随时间的变化是无规律的,不能用明确的函数表达,也不可能预测记录时间 T 以外的运动取值。如果从多次(图中表示有 4 次)记录图形来看,每次波形都不相同,即不可重复性和不可预测性确定是随机振动的一个重要特征。另一个特征是随机振动具有统计规律性,它可以用随机过程理论来描述。

通常把图 9.16 中单次记录时间历程曲线称作集体函数(或称子样)。将可能产生的全部样本函数的集体称随机过程(或称母体)。随机过程可分为平稳随机过程和非平稳随机过程,前者是指母体的统计特征(均值和相关性)都与时间因素无关。若随机过程的特征均随试验时间和试验次数的变更而变动,则称为非各态历经的随机过程;反之,称为各态历经的随机过程,这时每个样本的统计特征均可代表随机过程的统计特征。如果随机过程的统计特征母体均值同其中任意子样记录的时间平均值相等,则分析工作大为简化。因为只要记录的时间足够长,用一个样本函数就能描述出统计特征。工程中大部分随机振动过程都可以这样处理。

对于非平稳随机过程的特征,只能用组成该过程的样本函数的集合(总体),求瞬时平均值来确定。严格地讲,实际发生的随机过程大多是非各态历经的。因此,在处理信号时,应先确定随机过程的性质,即作平稳性和各态历经性等数据的检验。下面我们讨论描述随机信号特征的几个主要统计函数:

(1)概率密度函数

随机振动的概率密度函数,是研究随机振动瞬时幅值落在某指定范围内的概率值。某随机振动的时间历程样本函数 $f(t)$,欲求 $x(t)$ 落在 x 及 $(x+\Delta x)$ 区间内取值的各段时刻为 $(\Delta t_1+\Delta t_2+\Delta t_3+\Delta t_4)$,如图 9.17 所示。当 T 时间足够长时,其概率可由时间比值求得:

$$P[x < x(t) \leqslant (x + \Delta x)] = \lim_{T\to\infty} \frac{\sum_{i=1}^{k} \Delta t_i}{T} \tag{9.69}$$

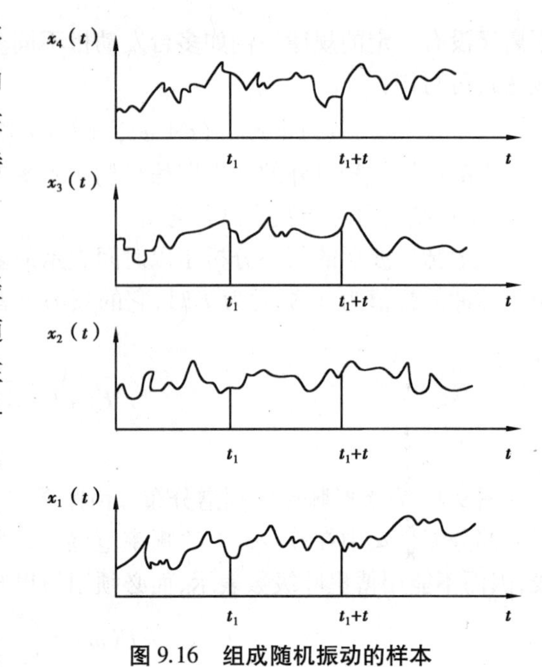

图 9.16　组成随机振动的样本

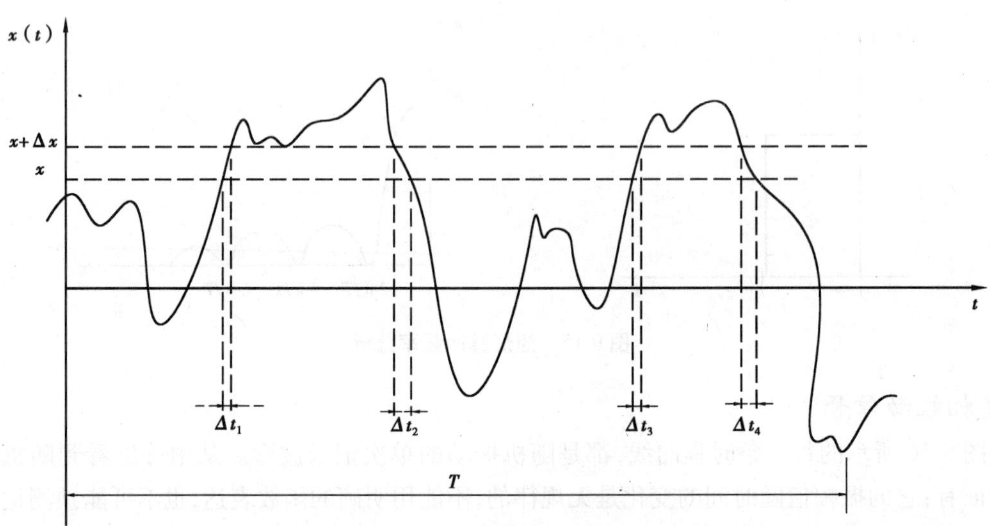

图 9.17　随机过程 $P(x)$ 计算

式中,$\sum_{i=1}^{k} \Delta t_i = \Delta t_1 + \Delta t_2 + \cdots + \Delta t_k$,为 $x(t)$ 落在 $(x+\Delta x)$ 范围内的总时间,当 Δx 很小时,概率密度函数可由下式定义:

$$P(x) = \lim_{\Delta x\to 0} \frac{1}{\Delta x}\left[\lim_{T\to\infty} \frac{\sum_{i=1}^{k} \Delta t_i}{T}\right] \tag{9.70}$$

在自然界中存在着大量的随机过程,多数都符合高斯概率分布,其表达式如下:

$$P(x) = \frac{1}{\sigma\sqrt{2\pi}} \exp - \left[\frac{(x-\mu)^2}{2\sigma^2}\right] \tag{9.71}$$

(2)均值和均方值

式(9.71)中的μ和σ代表的是均值和均方值。它们是随机过程的一个非常重要的特征参数,表示一个变化着的量是否有恒定值和波动值。其总值均值为:

$$\mu_x = \lim_{n\to\infty} \frac{1}{n}\sum_{i=1}^{n} x_i(t) \tag{9.72}$$

即对组成总体的n个子样取同一时刻t的平均值。

若对n个子样分别取不同时刻$t_1, t_2, \cdots$且它们的数学期望分别都相等,即$\mu_x(t_1) = \mu_x(t_2) = \cdots = \mu_x(t_n)$,则说明均值与时间$t$无关,也就是该随机过程表示的是平稳随机过程的一个重要统计特性。用式(9.73)定义子样均值,即按时间取其均值:

$$\mu_x = \lim_{T\to\infty} \frac{1}{T}\int_0^T x(t)\,dt \tag{9.73}$$

当T不能趋于无穷大时,可用它的估计值来表示:

$$\hat{\mu}_x = \frac{1}{T}\int_0^T x(t)\,dt \tag{9.74}$$

均值μ_x或估计值$\hat{\mu}_x$,只能描述振动信号中的恒定分量,而不能描述波动情况(因为围绕平均值的正、负方向的波动被相互抵消了,因而将每个值先平方后再平均)。用均方值ψ_x^2来描述动态过程更为合理。其数学定义式为:

$$\psi_x^2 = \lim_{T\to\infty} \frac{1}{T}\int_0^T x^2(t)\,dt \tag{9.75}$$

同理定义其估计值为:

$$\hat{\psi}_x^2 = \frac{1}{T}\int_0^T x^2(t)\,dt \tag{9.76}$$

若随机过程的概率密度函数$P(x)$已知,则可以用$P(x)$来表示均值和均方值。由式(9.70)可得:

$$P(x)\Delta x = \lim_{T\to\infty} \frac{\sum_{i=1}^{k} \Delta t_i}{T} \tag{9.77}$$

改变式(9.74)得:

$$\hat{\mu}_x = \frac{1}{T}\int_0^T x(t)\,dt = \int_0^T x(t)\,\frac{dt}{T} = \sum_t x(t)\,\frac{1}{T}$$

所以 $$\hat{\mu}_x = \sum_x x[P(x)\,dx] = \int_{-\infty}^{+\infty} xP(x)\,dx \tag{9.78}$$

同理,均方值为:

$$\psi_x^2 = \int_{-\infty}^{+\infty} x^2P(x)\,dx \tag{9.79}$$

均方值是用来描述动态过程特征的。它包含了动态和静态的内容(恒定值和波动值)。若只研究动态情况,则应从过程中将恒定值(静态分量)减去,则剩下的为波动特征,且可用方差表示如下:

$$\hat{\sigma}_x^2 = \frac{1}{T}\int_0^T [x(t) - \mu_x]^2\,dt$$

$$= \frac{1}{T}\int_0^T x^2(t)\mathrm{d}t - 2\mu_x \frac{1}{T}\int_0^T x(t)\mathrm{d}t + \frac{1}{T}\int_0^T \mu_x^2 \mathrm{d}t$$

$$= \psi_x^2 - 2\mu_x\mu_x + \mu_x^2$$

$$= \psi_x^2 - \mu_x^2 \tag{9.80}$$

(3)相关关系

分析相关关系用的两个统计量是自相关函数(对一个随机过程而言)和互相关函数(对两个随机过程而言)。

自相关函数描述某一时刻的数值与另一时刻数值之间的依赖关系,它被定义为乘积的平均值,τ 为时延或称滞后,其表达式为:

$$R_x(\tau,t) = \lim_{T\to\infty} \frac{1}{T}\int_0^T x(t)x(t+\tau)\mathrm{d}t \tag{9.81}$$

当 T 不能取无穷大时,采用估计值:

$$\hat{R}_x(\tau,t) = \frac{1}{T}\int_0^T x(t)x(t+\tau)\mathrm{d}t \tag{9.82}$$

若随机过程为各态历经的平稳随机过程,则平均值与时间无关,而只取决于 τ,故式(9.82)可改写为:

$$\hat{R}_x(\tau,t) = \hat{R}_x(\tau) \tag{9.83}$$

由此可得自相关函数 $\hat{R}(\tau)$ 的性质如下:

①自相关函数在 $\tau=0$ 处具有极大值,且等于均方值。因为求自相关值时,是两个数相乘,两个数在同一时刻可正可负,取其均值是要抵消一部分,不如乘积全是正的平均值大。$\tau=0$ 处随机过程各点值自乘,全为正数,所以 $\tau=0$ 时出现最大值,则有:

$$\hat{R}_x(0) \geqslant |\hat{R}_x(\tau)| \tag{9.84}$$

且

$$\hat{R}_x(0) = \frac{1}{T}\int_0^T x^2(t)\mathrm{d}t = \psi_x^2 \tag{9.85}$$

②自相关函数是对称 y 轴的偶函数,即:

$$\hat{R}_x(\tau) = \hat{R}_x(-\tau) \tag{9.86}$$

式(9.86)中,τ 的符号表示时延方向,向左移为正,向右移为负,但两者移动距离相同,所以自相关函数不变。

③$\tau=\infty$ 时,自相关函数趋于均值的平方:

$$\hat{R}_x(\infty) = \mu_x^2 \tag{9.87}$$

根据以上性质,给出4种典型信号的自相关函数图(图9.18)。其中假定信号是经过"中心化"处理的,即 $\mu=0$。

图9.18(a)为正弦波信号。自相关函数为余弦信号,其包络线为常数,不随 τ 值增加而衰减。由此可知,正弦波可以根据"现在值"预测"未来值"。由相关函数的性质可知,其周期与正弦波的周期完全相同。值得注意的是,相关函数中完全不包括周期样本中的相位信息,这是自相关函数的一个特点或者是缺点。

图9.18(b)为正弦波加随机噪声及其自相关函数图。其中当 τ 较小时,包络线降低较快,而当 τ 较大时包络线称为稳定值。这说明波形的"现值"与其"近似值"很不相似(由于随机噪

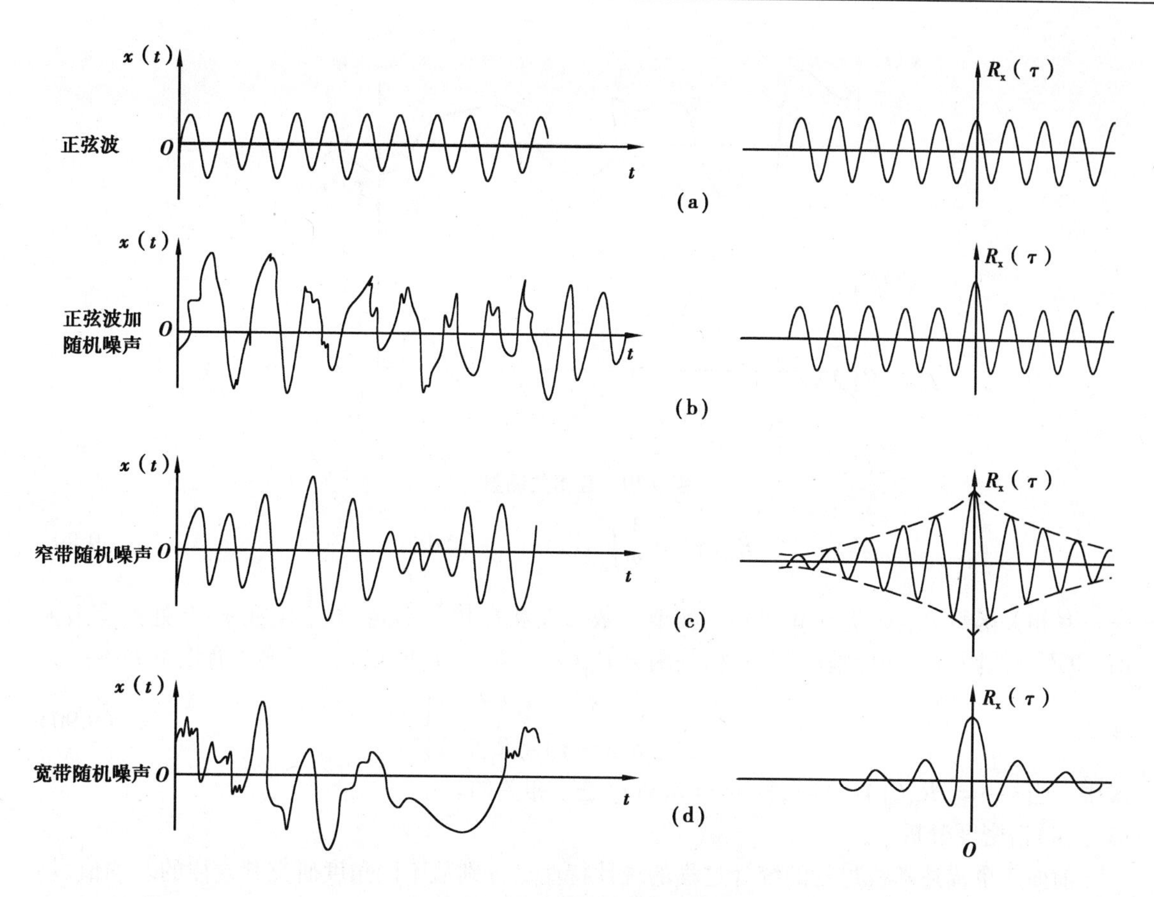

图 9.18　典型信号自相关函数图

声的影响）而与其“远期值”则很相似。这点由时域曲线也可以清楚的看出来。

图 9.18(c)为窄带随机信号及其自相关函数图。所谓“窄带”，是指波形由较小的谐波成分所合成。当两个频率成分很近似的谐波合成为“拍”时、其自相关函数的包络线呈缓慢周期时，$R_x(\tau)=0$，此时波形完全不相似了。但当 τ 大于“拍”的周期时，$R_x(\tau)=0$ 值又逐渐有些增加，这是因为时域曲线的幅值又开始增大的缘故。

图 9.18(d)为宽带随机信号及其自相关函数图。所谓“宽带”，是指波形由多种频率的谐波成分所合成，因此波形形状十分复杂，根据“现值”很难预期其“近期值”及“未来值”。这一特点表现在其自相关函数曲线上是当 τ 稍微增加时，$R_x(\tau)=0$ 值急剧降落，称为“陡降特性”。

对于“无穷宽带”的信号（即信号中包含的频率成分无穷大），这种信号被称为“白噪声”。这是由于白光是由不同频率成分的有色光所合成的概念引申而来的一个名词。完全可以设想，白噪声的自相关函数将蜕变为一个脉冲函数。

在工程实践中，当同时存在有几个随机过程时，人们总希望找出它们相互间的相关性，因而需要研究两个随机过程、两组数据之间的依赖关系。例如图 9.19 所示的两个随机过程 $x(t)$ 和 $y(t)$。它们的互相关函数可由 $x(t)$ 在 t 时刻的值与 $y(t)$ 在 $(t+x)$ 时刻的值的乘积平均求得。当平均时间（或取样时间）T 趋于无穷时，平均乘积将趋于正确的互相关函数，即：

$$R_{xy}(\tau)=\lim_{T\to\infty}\frac{1}{T}\int_0^T x(t)y(t+\tau)\mathrm{d}t \tag{9.88}$$

式中，T 不能趋于无穷大时，取其估计值：

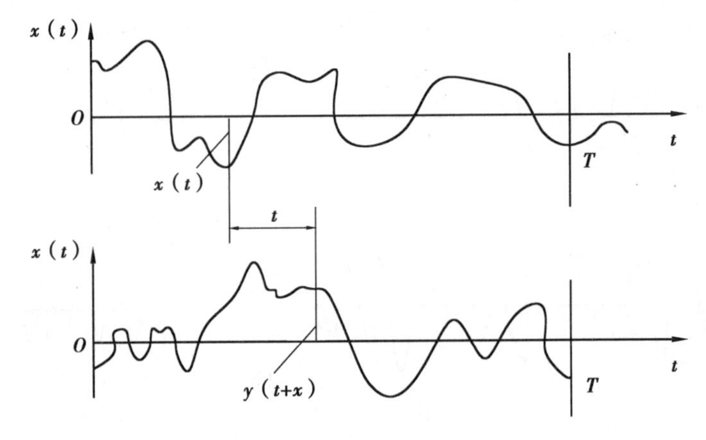

图 9.19　互相关测量

$$\hat{R}_{xy}(\tau)=\frac{1}{T}\int_{0}^{T}x(t)y(t+\tau)\mathrm{d}t \tag{9.89}$$

互相关函数 $\hat{R}_{xy}(\tau)$ 是可正可负的实值函数。它和自相关不同，不一定在 $\tau=0$ 处具有最大值，也不是偶函数。一般情况下，互相关函数 $R_{xy}(\tau)\neq R_{yx}(\tau)$，但在 x,y 互换时有以下关系：

或

$$\left.\begin{aligned}R_{xy}(\tau)&=R_{yx}(-\tau)\\R_{xy}(-\tau)&=R_{yx}(\tau)\end{aligned}\right\} \tag{9.90}$$

式中　当 $\tau\to\infty$、$R_{xy}(\tau)=0$ 时，称 $x(t)$ 和 $y(t)$ 是不相关的。

(4)谱密度分析

前面 3 个描述随机过程的统计过程的统计特性是分别从不同角度研究其规律的。均值、均方值、方差和概率密度函数都是在幅域内研究幅值分布的统计规律；相关函数是在时域内研究其统计规律；对随机振动的频域进行分析称为谱密度分析。

由于随机振动的频率、幅值和相位都是随机的，既不能做幅度和相位谱分析，又不能用离散谱描述，但它具有统计特性，可做功率谱密度分析。由于功率谱图中突出了功率谱频率，所以有时根据需要只对随机信号做功率谱分析。

进行谱分析的目的在于对随机振动记录曲线做某些加工，使波形的性质能清楚地表现出来，例如欲从地震原始记录中辨认最大振幅、波数、振动周期及能量几乎都是不可能的，必须经过处理才能辨认。谱密度分析结果应该求出自谱、互谱、相干函数和传递函数等特征量。

①自功率谱密度。自功率谱密度函数又称自谱密度函数。自谱可通过幅度谱的平方求得，也可以通过相关函数的傅里叶变换求得。自谱的定义如下：

$$S_{x}(x)=\int_{-\infty}^{\infty}R_{x}(\tau)\mathrm{e}^{-j2\pi f\tau}\mathrm{d}\tau \tag{9.91}$$

且

$$R_{x}(\tau)=\int_{-\infty}^{\infty}S_{x}(f)\mathrm{e}^{-j2\pi f\tau}\mathrm{d}f \tag{9.92}$$

式中　$S_x(f)$——自功率谱密度函数；

　　$R_x(\tau)$——自相关函数。

即随机振动波形在时域的自相关函数 $R_x(\tau)$，可以用傅里叶变换求得频域的自功率谱密度函数 $S_x(f)$，且两者构成傅里叶变换对。

自功率谱密度函数 $S_x(f)$ 是在 $(-\infty\sim\infty)$ 频率范围内的功率谱，所以又称双边谱。但在实际工程中，频率范围都是在 0～∞ 内，考虑到两边能量等效，可以单边功率谱 $G_x(f)$ 代替双边功率谱 $S_x(f)$，故得：

$$G_x(f) = 2S_x(f) \tag{9.93}$$

式中　$f \geqslant 0$。如图 9.20 所示，表示了单边谱和双边谱的关系。

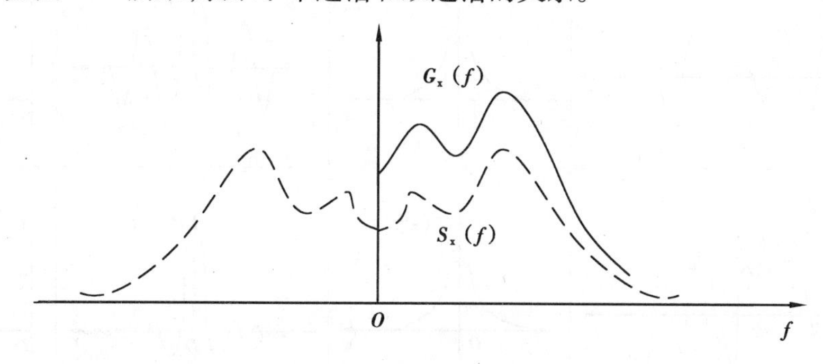

图 9.20　单边与双边谱的关系

由式(9.92)和式(9.93)得：

$$R_x(\tau) = \int_{-\infty}^{\infty} S_x(f)\,e^{-j2\pi f\tau}\,df = \int_0^{\infty} G_x(f)\,e^{-j2\pi f\tau}\,df$$

当 $\tau = 0, e^{-j2\pi f\tau} = 1$ 时，得：

$$R_x(0) = \int_{-\infty}^{\infty} S_x(f)\,df = \int_0^{\infty} G_x(f)\,df = \psi_x^2 \tag{9.94}$$

由此表明，自谱密度函数图形的积分所得总面积等于随机信号 $x(t)$ 的均方值 ψ_x^2，它代表信号所含的总能量的大小(或功率的大小)。因此，自谱密度函数将表示单位频率宽度上所含能量(功率)的大小。而自谱密度函数的图形就表示能量按频率分布的情况。$S_x(f)$ 或 $G_x(f)$ 具有能量(功率)的含义，也具有密度的含义，因而被称作自功率谱密度函数。几种典型的随机信号的自谱密度函数如表 9.7 所示。

表 9.7　随机信号自谱密度函数

序号	名称	样本函数	概率密度函数	自相关函数	自功率密度函数
a	正弦波	$x(t)$	$f(x)$	$R_x(\tau)$	$G_x(f)$
b	正弦波加随机噪声	$x(t)$	$f(t)$	$R_x(\tau)$	$G_x(f)$

续表

序号	名称	样本函数	概率密度函数	自相关函数	自功率密度函数
c	窄带随机过程	$x(t)$	$f(x)$	$R_x(\tau)$	$G_x(f)$
d	宽带随机过程	$x(t)$	$f(x)$	$R_x(\tau)$	$G_x(f)$
e	白噪声	$x(t)$	$f(x)$	$\delta(\tau)$	$G_x(f)$

②互功率谱密度。互功率谱密度函数又称互谱或交叉功率谱密度函数。定义为：

$$S_{xy}(f)=\int_{-\infty}^{\infty}R_{xy}(\tau)\mathrm{e}^{-j2\pi f\tau}\mathrm{d}\tau \tag{9.95}$$

$$R_{xy}(\tau)=\int_{-\infty}^{\infty}S_{xy}(f)\mathrm{e}^{-j2\pi f\tau}\mathrm{d}f \tag{9.96}$$

式中 $S_{xy}(f)$——互功率谱密度函数；

$R_{xy}(\tau)$——互相关函数。

随机信号的互谱是互相关函数的傅里叶变换，两者又构成一个傅里叶变换对。因为互相关函数不是偶函数，所以互谱用下列复数形式表示，即：

$$G_{xy}(f)=C_{xy}(f)-jQ_{xy}(f)(f\geqslant 0) \tag{9.97}$$

式中 $C_{xy}(f)$——共谱密度函数(实部)；

$Q_{xy}(\tau)$——重谱密度函数(虚部)。

实部和虚部分别为 $x(t)$ 和 $y(t)$ 在窄带区间 $(f,\ f+\Delta f)$ 内的平均乘积除以带宽 $B(B=\Delta f)$ 得到的值：

$$C_{xy}(f)=\lim_{\substack{B\to 0\\T\to\infty}}\frac{1}{BT}\int_0^T x_B(t)y_B(t)\mathrm{d}t \tag{9.98}$$

$$Q_{xy}(f)=\lim_{\substack{B\to 0\\T\to\infty}}\frac{1}{BT}\int_0^T x_B(t)y_B^*(t)\mathrm{d}t \tag{9.99}$$

其中，$y(t)$ 与 $y^*(t)$ 相移 90°。互谱密度也可用极坐标表示：

$$C_{xy}(f)=|G_{xy}(f)|\mathrm{e}^{-j\varphi xy(f)} \tag{9.100}$$

式中
$$|G_{xy}(f)|=\sqrt{C_{xy}^2(f)+Q_{xy}^2(f)}$$
$$\varphi_{xy}(f)=\arctan\frac{Q_{xy}(f)}{C_{xy}(f)}$$

③传递函数。传统的传递函数，即系统中两点 x,y 之间的传递函数等于互谱密度函数与点 x的功率谱密度函数之比，即

$$H_{xy}(f)=\frac{S_{xy}(f)}{S_{xx}(f)} \tag{9.101}$$

若能测得 $S_{xy}(f)$ 和 $S_{xx}(f)$，就能确定的 $H_{xy}(f)$ 大小。

④相干函数。相干函数是描述两个过程因果关系的量度。因为它是在频域内描述相关性，所以又称为凝聚函数。定义相干函数为：

$$r_{xy}^2(f)=\frac{|S_{xy}(f)|^2}{S_x(f)S_y(f)}\leqslant 1 \tag{9.102}$$

式中 $S_{xy}(f)$——随机过程 $x(t)$ 和 $y(t)$ 的互谱密度；

$S_x(f)$——随机过程 $x(t)$ 的互谱密度；

$S_y(f)$——随机过程 $y(t)$ 的互谱密度。

若 $r_{xy}^2(f)=0$，则表明 $x(t)$ 和 $y(t)$ 在此频率上是不相干的。

若 $r_{xy}^2=0$ 成立，则说明上述两个随机过程是独立的。

若 $r_{xy}^2=1$，则说明上述两个函数完全相干。

一般情况下，$r_{xy}^2(f)$ 在 0~1 之间。这对于一个结构系统来说，输出部分是来源于输入部分，其余部分为外界干扰。因此，相干函数通常用来判断传递特性计算的有效性。

3)随机振动实验数据处理的一般步骤

前面对各种随机信号在幅域、时域和频域的概率特征作了理论方面的介绍，但要付诸实践则必须借助计算机。近 20 年随着数字式电子计算机的迅速发展，特别是傅氏算法的出现，极大地推动了信号分析理论的应用，形成了一整套的分析方法和分析技术。由信号分析理论可知，所用的样本函数大部分是连续的，且是无限长的。但是这些连续化数据是数字式计算机所不能接受的，同时样本数据也不可能是无限长的。这就给我们提出了两个问题：一是怎样将连续信号离散化，也就是采样规律和快速傅里叶变换的算法问题；二是怎样从有限长样本数据进行参数估算的问题。由此可见，数据处理和信号分析在处理工程问题时，是两个不可分割的内容。但从学科上来讲，两者又有相对独立性。数据处理及流程如图 9.21 所示。

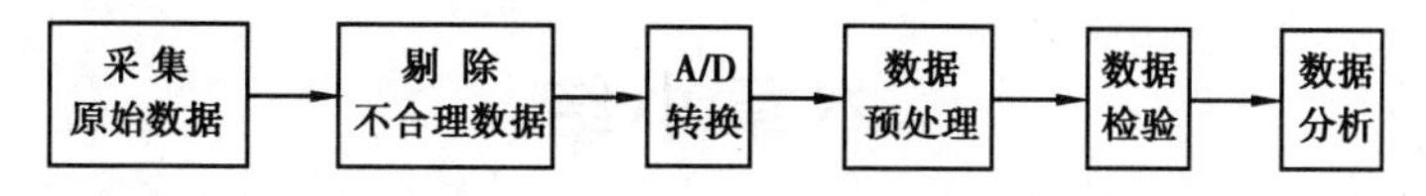

图 9.21　数据处理流程图

(1)不合理数据的剔除

数据有模拟量和数字量之分，因为模拟量比数字量更直观、容易判断，所以在将模拟量信号转换成数字量之前，一般应先判断是否有不合理的数据需要剔除。在采集数据过程中，因噪声干扰或传感器使用不当，都可能产生过高或过低的偏差，其中不可避免地存在不合理的数据，应将其剔除。

(2)模拟量转换为数字量

模拟量转换为数字量(即 A/D)转换,是试验数据进行数字化处理不可缺少的步骤。它包括的主要内容是采样和量化。对连续电模拟量按一定的时间间隔进行取值,此工作称为采样。经过采样后的信号 $x(t)$ 就变成了离散信号 $x(n \cdot \Delta t)$, $n=0,1,2,\cdots$, Δt 为采用间隔时间。Δt 太大,即采样过稀,离散化信号将不能真实反映原来的连续信号。Δt 太小,即采样过密,必然增加计算工作量。确定 Δt 的原则,一般认为应该满足采用定理,定理规定无失真的采样频率 f_s 应该大于等于两倍信号的最高频率成分 f_c。采样时,若事先未知 f_c 的值,则可用两个任意采样频率 f_{s1} 和 f_{s2} 分别采样。得到的频谱 $x_{s1}(t)$ 和 $x_{s2}(t)$ 相差不大时,可以认为 $f_c \leqslant f_{s1}/2$(设 $f_{s1}<f_{s2}$);若两者差别较大,则再取样,使 $f_{s3}>f_{s2}$,对频谱 $x_{s3}(f)$ 和 x_{s2} 进行比较,以此类推就可以确定 f_c。

(3)数据预处理

数据预处理的目的,一是确定经过量化后的数字量与被测参量单位之间的换算关系,即校正数据的物理单位;二是进行中心化处理,即将原始数据减去平均值的处理,以简化计算公式;三是消除趋势项。趋势项是指样本记录周期大于大于记录长度的频率成分。它可能是由于仪器的零点漂移或测试系统引起的,或者是变化缓慢的误差等,如果不把它事先消除,在相关分析和功率谱分析时将引起很大的畸变,以致使低频谱的估计完全失真。

(4)数据检验

前面讲到,对不同的随机过程要求采用不同的分析方法。因此,对样本分析之前必须鉴别样本函数的基本特性(例如平稳性、周期性、正态性等),以便选取正确的分析方法。检验方法可参阅表 9.7 以及概率论和数理统计的有关章节。

(5)数据分析

数据经过以上个步骤处理后,即可用数学方法计算样本函数的统计特征(如自相关、互相关函数、功率谱、传递函数等),然后依据样本函数的性质分析结构的各阶段振动频率、振型、阻尼等动力特性。

动力试验数据处理的另一种新方法是试验模态分析法。所谓试验模态分析法,就是不用结构的质量矩阵、刚度矩阵的阻尼矩阵来描述结构的动力特性,而是通过试验方法求得结构的固有频率、模态阻尼和振型等振动模态参数。对于复杂结构,经过某些假定,可用少数低阶模态的迭加代替复杂的数学模型。与传统分析方法相比,试验模态分析法还可以由结构的响应反推结构的激励荷载,从而提供了控制结构动力反应的必要资料。试验模态分析法已在结构动力分析中占据重要地位,并成为解决结构动力学问题的一个新的分支。

本章小结

(1)数据处理就是在结构试验中或结构试验后,对所采集得到的数据(即原始数据)进行整理换算、统计分析和归纳演绎,以得到代表结构性能的公式、图像、表格、数学模型和数值。它包括数据的整理和换算、数据的统计分析、数据的误差分析、数据的表达四部分内容。

(2)对结构试验采集得到的杂乱无章、位数长短不一的数据,应该根据试验要求和测量精度,按照有关的规定(如国家标准《数值修约规则》)进行修约。此外,采集得到的数据有时需要进行换算,才能得到所要求的物理量。例如,把采集到的应变换算成应力,把位移换算成挠度、转角、应变等,把应变式传感器测得的应变换算成相应的力、位移、转角等。

(3)统计分析是常用的数据处理方法,可以从很多数据中找到一个或若干个代表值,也可以对试验的误差进行分析。统计分析中常用的概念和计算方法主要有:平均值、标准差、变异系数、随机变量和概率分布,其中正态分布函数是最常用的描述随机变量的概率分布函数。此外,常用的概率分布还有:二项分布、均匀分布、瑞利分布、χ^2 分布、t 分布、F 分布等。

(4)测量数据不可避免地都包含一定程度的误差,可以根据误差产生的原因和性质将其分为粗大误差、随机误差和系统误差三类。对误差进行统计分析时,需要计算三个重要的统计特征值,即算术平均值、标准差和变异系数。对于代数和、乘法、除法、幂级数、对数等一些常用的函数形式,可以分别得到其最大绝对误差 Δy 和最大相对误差 δ_y,了解其误差传递。实际试验中,过失误差、随机误差和系统误差是同时存在的,试验误差是这三种误差的组合。可以通过 3σ 方法、肖维纳方法、格拉布斯方法剔除异常数据;利用分布密度函数确定极限误差来处理随机误差;而对于规律难以掌握的系统误差则需要通过改善测量方法、克服测量工具缺陷等一系列措施来减少或消除。

(5)试验数据应按一定的规律、方式来表达,以对数据进行分析。一般采用的表达方式有表格、图像和函数。表格按其内容和格式可分为汇总表格和关系表格两类;图像表达则有曲线图、直方图、形态图等形式,其中最常用的是曲线图和形态图。在试验数据之间建立一个函数关系,首先需要确定函数形式,其次需通过回归分析、一元线性回归分析、一元非线性回归分析、多元线性回归分析乃至系统识别等方法求出函数表达式中的系数。

(6)通常对结构物进行动态测定时需要设法压缩或过滤与结构振动无关的信号分量,突出与结构有关的信号分量,然后对这些信号进行分析,获得与结构振动有关的特征参量,这就是信号处理。由振动引起的波形,可分为确定性振动和随机振动两类。确定性振动包括周期性振动信号和非周期振动信号,周期性振动信号可以通过时域图、能量和功率谱密度、谐量分析等手段表达;非周期振动信号则必须用傅里叶积分来表示频谱谱线。不可重复性和不可预测性以及具有统计规律性是随机振动的特征,它可以通过概率密度函数、均值和均方值、相关关系、谱密度分析等随机过程方法及理论来描述。对于随机振动试验数据处理首先应剔除不合理数据,然后将模拟量转换为数字量,最后完成数据预处理、数据检验及数据分析。

思考题

9.1 为什么要对结构试验采集到的原始数据进行处理?数据处理的内容和步骤主要有哪些?

9.2 进行误差分析的作用和意义何在?

9.3 误差有哪些类别?是怎样产生的?应如何避免?

9.4 试验数据的表达方式有哪些?各有什么基本要求?

9.5 测定一批构件的承载能力,得 4 520,4 460,4 610,4 540,4 550,4 490,4 680,4 460,4 500,4 830 N · m,问其中是否包含过失误差?

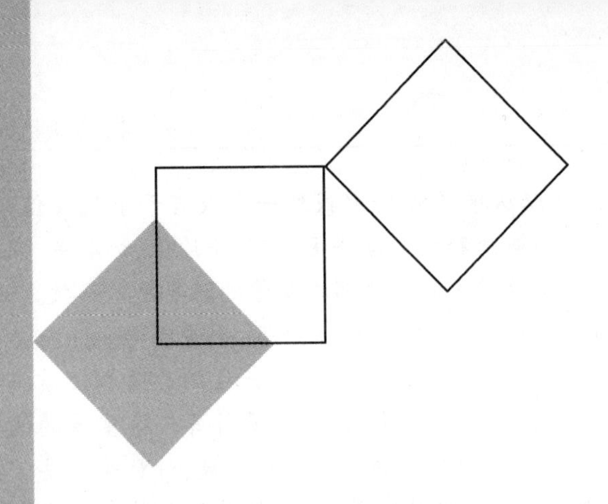

附录 试验说明书

试验 1 电阻应变片的粘贴

一、试验目的

(1)了解应变片的选取原则及质量鉴别方法；
(2)掌握应变片的粘贴工艺与粘贴技术。

二、试验仪表及工具

序号	仪器名称	数量	序号	仪器名称	数量
1	普通型数字万用表	1	5	电烙铁、剪刀等工具	
2	兆欧表	1	6	塑料薄膜、导线等器材	
3	常温普通型电阻应变片	6	7	粘结剂、丙酮等化学试剂	
4	钢筋或混凝土试块	2			

三、试验步骤

(1)选择应变片

①选择应变片的形式和规格时，应注意所测试件的材料性质和试件所处的受力状态。针对匀质材料制成的试件，一般选用普通型小标距应变片；对于非匀质材料制成的试件，应该选用

大、中型标距的应变片;试件处于平面应变状态时应选用应变花片。

②分选应变片时,首先应对选定的应变片逐片进行外观检查,要求应变片丝栅平直,片内无气泡、霉斑、锈点等缺陷,否则应以剔除。然后用万用表逐片测定其电阻值,并依据电阻值的大小分组。同一组应变片的阻值偏差不得超过应变仪可调平的允许范围,一般为±0.6 Ω 左右。

(2)选择粘结剂

粘结剂分为两大类:胶剂粘结剂和水剂粘结剂。具体选用应视应变片基底材料和试件材质的不同而异。通常要求粘结剂具有足够的抗拉和抗剪强度、蠕变小、绝缘性能好。目前在匀质材料试件上粘贴应变片时,较多地采用氰基丙烯酸类水剂粘结剂,如 KH501、KH502 快速胶。在混凝土等非匀质材料试件上贴片时,常采用环氧树脂胶。

(3)测点表面清理

为了使应变片与测点表面粘贴牢固,测点表面必须清理擦洗干净。对于匀质材料试件的表面,先用工具或化学试剂清除贴片处的漆皮、油污、锈层等污垢,然后用锉刀锉平表面,用 80#砂纸初次打磨光洁,再用 120#砂纸将表面打磨成与测量方向成 45°的细斜纹。吹去浮尘后用脱脂棉球蘸上丙酮、甲苯或四氯化碳等溶剂擦洗试件表面,直至棉球不沾灰为止。此后,在试件处理完的表面上画出测点定向标记,等待贴片。

(4)应变片的粘贴与干燥

当选用 KH502 胶粘贴应变片时,应准备薄膜若干片,薄膜材料应不溶解于 KH502 胶,常用的有聚乙烯薄膜。使用时将聚乙烯薄膜裁成小块,每块面积约为应变片基底面积的 3 倍左右。贴片时,先在试件表面的定向标记处及应变片基底上分别均匀地涂抹一薄层粘贴胶,稍等片刻胶层即开始发粘,此时迅速将应变片按正确的方向位置贴上,然后取一块聚乙烯薄膜盖在粘贴了的应变片上,用手指稍加压力后,等待干燥。当在混凝土表面贴片时,一般应先用环氧树脂胶作找平层处理,待找平胶层完全固化后再用砂纸打磨光滑,擦净后用 502 胶水或环氧树脂胶均可粘贴电阻应变片。

当室温高于 15 ℃和相对湿度低于 60%时可采用自然干燥法,干燥时间一般为 24~48 h。室温低于 15 ℃或相对湿度大于 60%应采用人工干燥法,但是在人工干燥前必须经过 8 h 自然干燥。人工干燥常用红外线灯烘烤的方法,且控制烘烤时的温度不得高于 60 ℃,一般烘烤 8 h 即可达到要求。

(5)焊接导线

先在离开应变片引出线 3~5 mm 处粘贴接线片,接线片粘贴牢固后再将引出线焊接于接线片上,最后把测量导线的一端与接线片连接,另一端与应变仪测量桥路连接。

(6)应变片的粘贴质量检查

①用兆欧表量测应变片的绝缘电阻。静态测量的绝缘电阻应大于 200 兆欧。

②观察应变片的零点漂移。将应变片接入电阻应变仪,3 min 之后观察应变片的零点漂移情况,若漂移值小于 5$\mu\varepsilon$ 认为合格。

③检查应变片的稳定性。这时应对接入应变仪测量桥的应变片进行电阻调平,若使用非直流电桥的应变仪时,还需进行电容调平。当电阻电容均调平衡后,用手指接触应变片敏感栅部位,此时应变仪的表头指针将偏离零点;当手指离开后应变仪的表头指针时应该回零,此时则认为该应变片工作稳定。若检查的结果是绝缘电阻低、零点漂移大或工作不稳定时,则说明该应变片测定工作状态不良,该将此应变片铲除重新粘贴。

(7)防潮防水处理

如果应变片处于湿度较大的使用环境下,或者应变片贴在试验周期较长的试件上使用时,都需要对应变片采取防潮措施。防潮措施必须在检查应变片粘贴质量合格后马上进行。防潮处理的简便方法是用松香、石蜡或凡士林涂于应变片表面,使测片与空气完全隔离,达到防潮的目的。防水处理一般采用环氧树脂胶遮盖的方法。常用的环氧树脂胶配方：环氧树脂:邻苯二甲酸二丁脂：乙二氨=1：(0.1~0.15)：(0.06~0.09)。

试验2　常用机械式仪表的使用技术

一、试验目的

(1)了解各种机械式仪表的构造原理和安装调试方法;

(2)掌握机械式仪表的测试方法,熟悉仪表刻度、量程与测量精度的关系,标距与应变的关系;

(3)了解结构静力试验的荷载分级方法和加载制度。

二、试验设备与仪器

序号	仪器名称	数量	序号	仪器名称	数量
1	标准钢梁:长 $L=1.6$ m,截面 $b\times h=20$ mm×15 mm,弹性模量$E=2.1\times10^5$ N/mm^2	1个	5	百分表	3块
			6	千分表	1块
			7	手持应变仪	1套
2	支座架	1副	8	附着式应变计	1套
3	荷载吊具	2枚	9	磁性表座	4个
4	砝码一套(每枚重49 N)	6枚			

三、仪表的安装与调试

试验装置、测点布置及测点编号如附图2.1所示:

(1)百分表与千分表

百分表与千分表均用于测量位移和挠度变形。使用时必须将表身固定在磁性表座上,并将磁性表座固定于不动的工作平台上以作为定点,将仪表的测杆与被测试件始终紧密接触以作为动点。安装仪表时,应注意必须使仪表测杆与试件表面垂直,仪表的颈轴夹在表座上的松紧程度要适中,测点表面应处理平整光滑。在测量读数时,表读数应读至最小刻度后再估读一位数,并以mm为单位记录。

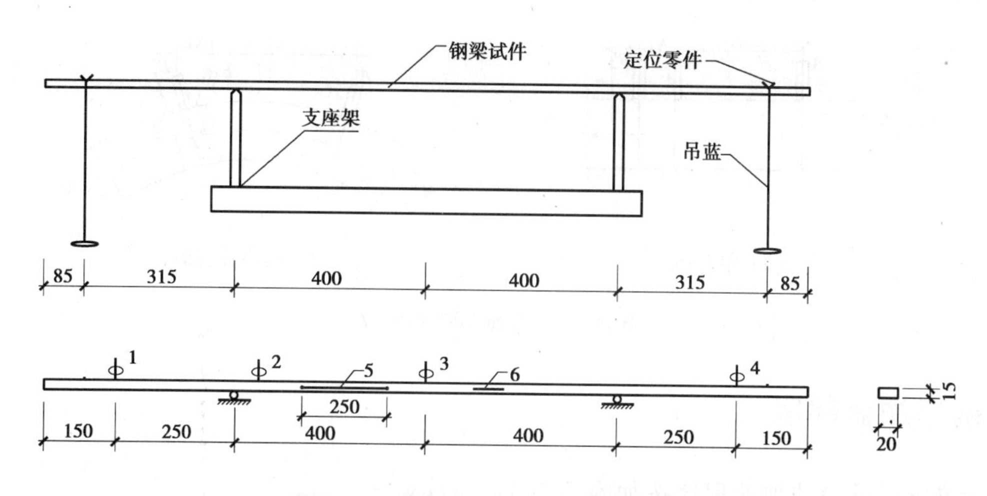

附图 2.1　试验装置测点布置及编号图

1、3、4 测点—百分表　2 测点—千分表　5 测点—手持应变仪　6 测点—附着式应变计

(2)手持应变仪

使用手持应变仪时,首先应在试件表面上安装标脚,标脚的间距视手持应变仪的标距而定。数据测量时,将仪器的两个插轴安放于标脚的锥形小穴中,注意此时插轴必须与试件表面垂直,然后读取仪表示值。读数方法与百分表、千分表相同。

(3)附着式应变计

附着式应变计是由一块千分表(或百分表)、一个测杆及两个固定的标脚所组成的。仪表和测杆通过两个标脚按一定的标距固定在被测试件的表面上。当固定的标脚随着被测试件发生变形时,标距间的距离发生了变化,仪表的读数也随之发生改变。设两次仪表读数的差值为 $\Delta L'$,两固定标脚之间的初始标准距离为 L,则应变值为:$\varepsilon' = \Delta L'/L$。仪器安装时,应根据测试标距的要求,先将两固定标脚粘贴于被测试件的表面;然后分别将仪表和测杆安装在两个固定标脚的固定孔中,并使表杆顶着测杆的一头。安装时要注意,应根据测点变形的大小和方向,预估表杆顶入的深浅,以确保在整个测量过程中表杆始终与测杆接触良好。测量读数方法与千分表、百分表的读数方法相同。

由于手持应变仪和附着式应变计的标脚有一定的厚度,使仪表测量时离构件表面均有一个距离 a(附图 2.2),造成测量的 $\Delta L'$值大于(受拉面)或小于(受压面)构件表面实际的伸长量或缩短量。所以应对实测值进行必要的修正。假定受弯构件界面的应变符合平截面假定,修正后的应变 ε 为:

$$\varepsilon = \frac{h}{2\left(a + \frac{h}{2}\right)} \times \frac{\Delta L'}{L} \tag{附 2.1}$$

式中　h——试件截面高度;

a——试件表面距标脚孔的圆心位置的距离(附着式应变计);试件表面至空穴底心的距离(手持应变仪);

$\Delta L'$——在高度 a 处的位移示值,如附图 2.2 所示;

L——仪器标距。

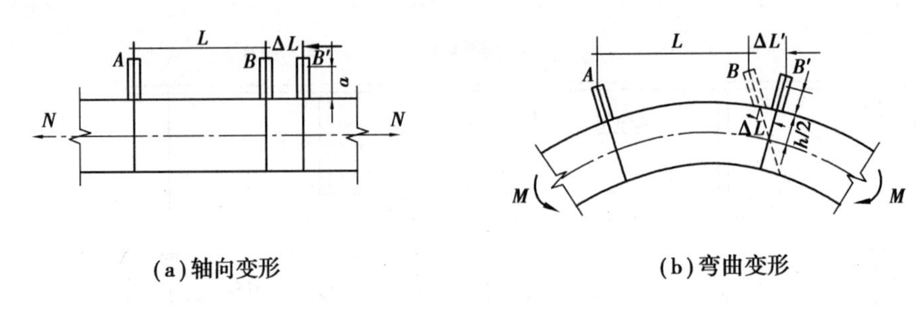

附图 2.2　弯曲平面内的 $\Delta L'$

四、确定加荷制度

标准钢梁试验的加荷程序按如附图 2.3 所示，分三级加载，每级在梁的两端各加 49 N 荷重的砝码。每级荷载间的间歇时间根据结构变形值是否稳定、测量读数是否完成而确定，每增加一级荷载或卸一级荷载都应时刻观察钢梁的应变和挠度变化情况，并记录各仪表读数。

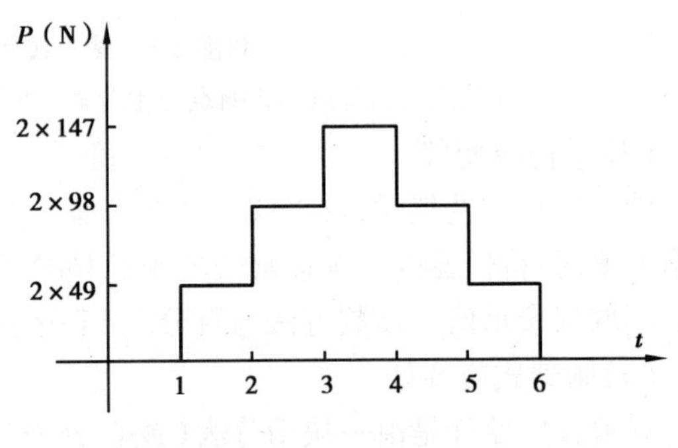

附图 2.3　加载程序图

五、试验步骤

①选定测点位置。

②在各测点上安装仪表，检查仪表是否进入正常工作状态。

③加荷之前，同时记录各仪表的初读数。

④分级加荷载，每级两端各加 49 N 重的砝码，每加完一级荷载随即记录仪表读数，直至满载 3×2×49 N＝294 N 为止。

⑤满载后分级卸载，每卸一级荷载，各仪表记录一次读数，直至荷载卸至为零。

试验 3　电阻应变仪测量技术

一、试验目的

(1)掌握电阻应变仪测量桥路的基本原理；

(2)熟悉电阻应变仪测量桥路的各种连接方式与读数间的关系。

二、设备与仪表

序号	仪器名称	数量	序号	仪器名称	数量
1	标准钢梁:长 L=1.6 m,截面$b×h$=20 mm×15 mm,弹性模量E=2.1×105 N/mm^2	1个	3	荷载吊具	2枚
			4	砝码一套(每枚重49 N)	6枚
			5	BZ2206型静态电阻应变仪	1台
2	支座架	1套	6	导线、螺丝刀等工具	

三、试验装置与测点布置

试验装置、电阻应变片布置及测点编号如附图3.1所示。其中,R_1、R_2、R_3、R_4用于量测梁跨中截面的最大应变;R_5为温度补偿片,布置于梁的不受力截面处;R_6用于测量梁的横向应变。

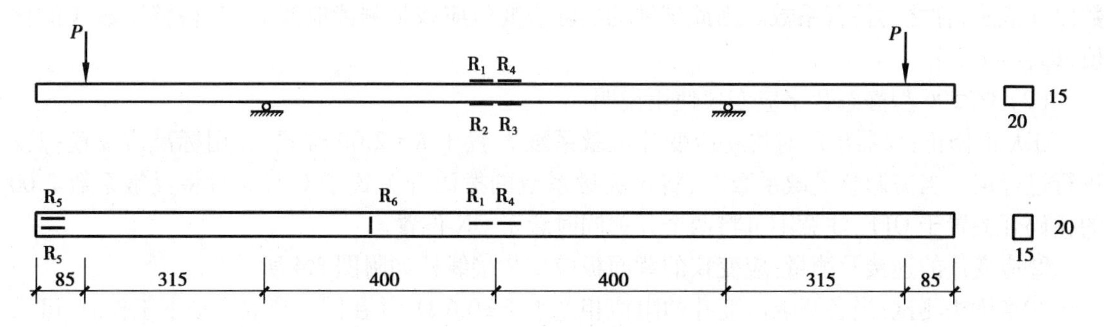

附图3.1　试验装置、电阻应变片测点布置图

四、静态电阻应变仪测量原理及其使用说明

(1)静态电阻应变仪的测量原理

①电阻应变仪预调平衡箱:附图3.2为应变仪预调平衡箱原理图,ABCD组成测量桥路。R_1、R_2、R_3、R_4均为工作片时,组成全桥测量。若用R'_3、R'_4(仪器内部标准电阻)代替R_3、R_4时,组成半桥测量。其中R_a与R_t组成电阻预调平衡线路。这样当R_t的触点分别左右滑动时,就可以使电阻达到平衡。

②全桥电路:全桥电路是在测量桥的4个臂上全部接入工作片,如附图3.3(a)所示。其中相邻臂上的工作片兼作温度补偿片用,桥路输出为:

$$U_{BD}=\frac{U}{4}K(\varepsilon_1-\varepsilon_2-\varepsilon_3+\varepsilon_4) \quad (附3.1)$$

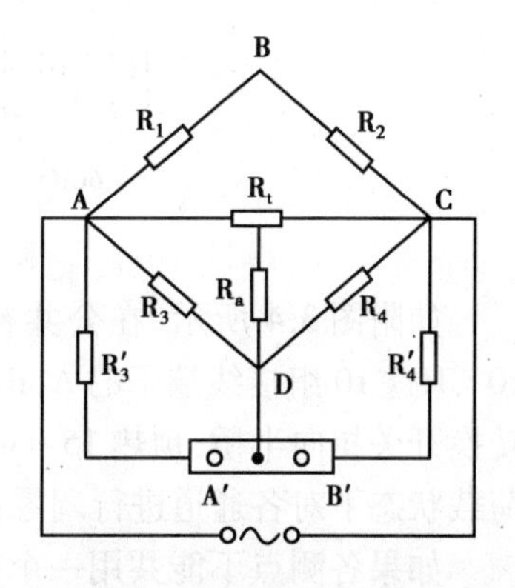

附图3.2　预调平衡原理图

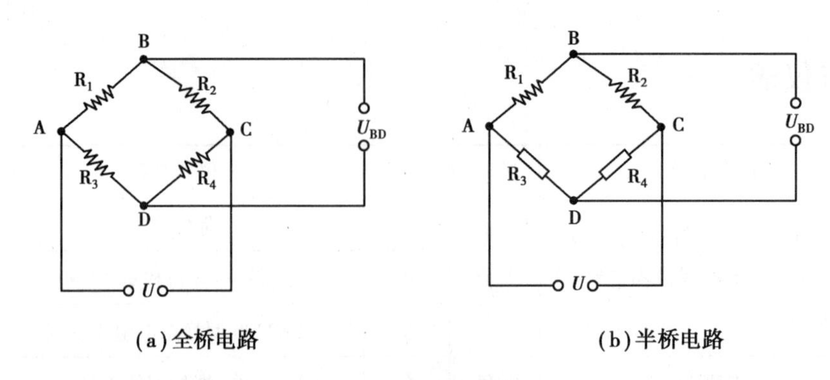

(a)全桥电路　　(b)半桥电路

附图 3.3　标准使用电路

③半桥电路:半桥电路由两个工作片和两个固定电阻组成,如附图 3.3(b)所示。工作片接在 AB 和 BC 臂上,另外两个桥臂上为设在应变仪内部的固定电阻,此时桥路输出为:

$$U_{BD}=\frac{U}{4}K(\varepsilon_1-\varepsilon_2) \tag{附 3.2}$$

④桥臂系数:桥路输出灵敏度取决于应变片在受力构件上的贴贴位置和方向,以及它在桥路中的接线方式。根据各种具体情况进行桥路设计可得到桥路输出的不同放大系数。放大系数以 A 表示,称之为桥臂系数。因此试件的实际应变值应该是测读应变 $\varepsilon°$ 与桥臂系数 A 的比值,即:$\varepsilon=\varepsilon°/A$。

(2)BZ2206 型静态数字应变仪使用说明

①K 值修正:仪器出厂时均将应变片灵敏系数 K 置于 $K=2.00$ 位置,并用标准应变模拟仪进行过标定。当需调整灵敏系数时,将该灵敏系数的拨码开关置于 ON,同时将灵敏系数 2.00 的拨码开关置于 OFF,注意不可将两个开关同时置于 ON 位置。

②应变片的连接及测量:应变仪的背面板应变片接线柱如附图 3.4 所示。

③半桥法测试:当各测点应变片的阻值相差小于±0.6 Ω,并在同一个温度场下工作时,可采用半桥公共补偿片连接方法。具体操作如下:

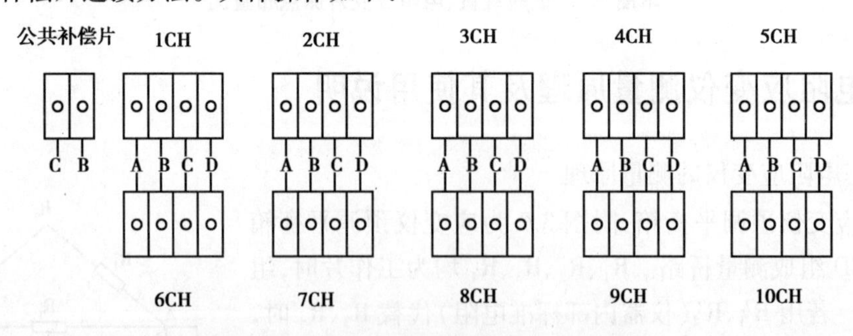

附图 3.4　应变仪器背面板应变片接线柱图

如附图 3.4 所示,在公共补偿片 B、C 两接线端子上接入公共补偿片的两条引线,在 1~10 CH这 10 组接线端子的 A、B 端上分别连接各应变片的两条引线。开启电源,将“全桥/半桥”转换开关扭向半桥,预热 15 min 以上;再旋转通道选择开关,将对应通道指示灯点亮,在无外加荷载状态下对各通道进行调零;然后对试件开始施加荷载,依次对各测点进行测量。

如果各测点不能共用一个补偿片时,可采用半桥非公共补偿片法,即在 1~10 CH 这 10 组接线端子上的 A、B 端连接各测点的工作片,B、C 端分别接入各测点的补偿片。但需要特别注意:此时必须拆除掉公共补偿片。

④全桥法测试:把"全桥/半桥"转换开关扭向全桥,将附图 3.5 中 R_1'、R_2' 从桥路中断开,并由应变片 R_1、R_2取代,将由 R_1、R_2、R_3、R_4 组成的全桥分别接入 1~10 CH 10 组接线端子中的 A、B、C、D 端即可。

⑤使用仪器时应注意:

a.接好桥路后,需预热 30 min 以上方可进行测量。

b.连接应变片接线端子的导线建议采用屏蔽线,以防止干扰。金属屏蔽网接到接线端子的 B 上。

c.测量时导线的移动会引起读数值变化。接触电阻或导线变形引起桥臂电阻改变万分之一,读数即改变 1με。

d.当切换通道的瞬间,由于输入线路处于开路状态,应变仪显示出一个大应变值,这属于正常现象。

e.用公共补偿片测量时,以 6 个测点为上限,以免公共补偿长时间通电引起发热漂移。

f.当仪器的数字显示不稳定时,应首先检查贴片质量和接线质量。

g.当仪器数显全零闪烁时,应首先检查输入部分是否开路,输入电桥接线是否接错,"全桥/半桥"开关位置是否正确。

五、试验步骤

该试验共有 8 种桥路连接线路,如附图 3.5 所示,分半桥和全桥两组试验进行测量。

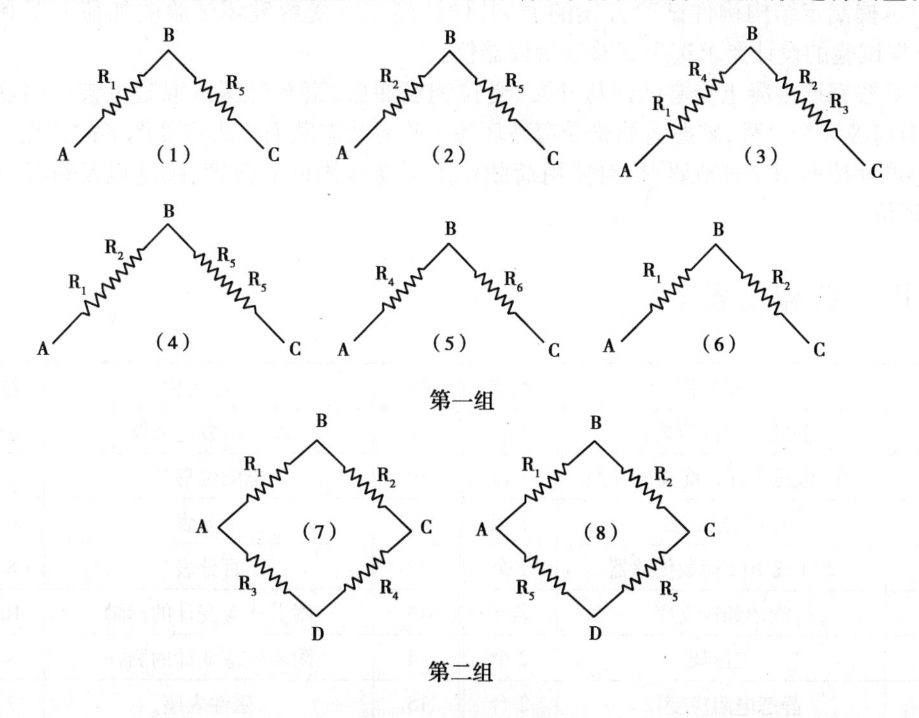

附图 3.5 桥路接线图

(1)半桥测量

①将仪器中“全桥/半桥”转换开关扭向半桥,并按附图3.5中(1)、(2)、(3)、(4)、(5)、(6)所示的方式接好各桥路。

②转换测点切换开关,依次对各测点进行调零,并检查各测点应变片工作是否正常。

③记录各测点的初始值。

④对钢梁分级加载,每级荷载两端各施加49 N重的砝码,待变形稳定后开始记录各测点读数。共分三级加载,最大荷载为3×2×49 N=294 N,分别记录每级荷载作用下钢梁各个测点的应变值。

⑤满载后再分级卸载,每卸一级荷载,测读各点记录一次数据,直到荷载为零。

⑥从加载至卸载结束后,拆去各通道上的测点接线。

(2)全桥测量

将仪器中“全桥/半桥”转换开关扭向全桥,按附图3.5中(7)、(8)所示的接线图式接好桥路,其余步骤可按半桥试验中的②、③、④、⑤、⑥步骤进行。试验完毕后,关闭应变仪电源,并将所有仪器设备放回原处。

试验4　钢筋混凝土简支梁受弯破坏试验

一、试验目的

(1)掌握制定结构构件试验方案的原则,设计简支梁受弯破坏试验的加荷方案和测试方案,并根据试验的设计要求选择试验测量仪器仪表;

(2)观察钢筋混凝土受弯试件从开裂、受拉钢筋屈服、直至受压区混凝土被压碎这三个阶段的受力与破坏全过程,掌握适筋梁受弯破坏各个临界状态截面应力应变图形的特点;

(3)能够按照国家规范要求,对使用荷载作用下受弯构件的强度、刚度以及裂缝宽度等进行正确评价。

二、使用设备和仪表

序号	仪器名称	数量	序号	仪器名称	数量
1	静载反力试验装置	1套	9	X-Y函数记录仪	1台
2	20 t液压千斤顶配高压油泵	1台	10	电测位移计	1台
3	荷载分配梁	1根	11	千分表	6块
4	20 t或10 t荷载传感器	1个	12	百分表	8块
5	滚动和铰支座	若干	13	附着式应变计的标脚	16个
6	支撑架	2个	14	附着式应变计的测杆	8个
7	静态电阻应变仪	2台	15	磁性表座	7个
8	动态电阻应变仪	1台	16	螺丝刀、导线等器材和工具	

三、试验方案

(1)试件设计

混凝土强度等级为 C20,钢筋为Ⅰ、Ⅱ级,试件配筋如附图 4.1 所示。

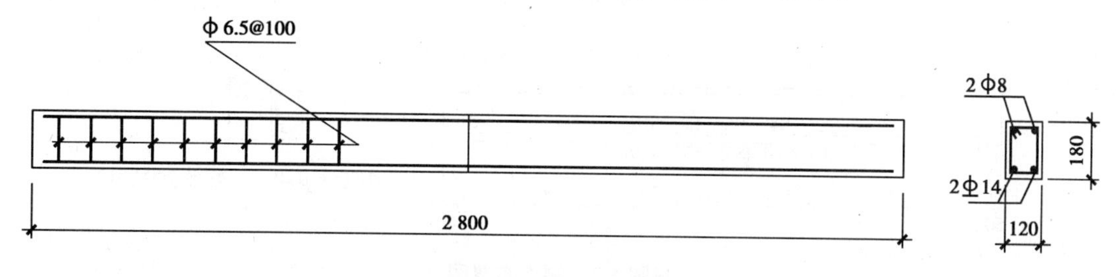

附图 4.1　简支梁结构图

(2)加荷方案

①利用静载反力试验台上液压设备和荷载分配梁系统,对梁跨三分点处施加集中荷载,以便在跨中形成纯弯段。载荷装置如附图 4.2 所示。试验荷载理论计算和试验设备强度验算应在正式试验前完成。

②荷载分级原则上是以正常使用阶段荷载标准值的 20%为一级,开裂荷载附近加载量应适当减少,不宜大于正常使用阶段荷载标准值的 5%。超过正常使用极限状态以后,每级加载量减少至荷载标准值的 10%,接近极限承载能力时,每级荷载不宜大于 5%。

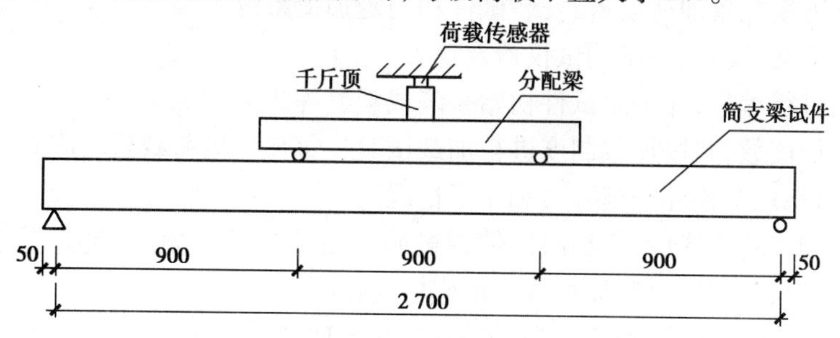

附图 4.2　加荷装置图

(3)测试方案

①根据简支梁的内力和变形特点,一般应在最大应力截面和最大挠度截面处布置测点。由于本试验采用了三分点加载方式,跨中纯弯段内梁的弯矩最大,且该区段内各截面最大应力相等。因此,在纯弯段内任选两个截面,沿梁截面高度上分别布置 4 个混凝土应变测点,以观测该截面处混凝土压应变和中和轴的变化情况。在梁纯弯段内受拉钢筋的 5 个截面处布置了 10 个应变测点 ,以观测钢筋的应变状态。为了解试件的变形情况,沿梁长(包括梁的跨中和两个集中力作用点处)布置了一定数量的位移传感器。考虑到支座处可能也有下沉,在支座处也安装了千分表。具体测点布置方案如附图 4.3 所示。

②根据量程和精度要求选择各种量测仪器仪表。

本次试验采用如下仪表:

a.混凝土应变 h1~h8,采用附着式应变计测量。

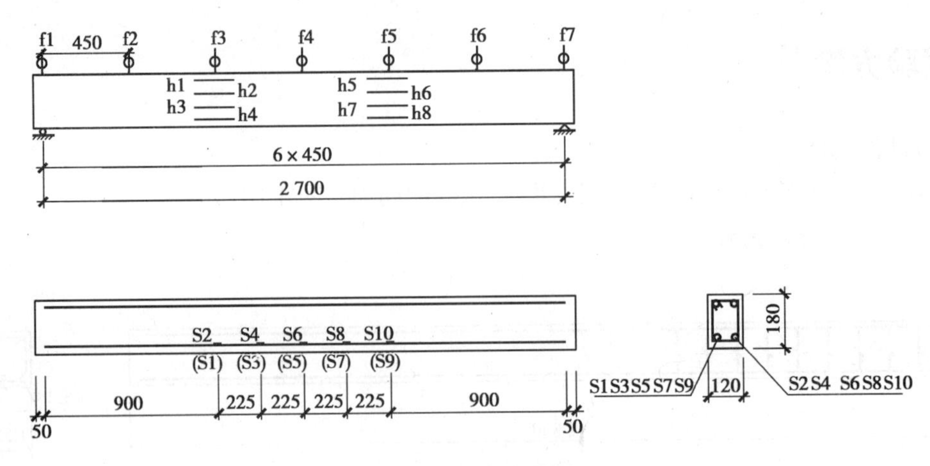

附图 4.3　测点布置图

b.受拉主筋应变 S1~S10,采用静态电阻应变仪和函数记录仪。

c.梁的挠曲变形 f1~f7,采用百分表、千分表和位移计。

d.荷载测量选用 20 t 或 10 t 应变式荷载传感器,接入动态电阻应变仪,输出到函数记录仪自动记录。

四、试验步骤

①按照加荷方案配备加荷设备、安装试件和固定加荷系统。

②按照观测方案,安装、调试测试仪器及仪表。

③将各测点进行编号,并记录试件初始缺陷或裂缝等。

④统一读取初读数,并按加载制度进行加载试验。每加一级荷载后均应测读记录一次各个测点的数据,并密切观察构件裂缝开展和变形情况。

⑤试验期间和试验完毕后,应描绘试件裂缝展开图及破坏特征图,包括裂缝出现时的荷载值,裂缝出现的位置、宽度以及破坏特征等均应标注在图中。

⑥试验完毕后,卸去荷载,拆除仪表,关闭仪器,清理试验现场。

试验 5　结构动力特性测试技术

一、试验目的

(1)了解结构动力特性试验测试系统的组成及拾振器工作原理和使用技术;

(2)掌握用自由振动法和强迫振动法测定结构的固有频率;

(3)了解用频谱分析程序计算结构的频率、阻尼等动力特性。

二、试验仪器及测量系统的组成

序号	仪器名称	数量	序号	仪器名称	数量
1	信号发生器	1套	5	计算机动测信号分析系统	1套
2	891-Ⅱ型拾振器	4个	6	2801液压伺服系统	1套
3	891-Ⅱ型放大器	1台	7	振动台	1台
4	智能型数据采集仪	1个	8	螺丝刀、导线等器材和工具	

附图5.1为动力特性测试仪器配套连接装置图。

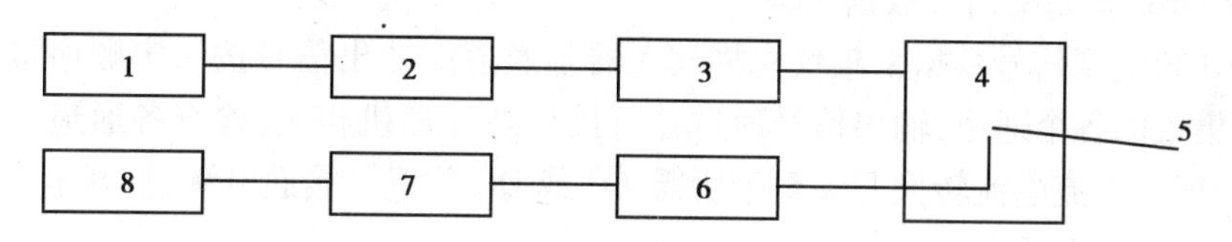

附图5.1　动力特性试验仪器配套图

1—信号发生器　2—2801液压伺服系统　3—振动台　4—试件　5—891-Ⅱ型拾振器
6—891-Ⅱ型放大器　7—智能型数据采集仪　8—计算机动侧信号分析系统

三、仪器调试

(1)信号发生器

信号发生器也叫程序函数发生器，安装在振动台控制柜中，它利用键盘操作以组成各种函数波形程序，其内部装有CPU，根据指令使电路动作，产生正弦波、三角波、方波、特殊波等信号。

(2)2801液压伺服系统

该系统是内装微处理器的液压伺服控制系统，它通过信号发生器控制液压源使振动台产生振动。

(3)振动台

振动台规格为2 m×2.2 m，振动方向为水平单向，各项技术指标为：

加振力	±200 kN	频率范围	0.01~20 Hz
最大振幅	±100 mm	工作油压	14 MPa
最大速度	±30.0 cm/s^2	油源流量	242 L/min
最大加速度	±27.7 m/s^2	伺服阀型号	J072—008

(4)891—Ⅱ型拾振器

891—Ⅱ型拾振器是动圈往复式磁电拾振器，主要用于测量地面或土木工程结构物的脉动与振动。拾振器中设有小加速度、大速度、中速度和小速度4个档位，当与891—Ⅱ放大器上参数选择档位相对应时,可以分别测得加速度、速度、位移等参变量。试验时把拾振器用粘结剂或螺栓固定在被测结构的测点上,使拾振器的几何轴线大致水平,并确保拾振器的方向与结构物所要测试的振动方向保持一致。根据所测结构物反应的大小,选择相应的档位,然后将拾振器的输出线与放大器的输入线相连接。接线时应注意屏蔽线与屏蔽线相接,否则会发生串线现象。当拾振器处于在非使用状态时,必须将输出线短路,以确保拾振器的运动部件免受损坏。

(5)891—Ⅱ放大器

该放大器首先根据使用电源的实际情况,将转换开关置于所需的 AC 或 DC 位置,打开电源开关接通电源,将参量选择开关 K3 置于"位移"或"低频位移"(3 或 4)档位,并将放大倍数开关 K2 置于合适位置,然后将表头功能开关依次置于"E+""E-"位置,观察表头以检查电源的电压是否正常。当拾振器调完毕并与放大器相连通后,将放大器的 K1 置于"15 V"或"1.5 V",按下按钮开关 K4,检查拾振器是否正常工作。如果表针稍有摆动,则该通道测线正常。

(6)INV306U 智能型信号数据采集仪

INV306U 智能型信号数据采集仪先将放大器各通道的输出信号按一定顺序接入 INV306U 智能信号采集仪的各个通道,输出信号通过并行接口与计算机相接,检查各通道的对应关系是否正确,然后把交直流电流转换开关至于所需 AC 或 DC 位置。接通电源,打开电源开关。

(7)数据采集分析系统

数据采集系统是由一台电脑和 DASP—2005 软件系统组成的,该软件是一套运行在 Win95/98/Me/XP/2000/NT 平台上的大型动态信号数据采集分析处理软件,其功能包括示波、采集、信号处理和分析等。打开计算机,在 Windows XP 或其他 Windows 界面下,双击 DASP2005 图标启动该程序,进入该程序的主界面后,再点击该主界面中的 DASP-ET 标准型图标,在 DASP-ET 动测系统主界面下,分别进行文件路径设置、各种参数设置、示波检测,最后进行数据采集、数据处理。具体的操作步骤可按照 DASP 程序软件使用说明书进行。

①文件参数设置:包括实验名、实验号、实验数据存储路径、实验描述、实验对象、实验工况的设置。

②选择采样型式。有 3 种采样方式可供选择:随机采样、触发采样、多次触发采样。在此选择随机采样方式。

③选择采样频率。采样频率可以按分析频率和采样频率两种方式设置,该程序中采样频率为分析频率的 2.56 倍。一般地,采样频率应至少大于结构分析频率的 10 倍以上。在此选择 100Hz 左右。

④增益和量程设置:对于幅值较小的信号可进行放大。通过设置增益和量程来达到提高 AD 转换器的效果。

⑤采样长度设置:可按采样时间和采样块数两种方式来设置。在采样频率一定的情况下,采样时间长短视现场环境而定。环境噪音较大时,采样时间应相对长一些;室内采样时间可相对短一些,两 3 min 即可。

四、试验步骤

将被测结构模型固定在振动台上,使用连接装置(螺栓)将拾振器安装在被测试件的各个测点位置上,并检查系统线路是否工作正常。

(1)自由振动试验

对被测结构施加外力,使其产生初始位移;然后突然移去外力,结构即开始自由振动。此时让计算机开始采样,可以边采样边示波,记录结构自由振动的衰减曲线波形。当采样完毕后,波形的数据将被自动存盘。若信号一切正常,即可退出采样程序;若信号溢出时,调整放大倍数重新采样,直至满意为止。附图5.2为被测结构的自由振动衰减曲线。

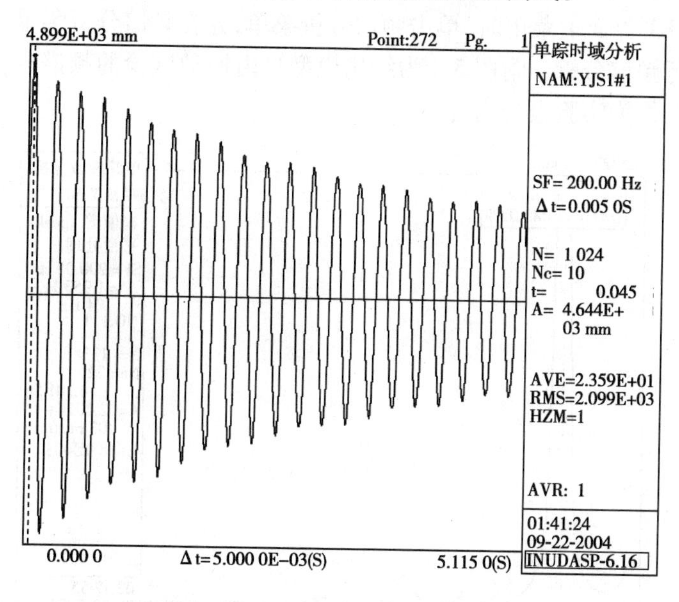

附图5.2　自由振动的时域衰减曲线

(2)强迫振动试验

通过伺服液压系统的信号发生器给振动台输入一组不同频率的正弦波信号1.5 Hz, 2.5 Hz, 3.0 Hz,…,使被测试件在正弦波扫描下受迫振动。记录不同频率结构的时域振动曲线(附图5.3),即可得到结构模型相应的振幅值。将实测的振幅值填于附表5.1中。

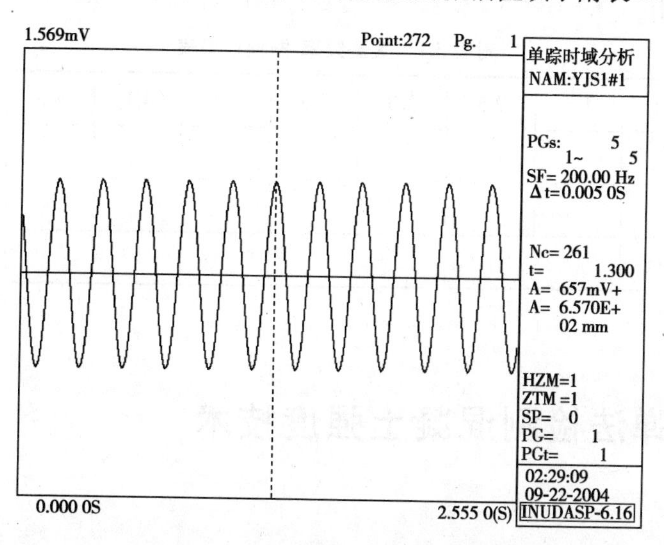

附图5.3　强迫振动的时域振动曲线

五、数据处理

(1)自由振动

应用"DASP"分析软件进行频谱分析,可以得到结构的自振频率、阻尼等动力特性。采样结束退回到DASP-ET界面主菜单时,单击频谱分析菜单,并在频谱分析菜单下调出自由振动试验的数据波形,进行频谱分析。附图5.4为结构模型自由振动试验的频谱分析图。最后的分析结果可以打印输出,作为实验报告内容。

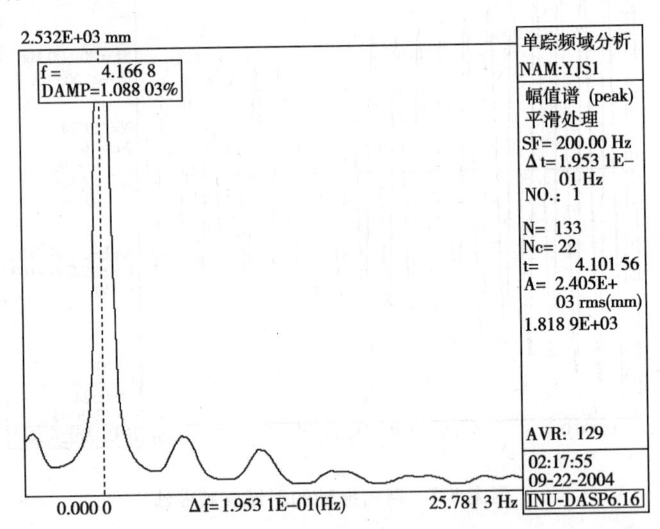

附图5.4 自由振动频谱分析图

(2)强迫振动

应用"DASP"分析软件,分别记录结构在不同干扰频率下的时域波形图和振幅值,振幅值填入记录附表5.1中。

附表5.1 实测频率-振幅记录表

干扰频率f(HZ)	1.5	2.5	3.0	3.5	3.8	4.1	4.5	5.0	8.0
实测振幅值A'									
放大倍数V									
实际振幅$A=A'/V$									

试验6 回弹法检测混凝土强度技术

一、试验目的

(1)掌握回弹法检测混凝土抗压强度的方法;

(2)掌握混凝土碳化深度的检测方法。

二、试验设备

序号	仪器名称	数量	序号	仪器名称	数量
1	回弹仪	6个	3	钢砧	1个
2	酚酞酒精溶液	1瓶	4	标准混凝土构件	

三、回弹仪的使用与维护

(1)对于非指针直读式混凝土回弹仪,必须经过鉴定,性能稳定可靠方可使用。

(2)回弹仪超过鉴定有效期限或累计弹击次数超过6 000次,应送鉴定单位鉴定。

(3)其他情况导致测量数据不可信、撞击、损坏后,也应送鉴定单位。

四、检测技术

检测结构或构件混凝土强度可采用两种方式:

(1)单个检测

单个检测适用于单独的结构或构件。

(2)批量检测

批量检测适用于在相同生产工艺条件下,混凝土强度等级相同,原材料、配合比、成型工艺、养护条件基本一致,且龄期相近的同类构件。按批进行检测的构件,抽检数量不得少于同期构件总数的30%,测区数量不得少于100个。所选构件应具有一定的代表性。

每一构件的测区,应符合下列要求:

①对长度不小于3 m的构件,其测区数不少于10个;对长度小于3 m且高度低于0.6 m的构件,其测区数可适当减少,但不应少于5个。

②相邻两测区间距应控制在2 m以内,测区距构件边缘距离不宜大于0.5 m。

③尽量使回弹仪处于水平工作状态,检测混凝土浇筑侧面;否则应按要求对混凝土浇筑表面、底面进行修正。

④测区面积宜控制在0.2 m×0.2 m,测点均匀布置,检测面应为原状混凝土面,不应有疏松层、浮浆、油垢以及蜂窝、麻面。

五、试验内容

(1)回弹值测量

检测时,回弹仪的轴线应始终垂直于混凝土检测面,缓慢施压,准确读数,快速复位。测点宜在测区范围内均匀分布,相邻两测点净距不小于20 mm,测点距构件边缘或外露钢筋、预埋件的距离不小于 30 mm,测点不应在气孔、外露石子上,同一测点只允许弹击一次。每一测区应记取 16 个回弹值,读数精确至 1。

(2)碳化深度值测量

回弹值测量完毕后,应选择不少于构件的 30%测区数,在有代表性的位置上测量碳化深度值。测量碳化深度值时,在测区表面凿开直径约 15 mm 的孔洞,其深度大于混凝土的碳化深度,除净孔洞中的粉末和碎屑,立即用浓度为 1%的酚酞酒精溶液滴在孔洞内壁的边缘处,再用深度测量工具测量已碳化和未碳化混凝土交界面到表面的垂直距离多次,取其平均值,该距离即为混凝土的碳化深度值。读数精确至 0.5 mm。

回弹法检测原始记录表如附表 6.1 所示:

附表 6.1　回弹法检测原始记录表

工程名称:　　　　　　　　　　　　　　　　　　　　　　　　第　　页　共　　页

编号		回弹值 R_i																	碳化深度 d_i/mm
构件	测区	1	2	3	4	5	6	7	8	9	10	11	12	13	14	15	16	R_m	
	1																		
	2																		
	3																		
	4																		
	5																		
	6																		
	7																		
	8																		
	9																		
	10																		

测面状态	侧面、表面、底面、干、潮湿	回弹仪	型号	回弹仪鉴定证号
测试角度 α	水平、向上、向下		编号	测试人员资格证号
			率定值	

测试:　　　　　　记录:　　　　　　计算:

测试时间:　　　　年　　月　　日

六、数据处理

(1)回弹值的计算

计算测区平均回弹值时,应从该测区的 16 个回弹值中剔除 3 个最大值和 3 个最小值,然后将余下的 10 个回弹值按下列公式计算:

$$R_m = \frac{\sum_{i=1}^{10} R_i}{10} \tag{附 6.1}$$

式中　R_m——测区平均回弹值，数值精确到0.1；

R_i——第 i 个测点的回弹值。

回弹仪非水平方向检测混凝土浇筑面侧面时，按下列公式修正：

$$R_m = R_{m\alpha} + R_{a\alpha} \tag{附 6.2}$$

式中　$R_{m\alpha}$——非水平方向检测时测区的平均回弹值，数值精确到0.1；

$R_{a\alpha}$——非水平方向检测时回弹值的修正值，按规范取值。

水平方向检测混凝土浇筑面顶面或底面时，按下列公式修正：

$$R_m = R_m^t + R_a^t \tag{附 6.3}$$

$$R_m = R_m^b + R_a^b \tag{附 6.4}$$

式中　R_m^t, R_m^b——水平方向检测混凝土浇筑顶面、底面时，测区的平均回弹值，精确到0.1；

R_a^t, R_a^b——混凝土浇筑顶面、底面时回弹值的修正值，按规范取值。

非水平方向检测混凝土浇筑顶面或底面时，首先应进行测试角度的修正，再对修正后的值进行浇筑面修正，修正次序不得颠倒。

(2)混凝土强度换算值f_{cu}^c的计算

根据平均回弹值和平均碳化深度值，选取适合的测强曲线，确定每个测区混凝土强度的换算值f_{cu}^c。测强曲线包括统一曲线、地区曲线和专用曲线三类。

(3)混凝土强度计算

结构或构件的测区混凝土强度平均值根据各测区的混凝土强度换算值计算。当测区数为10个及以上时，应计算强度标准差。平均值及标准差按下列公式计算：

$$m_{f_{cu}^c} = \frac{\sum_{i=1}^{n} f_{cu,i}^c}{n} \tag{附 6.5}$$

$$s_{f_{cu}^c} = \sqrt{\frac{\sum (f_{cu,i}^c)^2 - n(m_{f_{cu,i}^c})^2}{n-1}} \tag{附 6.6}$$

式中　$m_{f_{cu}^c}$——结构或构件的测区混凝土强度换算值的平均值，MPa，精确至0.1 MPa；

n——对于单个检测的构件，取一个构件的测区数，对于批量检测的构件，取被抽检构件测区数之和；

$s_{f_{cu}^c}$——结构或构件测区混凝土强度换算值的标准差，MPa，精确至0.01 MPa。

(4)结构或构件的混凝土强度推定值($f_{cu,e}$)

当该结构或构件测区数少于10个时：

$$f_{cu,e} = f_{cu,min}^c \tag{附 6.7}$$

式中　$f_{cu,min}^c$——构件中最小的测区混凝土强度换算值。

当该结构或构件的测区强度值中出现小于10.0 MPa时：

$$f_{cu,e} < 10.0\ \text{MPa} \tag{附 6.8}$$

当该结构或构件测区数不少于10个或按批量检测时，应按下列公式计算：

$$f_{cu,e} = m_{f_{cu}^c} - 1.645 s_{f_{cu}^c} \tag{附 6.9}$$

注：结构或构件的混凝土强度推定值是指相应于强度换算值总体分布中保证率不低于95%的结构或构件中的混凝土抗压强度值。

对按批量检测的构件，当该批构件混凝土强度标准差出现下列情况之一时，则该批构件应全部按单个构件检测：

①当该批构件混凝土强度平均值小于 25 MPa 时：

$$s_{f_{cu}^{c}} > 4.5\ \text{MPa} \tag{附 6.10}$$

②当该批构件混凝土强度平均值不小于 25 MPa 时：

$$s_{f_{cu}^{c}} > 5.5\ \text{MPa} \tag{附 6.11}$$

试验 7　超声波检测混凝土裂缝深度技术

一、试验目的

(1) 了解混凝土超声波无损检测的基本原理；

(2) 了解和掌握一般混凝土超声波检测分析仪的操作和使用；

(3) 掌握用 NM-4B 型非金属超声波检测分析仪对混凝土裂缝深度进行检测。

二、试验仪器设备

序号	仪器名称	数量	序号	仪器名称	数量
1	NM-4B 型超声波检测分析仪	1 台	4	电源	1 个
2	50 Hz 探头	1 对	5	被测试件	
3	测试电缆线	2 根	6	凡士林或黄油耦合剂	

三、NM-4B 型超声波检测分析仪的主要功能和使用

(1) 主要功能

该仪器的主要功能由声参量采集、声数据分析处理和文件管理与传输 3 部分组成。

①声参量采集部分，用于现场声参量检测、原始数据及波形的存储。

②超声数据处理部分，用于对原始数据进行分析处理及分析结果的保存和打印，其中包括裂缝深度数据分析、测强数据分析、测缺数据分析和测桩数据分析。

③文件管理与传输部分，用于对现有的各种类型文件进行查看、删除、调用，同时可以进行文件的传输、默认路径的设置、新建目录、存储空间的查看等。

(2) 仪器的操作使用

①使用前的准备工作：连接好换能器，连接交流电源，圆头插孔一端插入主机+12 V 电源插座。按下主机电源开关，电源指示灯显绿色，几秒钟后，屏幕显示系统主画面。

②声参量检测：由主界面选择“检测”按钮进入超声检测状态。

a.参数设置：在超声检测界面下按“参数”按钮弹出参数设置对话框，进行参数设置。一般

在开机后测试开始之前都要进行参数设置。每次开机后系统都会自动将这些参数设置为较常用的默认值,其中包括测距、序号、采样周期等参数。

b.调零:在检测界面下,按"调零"按钮,弹出调零对话框。每次现场测试开始之前或更换测试导线及传感器后应进行调零操作。调零的作用是消除声时测试值中的仪器系统误差(零声时)。调零有手动和自动调零两种方法。调零操作后,每次采样后的声时值都会自动减去零声时。

c.采样:当换能器耦合在被测点后,按"采样"键,仪器开始发生超声波并采样。仪器自动调整(或人工调整)好波形后,再次按该键,仪器就会停止发射和采样,并显示采集到的波形和数据,如遇到波形质量不好,无法进行正确的自动判读时的情况,可以进行人工判读。

d.数据存盘:对每个数据文件,测试完第一个测点后按"确认"键可自动存盘,当波形窗口内有游标时则存储游标数据,否则存储自动判读数据。

e.打印:在检测界面下按"打印"按钮,进行数据文件中的数据或屏幕波形的打印操作。按下"打印"按钮后,弹出选择窗口,按"1"键打印数据,按"2"键打印波形。

③裂缝分析:在超声系统主界面下按"裂缝"按钮,弹出一对话框,按要求输入超声数据测试文件名及测点间距,输入上述参数后,按"确认"键进行裂缝深度计算,并自动显示裂缝深度计算表。结果的存盘与输出:计算结束后可以进行分析结果的存盘和打印。按"打印"按钮,打印报告文件,系统提供 5 个打印选项。

④文件管理:由超声系统主界面选择"文件"按钮进入文件管理状态。文件管理模块主要功能是:a.对各类文件进行查看、读入处理、删除等操作;b.设置默认的用户操作目录;c.新建或删除用户目录;d.与通用 PC 机进行文件传输;e.查看存储空间。

NM-4B 型超声波检测分析仪的其他功能和使用请参阅 NM-4B(非金属超声检测分析仪)用户手册。

四、裂缝深度检测

(1)试件

被测试件是一个 800 mm×500 mm×500 mm 素混凝土试件,强度等级为 C25,内有一深度为 170 mm 的裂缝。

(2)试验准备

在被测试件上分别画出不跨缝和跨缝的两组间距为 100 mm,150 mm,200 mm…的测距,如附图 7.1 所示。并对测位表面进行平整、清洁处理。按前面所介绍的仪器操作的方法连接好仪器。

(3)声参量检测

①不跨缝的声时测量:将 T 和 R 换能器置于事先画好的不跨缝的两换能器内边缘间距(L')等于 100 mm、150 mm、200 mm…的位置上,分别读取声时值(t_i),绘制时-距坐标图(如附图 7.2 所示)或用回归分析方法求出声时与测距之间的回归直线方程: $l_i = a + bt_i$,每测点超声波实际传播距离 l_i 为:

$$l_i = l' + |a| \tag{附 7.1}$$

式中 l_i——第 i 点的超声波实际传播距离,mm;

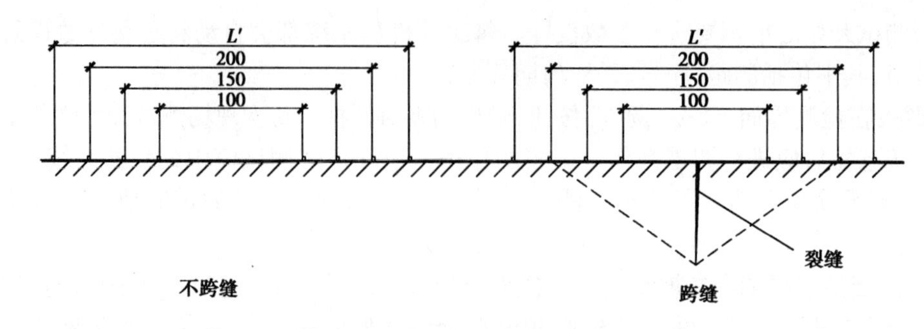

附图 7.1　测缝试件测点布置图

l'——第 i 点的 R、T 换能器内边缘间距，mm；

a——“时-距”图中 l'轴的截距或回归直线方程的常数项，mm。

不跨缝平测的混凝土声速值为：

$$v=(l'_n-l'_1)/(t_n-t_1) \quad (附 7.2)$$

或

$$v=b$$

式中　l'_n，l'_1——第 n 点和第 1 点的测距，mm；

t_n、t_1——第 n 点和第 1 点读取的声时值，με；

b——回归系数。

②跨缝的声时值测量：如附图 7.3 所示，将换能器分别置于以裂缝为对称的两侧事先画好的测点上，L 取 100，150，200 mm…分别读取声时值 t_i^0，同时观察首波相位的变化。

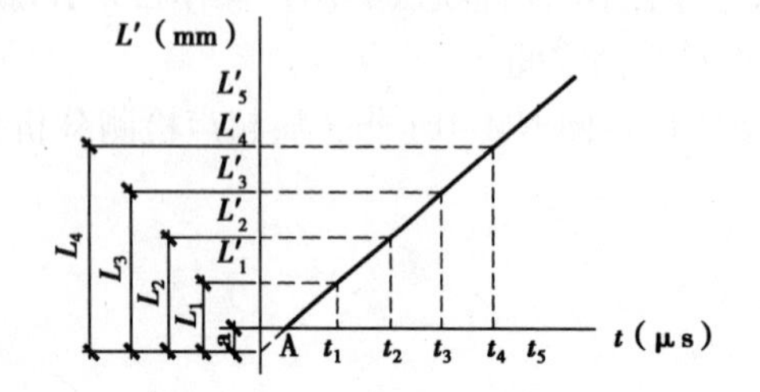

附图 7.2　平测“时-距”图

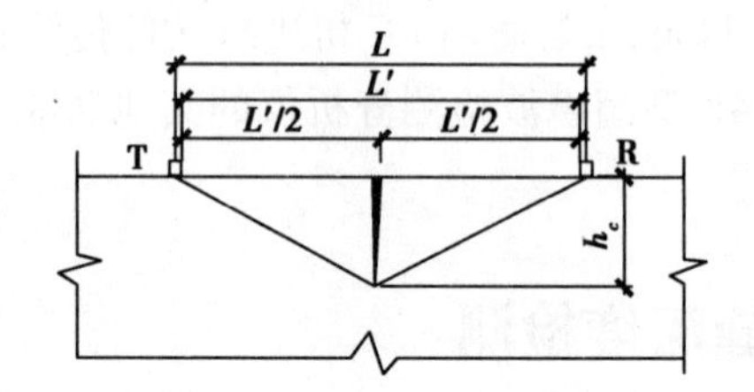

附图 7.3　绕过裂缝声时示意图

声参量的仪器操作按前述声参量检测的操作使用进行。声参量采样时必须先测不跨缝声时，再测跨缝声时，并存于同一文件名下。且不跨缝测试点与跨缝测试点数必须相等，相对测点的测距必须相等。

(4)裂缝深度计算

①按前述介绍的方法，仪器自动进行数据处理，并计算出裂缝深度。

②按《超声法检测混凝土缺陷技术规程》(CECS 21：2 000)中 5 裂缝深度检测的计算方法进行计算。裂缝深度按下式计算；

$$h_{ci}=\frac{l_i}{2}\cdot\sqrt{(t_i^0 v/l_i)^2-1} \quad (附 7.3)$$

$$m_{hc}=\frac{1}{n}\cdot\sum_{i=1}^{n}h_{ci} \quad (附 7.4)$$

式中　l_i——不跨缝平测时第 i 点的超声波实际传播距离，mm；

h_{ci}——第 i 点计算的裂缝深度值，mm；

t_i^0——第 i 点跨缝平测的声时值，$\mu\varepsilon$；

m_{hc}——各测点计算裂缝深度的平均值，mm；

n——测点数。

裂缝深度的确定方法：

a.跨缝测量中，当在某测距发现首波反相时，可用该测距及两个相邻测距的测量值按式（附7.3）计算 h_{ci} 值，取此三点 h_{ci} 的平均值作为该裂缝的深度值 h_c。

b.跨缝测量中如难以发现首波反相，则以不同测距按式（附7.3）和式（附7.4）计算 h_{ci} 及其平均值 m_{hc}。将各测距 l'_i 与 m_{hc} 相比较，凡测距 l_i 小于 m_{hc} 和大于 $3m_{hc}$ 的，应剔除该组数据，然后取余下 h_{ci} 的平均值为该裂缝的深度值 h。

参考文献

[1] 姚谦峰等.土木工程结构试验[M].北京:中国建筑工业出版社,2008.
[2] 姚振刚,刘祖华.建筑结构试验[M].上海:同济大学出版社,1998.
[3] 李忠献.工程结构试验理论与技术[M].天津:天津大学出版社,2004.
[4] 刘明著.土木工程试验与检测[M].北京:高等教育出版社,2008.
[5] 马永欣,郑山锁.结构试验[M].北京:科学出版社,2000.
[6] 王立峰,卢成江.土木工程结构试验与检测技术[M].北京:科学出版社,2010.
[7] 王天稳.土木工程结构试验(第二版)[M].武汉:武汉理工大学出版社,2006.
[8] 周明华.土木工程结构试验与检测[M].南京:东南大学出版社,2002.
[9] 邱法维,钱稼茹,陈志鹏.结构抗震试验方法[M].北京:科学出版社,2000.
[10] 朱伯龙.结构抗震试验[M].北京:地震出版社,1989.
[11] 熊仲明,王社良.土木工程结构试验[M].北京:中国建筑工业出版社,2006.
[12] 姚继涛,马永欣,董振平,雷怡生.建筑物可靠性鉴定和加固[M].北京:科学出版社,2003.
[13] 杨德健,王宁.建筑结构试验[M].武汉:武汉理工大学出版社,2006.
[14] 赵顺波,靳彩,赵瑜,李风兰.工程结构试验[M].郑州:黄河水利出版社,2001.
[15] 马永欣,郑山锁.结构试验[M].北京:科学出版社,2001.
[16] 傅恒菁.建筑结构试验[M].北京:冶金工业出版社,1992.
[17] 林圣华.结构试验[M].南京:南京工学院出版社,1987.
[18] 李惠强.建筑结构诊断鉴定与加固修复[M].武汉:华中科技大学出版社,2002.
[19] 李德寅,王邦楣,林亚超.结构模型试验[M].北京:科学出版社,1996.
[20] 张如一,沈观林,李朝弟.应变电测与传感器[M].北京:清华大学出版社,1999.
[21] 中华人民共和国国家标准.(GB 50068—2001)建筑结构可靠度设计统一标准[S].北京:中国建筑工业出版社,2001.
[22] 中华人民共和国国家标准.(GB 50010—2010)混凝土结构设计规范[S].北京:中国建筑工业出版社,2010.
[23] 中华人民共和国国家标准.(GB 50011—2010)建筑抗震设计规范[S].北京:中国建筑工业出版社,2010.
[24] 中华人民共和国国家标准.(GB 50152—2012)混凝土结构试验方法标准[S].北京:中国建

筑工业出版社,1992.

[25] 中华人民共和国行业标准.(CBJ 101—96)建筑抗震方法规程[S].北京:中国建筑工业出版社,1997.

[26] 中华人民共和国国家标准.(GB 50292—1999)民用建筑可靠度鉴定标准[S].北京:中国建筑工业出版社,1992.

[27] 中华人民共和国国家标准.(GB 50023—1995)建筑抗震鉴定标准[S].北京:中国建筑工业出版社,1996.

[28] 中华人民共和国行业标准.(JGJ/T 23—2001)回弹法检测混凝土抗压强度技术规程[S].北京:中国建筑工业出版社,2001.

[29] 中国工程建设标准化协会标准.(CECS 02—2001)超声回弹法检测混凝土抗压强度技术规程[S].北京:中国建筑工业出版社,2001.

[30] 中国工程建设标准化协会标准.(CECS 03—88)钻芯法检测混凝土强度技术规程[S].北京:中国建筑工业出版社,1989.

[31] 中国工程建设标准化协会标准.(CECS 69—94)后装拔出法检测混凝土强度技术规程[S].北京:中国建筑工业出版社,1995.

[32] 中国工程建设标准化协会标准.(CECS 21—2000)超声法检测混凝土缺陷技术规程[S].北京:中国建筑工业出版社,2001.

[33] 中华人民共和国国家标准.(GB/T 50315—2000)砌体结构现场检测技术标准[S].北京:中国建筑工业出版社,2001.

[34] 黄世霖.相关函数与谱分析的应用[M].北京:清华大学出版社,1988.

[35] 中国科学院数理统计组.回归分析方法[M].北京:科学出版社,1974.

[36] 汪荣鑫.数理统计[M].西安:西安交通大学出版社,1996.

筑工业出版社,1992.
[25] [illegible]标准[S].北京:中国建筑工业出版社,[illegible]
[26] [illegible]
[27] [illegible]
[28] [illegible]北京:中国建筑工业出版社,2001.
[29] 中国工程建设标准化协会标准.(CECS 102—2001)[illegible]
[30] [illegible]1999.
[31] [illegible]中国建筑工业出版社,1995.
[32] [illegible]
[33] [illegible]北京:中国建筑工业出版社,2001.
[34] [illegible]1988.
[35] [illegible]197[illegible].
[36] [illegible][M].西安:西安交通大学出版社,1996.